XINXING DIANLI XITONG DIANWANG ANQUAN JISHU
JI JIDUAN QIHOU YINGDUI YANJIU

新型电力系统电网安全技术及极端气候应对研究

吴钢　魏凤　编著

华中科技大学出版社
http://press.hust.edu.cn
中国·武汉

内 容 简 介

构建以新能源为主体的新型电力系统是我国实现碳达峰、碳中和目标的重要举措。随着新能源并网比例的不断提高,电网安全问题备受关注。本书详细阐述了新型电力系统电网安全的发展现状及面临的挑战,分析了新型电力系统电网稳定机理研究的进展及相关的前沿技术,探究了极端气候对新型电力系统电网安全的影响及应对措施,解析了国内外电网安全风险管理的策略及规范,提出了保障新型电力系统电网安全的建议。本书可供新型电力系统领域的科研和管理人员参考使用。

图书在版编目(CIP)数据

新型电力系统电网安全技术及极端气候应对研究/吴钢,魏凤编著.—武汉:华中科技大学出版社,2024.5
ISBN 978-7-5772-0760-5

Ⅰ.①新… Ⅱ.①吴… ②魏… Ⅲ.①气候变化-影响-电网-电力安全-研究 Ⅳ.①TM7

中国国家版本馆 CIP 数据核字(2024)第 092560 号

新型电力系统电网安全技术及极端气候应对研究　　　　　　　　　　吴　钢　编著
Xinxing Dianli Xitong Dianwang Anquan Jishu ji Jiduan Qihou Yingdui Yanjiu　　魏　凤

策划编辑:范　莹
责任编辑:刘艳花
封面设计:原色设计
责任校对:张会军
责任监印:周治超
出版发行:华中科技大学出版社(中国·武汉)　　　电话:(027)81321913
　　　　　武汉市东湖新技术开发区华工科技园　　　邮编:430223
录　　排:武汉市洪山区佳年华文印部
印　　刷:武汉科源印刷设计有限公司
开　　本:710mm×1000mm　1/16
印　　张:17.75　　插页:2
字　　数:334千字
版　　次:2024 年 5 月第 1 版第 1 次印刷
定　　价:72.00 元

《新型电力系统电网安全技术及极端气候应对研究》

编写组

组　长：吴　钢　魏　凤

副组长：杨　涛　邓阿妹

成　员：张　彩　陆　诚　童　凯

　　　　周　洪　曹　岚　陈建梅

　　　　郑启斌　徐　珂　李思雯

　　　　高国庆　付　豪　辛竹琳

前　　言

　　全球能源脱碳目标下,低碳电力成为能源转型方向。2021年3月15日,习近平总书记在中央财经委员会第九次会议上作出构建新型电力系统的重要指示。党的二十大报告强调加快规划建设新型能源体系,为新时代能源电力高质量发展提供了根本遵循,指明了前进方向。新型电力系统作为新型能源体系的重要组成部分,是推动能源低碳转型、助力"双碳"目标实现的关键载体。新型电力系统以新能源为主体,鼓励绿电消费,减少对煤炭发电的依赖。风电、光伏等新能源发电具有波动性、间歇性的特点,新能源高比例、大规模并网给电力系统的灵活性和稳定性带来了巨大挑战。此外,气象条件也是新型电力系统最为关键的外部影响因素。突然造访的气象灾害事件不仅会造成风电、光伏、水电出力骤降,而且会对电网基础设施造成严重破坏,引起用电负荷在短时间内激增,导致电力供需失衡。总之,新型电力系统电网安全是备受关注的关键问题。

　　本书基于对电力系统的相关论文、专利和标准等科技数据的调研和分析,首先,阐述了新型电力系统电网安全的发展现状,回顾了新型电力系统电网发展的不同形态,分析了新型电力系统影响电网安全的风险因素及主要国家的应对措施和经验。然后,利用文献计量学手段展示了新型电力系统电网稳定机理研究的进展及相关的前沿技术,包括多时间尺度新能源发电功率预测技术、新型储能技术、新型电力系统的网络与信息安全技术等。其次,通过文本挖掘和计量分析方法探讨了雷暴、洪水、台风、地震等典型极端气候和自然灾害对新型电力系统电网安全的影响及主要国家的应对措施,从论文和专利的视角展现了全球开展相关研究工作的重点机构和研究方向。另外,从风险管理的视角,分析了部分国家和组织机构关于电网安全风险管理的策略及标准规范。最后,基于上述分析,从保障电力供应安全、系统安全稳定性控制和非常规安全防御三个方面提出了我国保障新型电力系统电网安全的建议。

　　电网安全内涵丰富,涉及面非常广泛,本书没有覆盖电网安全涉及的所有问题。在编写过程中,笔者力求客观、准确,但由于时间较紧、水平有限,书中难免有错误、疏漏之处,欢迎各位读者批评、指正,我们将在下一步工作中加以改进。

编著者

2024 年 2 月

目　　录

第1章 新型电力系统的发展与挑战

1.1 新型电力系统的发展和现状

2021年3月15日,习近平总书记在中央财经委员会第九次会议上作出构建新型电力系统的重要指示。党的二十大报告强调加快规划建设新型能源体系,为新时代能源电力高质量发展提供了根本遵循,指明了前进方向。新型电力系统作为新型能源体系的重要组成部分,是推动能源低碳转型、助力"双碳"目标实现的关键载体。本章进行全球主要国家及我国新型电力系统的发展现状分析,包括新型电力系统发展的必要性和意义、新型电力系统的定义和相关概念、新型电力系统的组成和特征等。

1.1.1 新型电力系统发展的必要性和意义

1. 全球电力系统发展形势分析

面对日益严重的化石能源枯竭、生态环境恶化、温室效应加剧等重大挑战,全球正掀起能源清洁化、去碳化的热潮,可再生能源正成为最大的电力来源。国际可再生能源署(IRENA)发布的2019年版《全球能源转型:2050年路线图》报告预计,电力在全球最终能源中的占比将从20%增加到2050年的近45%,可再生能源在全球发电量中的占比将从26%攀升至2050年的85%,其中高达60%来自太阳能、风能等间歇性电源。国际能源署(IEA)2022年发布的《2022年世界能源展望》指出,2050年电力使用量将达到全球终端能源消费量的50%,可再生能源发电量将达到65GW,占比超过60%。

欧美发达国家把发展清洁能源作为解决能源危机、环境问题的战略手段,高度重视清洁能源及新一代电力系统的布局。早在1975年,丹麦物理学家B. Sørensen就建议丹麦构建以风能和太阳能为主的100%可再生能源供电形态,但是相关进展较为缓慢,直到2006年10月,丹麦政府才在议会中正式提出构建全面利用可再生能源、核能的长期目标,并承诺2035年实现电力100%来自可再生能源。丹麦、意大利、德国等国家的政府或机构纷纷提出在2050年或之前完成可再生能源为主的电力布局构想,推动能源结构清洁转型,如图 1.1 所示。

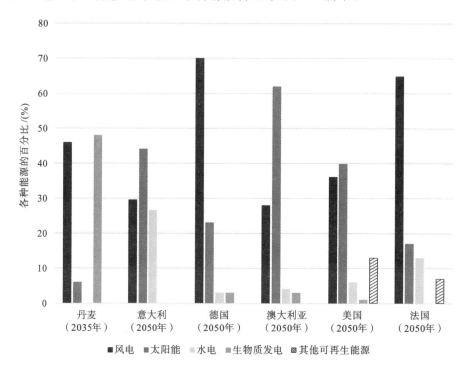

图 1.1　多国提出在 2050 年或之前完成可再生能源为主的电力布局构想

瑞典在 2015 年提出可再生能源发电占比在 2030 年将达到 65%,2040 年将实现 100%。法国在 2015 年提出在 2050 年电力将全部来自可再生能源,风电占比 63%。德国在 2022 年提出在 2030 年将实现 80% 的可再生能源供电,2035 年争取实现 100% 可再生能源供电。美国 2021 年发布的《美国的长期战略:2050 年实现温室气体净零排放的路径》承诺 2035 年通过向可再生能源过渡实现无碳发电。澳洲能源运营商在 2016 年提出在澳大利亚西部建成光伏为主、风电为辅的 100% 可再生能源电力系统,2030 年实现电力部门完全去碳化。美国多个州提出可再生能源发电目标,如加利福尼亚州提出 2045 年实现 100% 的清洁能源发电,夏威夷州提出 2045 年实现 100% 可再生能源发电,华盛顿特区提出 2032 年实现 100% 可再生能源发电。

目前,全球十余个国家或地区的电力系统已实现 100% 或接近 100% 的电力来自可再生能源,绝大部分以水电为主导,系统容量及地理范围较小。巴拉圭、冰岛、阿尔巴尼亚、刚果已经实现 100% 可再生能源电力系统。巴拉圭是水电主导、电能外送比较高的国家,系统发电几乎都来源于水电,年发电量的近 82% 都用于电力

的出口。冰岛是水电主导、电能自耗型国家,2017 年的水电出力达到其总量的
72.7%,年总发电量的 97.37% 都用于供应网内负荷。挪威、苏格兰、乌拉圭等国
家电力系统已接近 100% 来自可再生能源。此外,一些地区也实现了电力供应接
近 100% 来自可再生能源,如德国梅克伦堡-前波莫瑞州、石勒苏益格-荷尔斯泰因
州、奥地利下奥地利州、美国科罗拉多州阿斯彭市、加拿大不列颠哥伦比亚省、曼尼
托巴省、魁北克省等。已实现或接近电力 100% 来自可再生能源的主要国家或地
区如表 1.1 所示。

表 1.1　已实现或接近电力 100% 来自可再生能源的主要国家或地区

国家或地区	2017 年度年发电量/(GW·h)	风电占比/(%)	太阳能占比/(%)	水电占比/(%)	生物质发电占比/(%)	地热占比/(%)
巴拉圭	63902.3			99.8	0.2	
冰岛	18547.0			72.7		27.3
阿尔巴尼亚	7783.9		0.02	99.98		
刚果	9924.0		0.03	99.97		
挪威	149600.0			96.2		
乌拉圭	14161.0	32	3	44	18	
加拿大不列颠哥伦比亚省	76400.0	1		90	6	
加拿大曼尼托巴省	37200.0	2		97		

　　目前,全球大部分国家发电结构中仍含有较高比例的火电。根据发电结构、能
源资源禀赋的现状,主要电力系统的国家大致可以分为四类:第一类以水电为主构
建电力系统的国家,如冰岛、巴拉圭、乌拉圭等,已实现 100% 可再生能源电力系
统,并提出 2040 年或更早实现碳中和;第二类是以风电或太阳能发电为主构建电
力系统的国家,如丹麦、德国、西班牙等,地理范围小、人口数量少,电力系统转型难
度不大;第三类是以天然气为电力结构的核心,发展核电、可再生能源等的国家,如
美国、俄罗斯、英国等国家;第四类是以煤电为主体,发展多种清洁能源的国家,如
中国、印度、波兰等。第四类国家面临着高碳能源占比高、系统容量大、地理范围
广、人口数量多、实现碳中和时间紧等问题,电力系统转型难度巨大,尚无成功经验
与样板可以借鉴学习。
　　以天然气、煤电等火电为主的国家,面临着能源结构转型,具有以下选择:核电

技术成熟,但安全性难以保障,高放射性核废料处理存在难度;大多数国家水电资源无法满足所有电力需求,且所剩可开发资源有限;风光发电技术成熟、成本较低,但不稳定、具有周期性;氢能具有能量密度高、无碳、可被储存等优点,蓝氢、绿氢商业化生产应用仍需进一步发展。主要国家 2021 年发电机构如表 1.2 所示。

表 1.2　主要国家 2021 年发电机构

国家	油电/(TW·h)	气电/(TW·h)	煤电/(TW·h)	核电/(TW·h)	水电/(TW·h)	可再生能源发电/(TW·h)	其他/(TW·h)	总计/(TW·h)
中国	12.2	272.6	5339.1	407.5	1300.0	1152.5	50.2	8534.1
美国	20.2	1693.8	978.5	819.1	257.7	624.5	12.7	4406.4
印度	2.3	64.2	1271.1	43.9	160.3	171.9	1.1	1714.8
俄罗斯	8.5	496.8	204.7	222.4	214.5	5.4	4.7	1157.0
日本	31.3	326.1	301.9	61.2	77.6	130.3	91.3	1019.7
巴西	21.9	86.9	24.1	14.7	362.8	144.0	—	654.4
加拿大	2.9	75.9	38.7	92.0	380.8	50.0	0.7	641.0
德国	4.8	89.0	162.6	69.0	19.1	217.6	22.4	584.5
伊朗	48.7	288.3	0.7	3.5	14.9	1.8	—	357.9
沙特阿拉伯	139.9	215.9	—	—	—	0.8	—	356.6
英国	1.5	124.2	6.5	45.9	5.0	116.9	9.9	309.9
意大利	8.3	146.4	14.5	—	43.1	71.4	3.5	287.2
西班牙	10.3	69.2	6.1	56.5	29.6	95.8	4.7	272.2
澳大利亚	4.7	47.6	137.4	—	16.0	61.3	0.4	267.4
埃及	26.9	157.6	—	—	14.6	10.5	—	209.6
波兰	1.5	15.5	131.7	—	2.3	27.8	1.3	180.1
荷兰	1.4	56.3	17.8	3.8	0.1	40.1	2.1	121.6

为了有效应对风、光、核、水等清洁能源占比提高对电力系统安全性、可靠性、稳定性带来的影响,美国、日本及欧盟等出台系列规划,积极发展新型电力系统技术,推动先进可再生能源和高比例可再生能源友好并网,新一代电网,新型储能、氢能,以及燃料电池、多能互补与供需互动等技术研发和示范。美国、日本及欧盟积极推动新型电力系统相关技术的发展如表 1.3 所示。

表 1.3　美国、日本及欧盟积极推动新型电力系统相关技术的发展

国家或地区	主要政策规划	重点推进方向和研发技术
美国	《全面能源战略》《美国优先能源计划》《美国国家清洁氢能战略与路线图》等	出台系列研发计划,积极部署发展新一代核能、可再生能源、储能、智能电网、清洁氢能等技术,聚焦全链条集成化创新
欧盟	《欧洲绿色协议》《欧洲气候法案》《欧洲氢能路线图:欧洲能源转型的可持续发展路径》等	升级战略能源技术规划,推动可再生能源、智能电网、氢能等技术的发展,抢占新型电力系统发展制高点
日本	《第五期能源基本计划》《能源环境技术创新战略 2050》《氢能基本战略》等	加快发展可再生能源,全面系统建设"氢能社会"

2. 我国电力系统发展形势分析

我国高度重视可再生能源发展,积极推动能源结构转型,大力发展风、光等可再生能源发电。目前,我国可再生能源实现跨越式发展,可再生能源装机规模已突破 11 亿千瓦,稳居全球第一。其中,水电、风电、光伏发电、生物质发电装机规模分别连续 17 年、12 年、7 年和 4 年稳居全球首位。可再生能源发电量在总发电量的占比从 2010 年的不足 20％增长到 2015 年的 24.74％、2020 年的 28.8％(见图 1.2),目前接近 30％。但是,我国目前最主要的电力来源仍是火电,我国面临着化石能源枯竭和限制碳排放的双重压力。

2020 年 9 月,我国正式提出"二氧化碳排放力争于 2030 年前达到峰值,努力争取 2060 年前实现碳中和"的"双碳"目标。2020 年 12 月,在气候雄心峰会上,我国宣布到 2030 年单位地区生产总值二氧化碳排放将比 2005 年下降 65％以上,非化石能源占一次能源的消费比重将达到 25％左右,风电、太阳能发电总装机容量将达到 12 亿千瓦以上。我国主要部门的二氧化碳排放量如图 1.3 所示。电力部门是我国最大的碳排放部门,碳排放量超 40 亿吨,占全国碳排放总量的 40％以上。因此,电力是碳减排的关键领域、实现"双碳"目标的关键领域,亟需发展可再生能源,加快能源结构调整、优化。

在"双碳"目标下,能源电力的生产、传输、消费方式面临根本性变革,现有电力系统无法应对大规模风光新能源接入。构建以清洁、低碳能源为主体的能源供应体系,建设新型电力系统是实现"30·60""双碳"目标的迫切需要和重大举措。2021 年 3 月,习近平总书记在中央财经委员会第九次会议上提出构建我国新型电力系统的战略。2021 年 10 月,国务院印发《2030 年前碳达峰行动方案》,提出构建

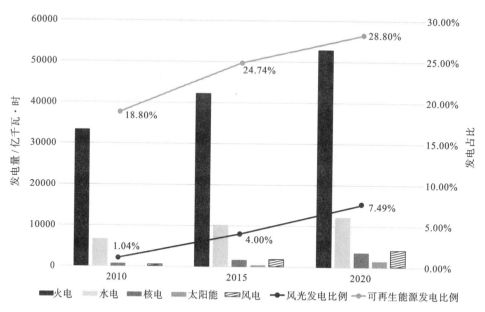

图 1.2 "十一五"以来可再生能源实现跨越式发展

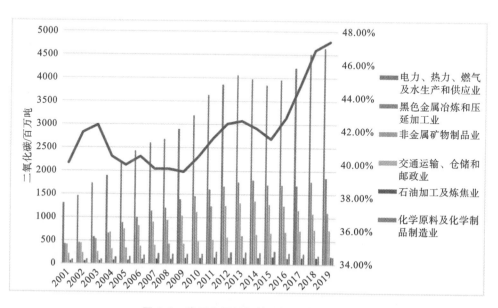

图 1.3 我国主要部门的二氧化碳排放量

新能源占比逐渐提高的新型电力系统,推动清洁电力资源大范围优化配置。国家发展改革委、国家能源局、科学技术部等中央部委相继出台相关政策,从科技创新、市场体系、建设和运行机制等方面推动新型电力系统的发展。我国新型电力系统相关政策规划如表 1.4 所示。

表 1.4 我国新型电力系统相关政策规划

时间	领导人讲话或政策规划	内容
2017 年 1 月 20 日	国务院办公厅印发《关于创新管理优化服务培育壮大经济发展新动能加快新旧动能接续转换的意见》	提出建立全面接纳高比例新能源电力的新型电力系统,出台全额保障性收购管理细则
2021 年 2 月 25 日	发展改革委、能源局关于推进电力源网荷储一体化和多能互补发展的指导意见	提出将源网荷储一体化和多能互补作为电力工业高质量发展的重要举措,积极构建清洁、低碳、安全、高效的新型电力系统,促进能源行业转型升级。通过优化整合本地电源侧、电网侧、负荷侧资源,以先进技术突破和体制机制创新为支撑,探索构建源网荷储高度融合的新型电力系统发展路径
2021 年 3 月 15 日	习近平总书记主持召开中央财经委员会第九次会议	提出构建新型电力系统的战略,指出要构建清洁、低碳、安全、高效的能源体系,控制化石能源总量,着力提高利用效能,实施可再生能源替代行动,深化电力体制改革,构建以新能源为主体的新型电力系统
2021 年 10 月 24 日	国务院印发《2030 年前碳达峰行动方案》	提出加快建设新型电力系统,构建新能源占比逐渐提高的新型电力系统,推动清洁电力资源大范围优化配置。大力提升电力系统综合调节能力,加快灵活调节电源建设,引导自备电厂、传统高载能工业负荷、工商业可中断负荷、电动汽车充电网络、虚拟电厂等参与系统调节,建设坚强、智能电网,提升电网安全保障水平。积极发展"新能源+储能"、源网荷储一体化和多能互补,支持分布式新能源合理配置储能系统等

续表

时间	领导人讲话或政策规划	内容
2021 年 11 月 29 日	国家能源局、科学技术部印发了《"十四五"能源领域科技创新规划》	在发展目标中提到"引领新能源占比逐渐提高的新型电力系统建设",在新型电力系统及其支撑技术方面,明确提出加快战略性、前瞻性电网核心技术攻关,支撑建设适应大规模可再生能源和分布式电源友好并网、源网荷双向互动、智能、高效的先进电网;突破能量型、功率型等储能本体及系统集成关键技术和核心装备,满足能源系统不同应用场景储能发展需要
2022 年 1 月 18 日	国家发展改革委、国家能源局发布《关于加快建设全国统一电力市场体系的指导意见》	提出推动形成适合中国国情、有更强新能源消纳能力的新型电力系统,并从提升电力市场对高比例新能源的适应性、因地制宜建立发电容量成本回收机制、探索开展绿色电力交易、健全分布式发电市场化交易机制四个方面构建适应新型电力系统的市场机制
2022 年 1 月 29 日	国家发展改革委、国家能源局发布《"十四五"现代能源体系规划》	提出推动构建新型电力系统,包括推动电力系统向适应大规模高比例新能源方向演进、创新电网结构形态和运行模式、增强电源协调优化运行能力、加快新型储能技术规模化应用等
2022 年 1 月 30 日	国家发展改革委、国家能源局发布《关于完善能源绿色低碳转型体制机制和政策措施的意见》	提出完善新型电力系统建设和运行机制,包括加强新型电力系统顶层设计、完善适应可再生能源区域深度利用和广域输送的电网体系、健全适应新型电力系统的市场机制、完善灵活性电源建设和运行机制、完善电力需求响应机制、探索建立区域综合能源服务机制
2022 年 5 月 30 日	国家发展改革委、国家能源局发布《关于促进新时代新能源高质量发展的实施方案》	提出加快构建适应新能源占比逐渐提高的新型电力系统,包括全面提升电力系统调节能力和灵活性、着力提高配电网接纳分布式新能源的能力、稳妥推进新能源参与电力市场交易、完善可再生能源电力消纳责任权重制度等

　　电力系统发展一直是我国发展的重中之重。图 1.4 梳理了自 1949 年以来我国电力系统发展的历程,我国电力行业发展大致可以划分为五个阶段,电源侧从发电量的增长到电源结构变化,从小机组到大机组,从以化石能源为主向以低碳可再

生能源为主转型;电网侧从低压、小范围输配电到高压、省统一电网、跨省电网,再到多种形态电网并存。电网侧的发展往往为适应电源侧和负荷侧的变化,根据电源变化来进行统筹协调,将电力安全、稳定输送到负荷侧。

	重工业为主发展战略下的电力发展阶段	改革开放后的20年中国电力发展阶段	新世纪中国电力发展阶段	新时代中国电力发展阶段	碳中和背景下中国电力发展阶段
电力主要矛盾	供电短缺问题	供电紧张问题	发电与供电错位、用电需求不平衡问题	清洁能源发展和新能源消纳能力不足的问题	供电用电的时空错配、新能源供电质量不稳定、电网侧新能源适配能力不足等
发电建设	以增加发电总量,支援工业发展为主。电力量复增速为14.7%。1978年全国已有2座百万千瓦级电厂,占全国装机容量的4.11%	发电量快速增长,发电机组大型化。百万千瓦级电厂逐渐成为运行中的主力电厂,1998年全国装机容量的32%	装机量、发电量高速发展,增速分别达到11.6%和11.8%	清洁电源发电装机比例逐步提升,清洁能源进入量变时期。2020年底,累计发电装机容量22亿千瓦	电源侧风光建设集中式与分布式并举,可再生能源发电成为实现双碳目标的重要抓手。2021年风光发电占比11.7%,风光总装机占比27%
电网建设	小范围、低压电网到省独立电网、高压电网。1978年已建成部分省独立电网、跨省电网	独立电网和跨省电网进一步完善,高压电网占比提升,220kV以上高压电缆线路合计占比约一半	形成了500kV的主网架,增加了跨省输电能力,建设特高压输配电项目	增加电网负荷能力,推进新能源送电通道,扩大清洁能源配置范围,提高新能源上网消纳要求	加强电网灵活性和调度能力,增加储能建设帮助消纳更多新能源发电,提高电网智能化、能量管理能力
电网适应电源侧的变化	扩大电力配送范围以及提高电网电压等级,以适应发电量快速增长	电源更加集中,发展跨省电网以满足供电侧集中而用电侧分散的问题	特高压的建设使全国电网联网,解决发电与供电错位的问题;电力系统保护更加重视	电网建设要匹配解决新能源消纳。西北的风光电输送到东部,建设电网储能和调节能力等	支撑大规模新能源消纳,大电网与微电网融合发展,交流电网与交直流配网并存,信息技术广泛应用
	1949	1978	1999	2011	2021

图 1.4 我国电力系统发展的历程

在碳中和背景下中国电力发展阶段,我国电力系统加快向适应大规模、高比例新能源方向转变。我国具有丰富的可再生能源资源,足以满足未来发展电力需求,但资源空间分布不均匀。我国陆上风电资源约 2.5×10^{13} kW·h,是电力需求的 7 倍,主要集中在东北、西北地区;海上风电资源约 1.0×10^{13} kW·h,是电力需求的 3 倍,主要集中在东部沿海地区;光伏资源约 1.0×10^{14} kW·h,是电力需求的 28 倍,主要集中在华北、西北、西南等地区。

在电源侧,电源结构呈现清洁化发展的态势,太阳能发电、风电等可再生能源逐步占据装机主体、电量主体、出力主体和责任主体的地位,成为主体能源,煤电、气电、核电等多种能源形式并存。据估计,零碳情景下,2030 年电力系统总装机将达到 4×10^9 kW,总发电量将达到 1.18×10^{13} kW·h,非化石能源装机占比将达到 64%,发电占比将达到 51%;2060 年电力系统总装机将达到 7.1×10^9 kW,总发电量将达到 1.57×10^{13} kW·h,非化石能源装机占比将达到 89%,发电占比将达到 92%,煤电占比将降至 4%。零碳情景下我国 2020—2060 年发电量结构如图 1.5 所示。

在负荷侧,电气化提升空间巨大,电力将从过去的二次能源转变为其他行业事实上的基础能源,工业、建筑、交通等行业电气化水平持续提升,电力占据终端能源消费比重将从目前不到 30% 提到 2060 年接近 80%,电力系统将肩负更加重大的政治责任、社会责任和经济责任。根据周孝信预测,2020—2060 年的电力需求将

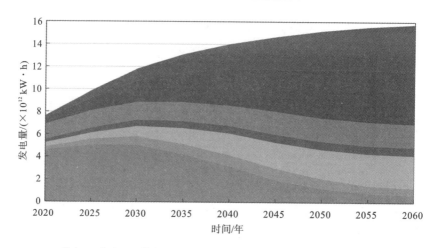

　■煤电　■气电　■核电　■生物质发电　■常规水电　■风电　■太阳能发电

图 1.5　零碳情景下我国 2020—2060 年发电量结构

不断增长,从 2020 年的 7.51×10^{12} kW·h 增长到 2030 年的 1.059×10^{13} kW·h,在 2060 年将达到 1.500×10^{13} kW·h,电能占终端用能的比例将超过 90%。

　　碳中和背景下电能占终端用能的比例变化趋势如图 1.6 所示。

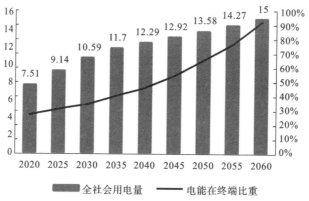

　■全社会用电量　——电能在终端比重

图 1.6　碳中和背景下电能占终端用能的比例变化趋势

1.1.2　新型电力系统的定义和相关概念

1. 新型电力系统的定义

　　随着新型电力系统概念的提出,行业内的认知不断深入。一些专家、学者给出了新型电力系统的定义或见解,如表 1.5 所示。综合来看,新型电力系统是以新能源为主体,以智能电网为枢纽平台,以源网荷储互动与多能互补为支撑,以满足经济社会发展的电力需求为首要目标,以确保能源电力安全为基本前提,具有绿色低碳、安全可控、灵活高效、智能友好、开放互动等基本特征的电力系统。

表 1.5　我国关于新型电力系统的定义

来源	定义
中国工程院院士舒印彪	新型电力系统以新能源为供给主体,满足不断增长的清洁用电需求,具有高度的安全性、开放性、适应性
国家电网有限公司董事、总经理、党组副书记张智刚	新型电力系统是以确保能源电力安全为基本前提,以清洁能源为供给主体,以绿电消费为主要目标,以电网为枢纽平台,以源网荷储互动及多能互补为支撑,具有绿色低碳、安全可控、智慧灵活、开放互动、数字赋能、经济高效等方面突出特点的电力系统
国家电网有限公司副总工程师兼国网能源研究院有限公司执行董事、党委书记欧阳昌裕	从结构上看,新型电力系统是一个以新能源为主体的系统;从环节上看,新型电力系统是一个源网荷储一体协同的系统;从形态上看,新型电力系统是一个大系统、分布式系统(微系统)深度融合、共同发展的系统;从治理上看,新型电力系统是一个市场化、法治化相互融合、相互促进的开放系统;从特征上看,新型电力系统是一个安全可控、经济高效、绿色低碳、开放共享、数字智能的系统
中国电力企业联合会党委书记、常务副理事长杨昆	新型电力系统是在传统电力系统基础上,顺应碳达峰、碳中和要求的系统高级形态,是以新能源发电为主体,以多元协调、广域互联、源网荷储全环节灵活性资源为支撑,具有交直混联和微电网并存的电网形态,应用先进电力电子技术与新一代数字信息技术,依托统一电力市场,实现能源资源大范围优化配置的基础平台
北京大学能源研究院《新能源为主体的新型电力系统的内涵与展望》	新型电力系统是未来以新能源为主的我国能源系统的主体,将从根本上改变目前以化石能源为主的发展格局,以低碳、清洁、高效、安全为基本特征,以高比例可再生能源和电气化、新型储能、氢能、分布式能源、智能电网、先进输发电技术、数字技术、新型商业模式、灵活电力市场等为支撑,是实现经济社会高质量发展和应对气候变化的重要解决方案,是构建能源强国的基础,是实现中华民族伟大复兴的保障
《新型电力系统发展蓝皮书(征求意见稿)》	新型电力系统是以确保能源电力安全为基本前提,以满足经济社会高质量发展的电力需求为首要目标,以高比例新能源供给消纳体系建设为主线任务,以源网荷储多向协同、灵活互动为坚强支撑,以坚强、智能、柔性电网为枢纽平台,以技术创新和体制机制创新为基础保障的新时代电力系统,是新型能源体系的重要组成和实现"双碳"目标的关键载体

2. 新型电力系统的相关概念

与新型电力系统概念相近的定义还包括纯清洁能源电力系统、碳中和电力系统、100％可再生能源电力系统、新能源电力系统等。

　　纯清洁能源电力系统是指完全由清洁能源构建的电力系统。各国对清洁能源的定义略有区别,美国将可再生能源和核能作为其开发清洁能源的首要组成,未将天然气列入;我国认为可再生能源、核能以及天然气都是清洁能源的重要构成。一般来说,纯清洁能源电力系统由常规气电机组、带有碳捕获和封存技术(CCS)气电机组、核电、风电、光伏、水电、储能、生物质发电、海洋能发电等清洁能源构成,经过各类发电装置转化为电能,最终通过输配电网送到终端负荷加以消耗。当前高碳电力系统利用 CCS 技术改造一部分气电机组,关停全部煤电机组,增加可再生能源、天然气以及核电等机组支撑负荷侧用电需求,形成纯清洁能源电力系统。由于纯清洁能源电力系统中包括天然气发电,其允许含有一定的碳排放量。

　　碳中和电力系统是净零排放的电力系统。碳中和电力系统由核电、可再生能源机组以及带有 CCS 的火电机组构成,其主要特征是碳排放量为零甚至为负。在纯清洁能源电力系统的基础上,进一步关停天然气发电机组或全面配置 CCS 设备,使得碳排放量降至零,形成碳中和电力系统。该系统需要全面处理自身排放的二氧化碳,构建难度高于纯清洁能源的电力系统。目前,欧洲已提出在 2050 年前实现构建碳中和电力系统的目标。

　　100％可再生能源电力系统是指完全利用水能、风能、太阳能、生物质能、海洋能、地热能等非化石燃料且可再生的能源。该概念最早由丹麦物理学家 B. Sørensen 在 1975 年提出。由于需要实现发电资源完全可再生,在碳中和电力系统的基础上,完全退出核电,并充分利用 CCS 和天然气合成技术满足系统部分的储能及供电需求,从而形成 100％可再生能源电力系统。从构建难度来看,100％可再生能源电力系统高于碳中和电力系统。

　　新能源电力系统是以新能源电力生产、传输、消费为主体的电力系统。新能源又称非常规能源,包括太阳能、地热能、风能、海洋能、生物质能、核聚变能等,不包括水电。高渗透率的可再生能源电力系统是新能源电力系统的重要特征。与100％可再生能源电力系统相比,新能源电力系统可能会存在化石燃料、核电等非可再生能源发电。同时,以水电为主体的电力系统(例如巴拉圭电力系统)属于100％可再生能源电力系统,但并不是新能源电力系统。

1.1.3　新型电力系统的组成和特征

1. 新型电力系统的组成

　　新型电力系统的组成包括电源侧、电网侧、负荷侧、储能侧,即源网荷储,如图1.7 所示。电源侧即发电端,电网侧即送电主体,负荷侧即用电端,电力的生产和使用就是发电、送电、用电这三个过程。储能是新型电力系统特有的环节,起到保障电力系统安全、保持电力系统的稳定运行、提升电力质量等作用。

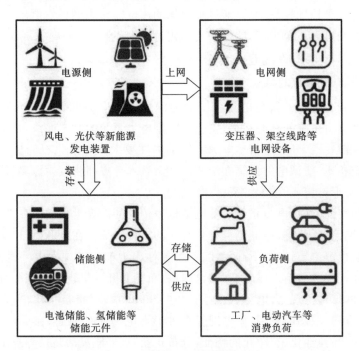

图 1.7　新型电力系统的源网荷储

　　在电源侧,新型电力系统电源主要分为:具有强不确定性的可再生能源,包括光伏、风电、小水电等;可提供灵活性的可靠零碳电源,包括核电、氢能发电、大中型水电、生物质发电等;可控连续出力的化石能源发电机组。目前,我国传统电力系统中,火电是第一主体电源,水电是第二主体电源。在向新型电力系统转型中,多种能源协同互补,风电、光伏等新能源装机规模到 2060 年预计将超过 50 亿千瓦,占比超过 60%,电量占比超过 55%。火电在近期通过灵活性改造用于系统调峰,远期通过加装碳捕集装置实现深度脱碳,并保留一定的应急备用煤电规模。

　　在电网侧,特高压主电网与微电网、局域网融合发展,交流大电网与交直流配电网共存,源网荷储深度融合。电网将更多地承担电能互济、备用共享的职能。配电网不仅从交流电网转为柔性交直流配电网,还接入分布式可再生能源、储能、电动汽车、需求响应等各种灵活性的“配套”资源,实现灵活性需求的就地平衡。

　　在负荷侧,电气化水平不断提升,多元化负荷接入。数据中心、电动汽车等用电设备将大幅增长,电制氢、储能、智能电器等交互式用能设备将广泛接入和应用。

在储能侧,抽水蓄能、重力储能、压缩空气储能、氢电双向转换及储能一体化系统、梯次利用电池储能等贯穿源网荷各个环节。在传统电力系统中,火电、水电供应较为稳定且可控性较高,可以通过负荷侧的用电需求来调整发电出力,无需储能环节。在新型电力系统中,新能源的不稳定性、间歇性的影响越来越大,需要储能充当一个可控制用电/发电的设备,保证电网稳定运行。

2. 新型电力系统的特征

以新能源为主体的新型电力系统的内涵可以概况为低碳、安全、高效、开放。低碳是新型电力系统的核心目标,安全是新型电力系统的基本底线,高效是新型电力系统的关键要素,开放是新型电力系统的内在要求。与以化石能源为主导的传统电力系统相比,新型电力系统在结构、形态、技术等方面将发生深刻转变,具有新的结构特征、形态特征、技术特征。

在结构特征方面,电力系统的发电结构由传统的以煤为主转向以新能源为主,电源侧、电网侧、负荷侧、储能侧都将具有新的结构特征。在电源侧,由可控连续出力的煤电装机占主导,向强不确定性、弱可控性出力的新能源发电装机占主导、常规电源功能逐步调节与支撑转变;在电网侧,新能源开发呈现集中式与分布式并存的格局,电网结构呈现"大电源、大电网"与"分布式系统"兼容互补,交直流混联大电网、柔直电网、主动配电网、微电网等多种形态电网并存局面;在负荷侧,终端用能呈现多元化、弹性化、有源化的特征,分布式能源、多能灵活转换等技术的广泛应用使终端负荷从单一用能向有源微网转变。在储能侧,储能贯穿源网荷各个环节,在电源侧为系统提供调节能力,在电网侧提供保障电网安全、应急备用、缓解输变电阻塞的能力,在负荷侧接入大量电动汽车。

在形态特征方面,电力系统由传统的"源随荷动"转向"源网荷储深度融合、灵活互动",电网呈现出以大电网为主导、多种电网形态相融并存的格局。源荷双侧随机性增加系统的不确定性,强不确定性、弱可控性的新能源发电装机占主导,供应侧也将出现强随机波动的特性,由传统的需求侧单侧随机系统向源荷双侧随机系统演进。电力系统呈现显著的高比例新能源和高比例电力电子的"双高"趋势,由旋转电机主导的机电暂态过程演变为由电力电子控制主导的机电-电磁耦合。电力系统向数字化与智能化转型,将转向以智能电网为核心、以可再生能源为基础、以互联网为纽带、实现能源高效清洁利用的电力系统。

在技术特征方面,电力系统结构和形态的变化离不开技术创新,包括能源生产技术、能源网络技术、能源利用技术、储能技术、数字化与智能化技术等。在能源生产技术上,以风电、太阳能为代表的非碳基能源持续、快速发展,氢能、生物质能、核能、清洁高效灵活智能发电等技术也将发挥重要作用,呈现出低碳、清洁的特征;在能源网络技术上,高比例新能源并网支撑技术、新型电能传输技术、新型电网保护与安全防御技术等呈现出安全、高效的特征;在能源利用技术上,柔性智能配电网技术、智能用电与供需互动技术、分布式低碳综合能源技术、电气化交通技术与工业能效提升技术等呈现出智能、高效的特征;在储能技术上,电化学储能技术、电磁储能技术、抽水蓄能技术等快速发展,其中电化学储能技术是目前发展最快、应用最广的储能技术之一。

1.2　新型电力系统下电网侧变化

传统电网的运行模式较为单一,可概括为集中发电、超远距离传输电以及多区域大电网互联等,已难以适应新型电力系统的发展需要。在新型电力系统下,电网侧正发生着巨大的变化。一是电网结构呈现"大电源、大电网"与"分布式系统"兼容互补,交直流混联大电网、柔直电网、主动配电网、微电网等多种形态电网并存,源网荷储深度融合;二是配电网转为柔性交直流配电网,接入分布式可再生能源、储能、电动汽车等,实现灵活性需求的就地平衡;三是高比例新能源并网支撑技术、新型电能传输技术、新型电网保护与安全防御技术等能源网络技术广泛应用,电力系统呈现出安全、高效的特征;四是人工智能、网络通信、区块链等信息技术广泛应用,成为电力系统运行的重要支撑;五是电网与管网、通信网、电视网、交通网等融合共治,共同参与智慧城市、智慧生活建设,形成数字智能电力生态系统。

1.2.1　交直流混联大电网

交直流混联大电网是指既有高压直流输电,也有高压交流输电的电网。我国可再生能源和电力负荷的分布不平衡,需要远距离输电解决新能源大规模外送问题。西北地区大规模的风电、光伏等可再生能源发电基地与东南部电力负荷集中区域之间的距离,超出了传统单一交流输电模式的经济输送距离。与高压交流输电相比,高压直流输电在实现电力的远距离、大容量输送方面具有优势,通过相同路线可以传输 8 倍的电力,并且每千米损耗的功率更少。随着我国直流输电系统规模的不断扩大,特高压交直流混联大电网、大规模直流跨区输电、全网一体化交直流混联已成为电网的典型特征。例如,江西电网既有特高压直流落点,也有特高压交流落点,形成复杂的交直流混联电网。

目前我国已经建成全世界规模最大、电压等级最高的交直流混联电网,美国等国家采用高压直流输送可再生能源生产的电力电网还较少。我国各大区域电网已通过超特高压交直流输电线路实现了互联,截至 2021 年底,国家电网有限公司已投运 13 个特高压直流、12 个常规直流、6 个柔性直流工程。截至 2022 年底,我国特高压累计线路长度约为 44613 km,跨区跨省输送电量超过 2.8346×10^{12} kW·h,其中一半以上为可再生能源电量。"十四五"期间,国家电网有限公司规划建设特高压工程"24 交 14 直",涉及线路 3 万余千米,变电换流容量 3.4×10^{8} kV·A。同时,我国在 2021 年发布 30 项特高压交直流混联大电网运行关键技术标准,涵盖电网仿真分析、继电保护、安全稳定控制、调度自动化、网源协调、新能源调度等关键技术领域。交直流混联大电网的形态如图 1.8 所示。

　　交直流混联大电网具有"强直弱交"的特性,即强冲击、弱承载,主要涉及五个方面:① 交直流混联大电网中,交流与直流不再是传统电网中的主从关系,而是相互依存关系,直流平稳运行已成为交流安全的重要前提;② 不平衡有功和无功的冲击幅度大,包括单回特高压直流大容量送电功率瞬时中断或持续闭锁,以及多回直流扰动功率叠加累积等形式;③ 不平衡有功和无功承载能力不足,包括潮流转移能力不足、频率和无功电压调节能力不足,以及新能源设备对大频差和大压差的耐受能力不足等形式;④ 强直激发大量的不平衡有功、无功及冲击承载能力不足的弱交流系统,以及直流送受端强耦合,使得单一故障向连锁故障转变和局部扰动向全局扰动扩展;⑤ 既定的设防标准和控制措施制约平抑和疏散冲击功率、隔离和阻断扰动传播等能力,会使强直冲击下弱交承载能力不足的矛盾更为突出。

　　围绕交直流混联大电网的安全可靠运行,国内外机构已开展相关技术研究或应用,包括控制技术、保护技术、仿真技术。在控制技术方面,ABB、SIEMENS 等国外公司主要关注单通道线电压换相换流器、附加控制等场景,并开展了基于电压源换流器多端直流的并网控制;中国电力科学研究院、南瑞集团等开展跨区交直流电网协调控制方法研究,在华中电网实现了紧急功率提升速降、联络线头摆冲击控制和低频振荡控制;中国南方电网公司和清华大学研究了基于相量测量单元(PMU)的广域阻尼控制技术,并在贵广直流应用。在保护技术方面,英国、德国等机构研究了常规高压直流输电(LCC)型高压直流线路保护和电压源换流器(VSC)换流站的保护与控制技术;清华大学、西安交通大学等提出了基于故障暂态信息和参数识别原理的保护;华北电力大学提出了交流电网站域-广域后备保护方法,并在交直流电网中进行应用研究。在仿真技术方面,加拿大、美国等开展了传统电磁暂态、机电暂态建模和仿真基础理论研究工作;中国电力科学研究院等单位自主研发了机电暂态仿真软件,掌握了电磁暂态仿真关键技术。但面向大型交直流混联电网的大规模电磁暂态仿真研究尚未形成有效的理论和应用成果。

　　为了有效应对交直流相互影响对直流输电运行带来的挑战,发挥直流输电在大电网安全稳定运行、新能源高效消纳等方面的作用,下一步研究强调以交直

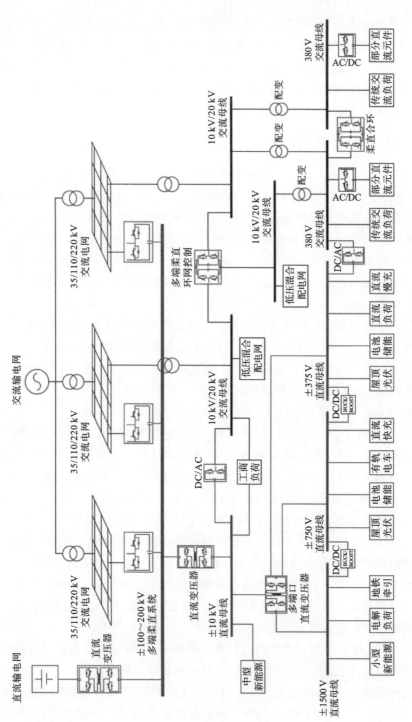

图 1.8　交直流混联大电网的形态

流互动机理分析入手,以交直流一体化研究为手段,以直流输电系统适应交流电网为原则,结合新技术的发展,制定相关应对措施,包括:① 建设交直流一体化实时仿真系统;② 加强系统抵御换相失败能力研究;③ 开展直流设备差异化设计探索;④ 挖掘直流动态调节能力;⑤ 建立直流涉网参数校核机制;⑥ 构建交直流电网立体防御体系。

1.2.2 智能微电网

微电网(Micro-Grid)是一组在明确定义的电气边界内相互连接的分布式电源和负载,是能够实现自我控制和管理的自治系统。1999 年,美国电力集团、伯克利劳伦斯国家实验室等研究机构共同组成的美国电力可靠性技术协会(CERTS)最早开展微电网、技术及经济等研究工作,并在 2002 年正式提出完整的微电网概念。微电网概念提出主要解决两个问题:一是实现分布式能源的就近发电和就近消纳,节省输变电投资和运行费用;二是实现与主电网的并网运行,改善主电网峰谷性能,提高供电可靠性。

微电网可以根据不同形式进行分类:① 按能量传输类型分为直流微电网、交流微电网和混合微电网;② 按并网方式分为独立型微电网和并网型微电网;③ 按地理位置分为海岛型微电网、偏远地区微电网和城市片区微电网;④ 按用途分为工业微电网、商企业及生态城微电网、民用微电网、校园微电网等;⑤ 按我国常用微电网电压等级分为 400 V、10 kV 和 35 kV 电网等。

目前,全球有 21500 个微电网,为 4800 万人供电,被认为是为远离主电网或经常停电的城镇提供全天候高质量电力且成本最低的方式。现有的微电网绝大多数以水力发电和柴油发电机为基础(约 19000 个),南亚(9300 个)、东亚及太平洋地区(6900 个)占绝大部分,主要用于经济欠发达地区,其中阿富汗(4980 个)和缅甸(3988 个)位居全球前列;中国微电网数量达到 1200 个,位居全球第 5。

新增的微电网主要由太阳能+储能项目构建,用于就地消纳新能源电能,并以分散式、小容量的方式接入电网。据世界银行 2022 年报告预计,2030 年全球微电网将达到 21 万个,其中太阳能设施装机容量将达到 10~15 GW,锂离子电池储能系统的储能容量为 50~110 GW·h,将减少 15 亿吨碳排放量。太阳能混合微电网的主要组成部分包括太阳能电池板、储能解决方案、太阳能发电系统,已在微电网中部署相关技术的主要设备制造商如表 1.6 所示,涉及太阳能电池、储能电池、电力电子设备等,包括中国、德国、加拿大、澳大利亚等国家的企业。

从电网形态来看,目前主流的微电网是由分布式发电系统(最常见的是光伏发电,也有风力发电)、储能系统(目前最常见的是化学储能,采用磷酸铁锂电池)、柴

表 1.6　已在微电网中部署相关技术的主要设备制造商

企业	提供的设备	国家	企业的描述	参与的微电网数量
晶科太阳能	太阳能电池板	中国	向 160 多个国家提供 100 GW 的太阳能电池板	107
晶澳太阳能	太阳能电池板	中国	向 135 多个国家提供 95 GW 的太阳能电池板	46
Canadian Solar	太阳能电池板	加拿大	向 160 多个国家提供超过 70 GW 的太阳能电池板	29
华为	磷酸铁锂电池和电池逆变器	中国	在 170 多个国家和地区运营的大型通信技术基础设施和智能设备公司	电池:85。电池逆变器:87
Alpha ESS	磷酸铁锂电池	澳大利亚	储能解决方案供应商,年产量 1 GW·h,涉及 60 个国家	38
Hoppecke	铅酸电池	德国	备用电源、可再生能源和动力的电池制造商	20
SMA	电力电子设备	德国	太阳能和储能逆变器的制造商	45
Victron	电力电子设备	荷兰	太阳能和储能逆变器的制造商	32
Schneider Electric	电力电子设备	法国	提供微电网的逆变器和控制装置	29

油/燃气发电机,以及能量管理系统和微电网控制系统组成。光伏部分通过逆变器将光伏组件发出的直流电逆变成交流电,为负荷供电,同时也给储能充电。微电网的形态如图 1.9 所示。

　　微电网向着智能化、高效性、灵活性的方向发展,即智能微电网。智能微电网是采用先进互联网及信息技术的微电网,是由分布式电源、储能装置、能量转换装置、负荷、监控和保护装置等组成的小型发配电系统,通过采用先进的互联网及信息技术,实现分布式电源的灵活、高效应用,同时具备一定的能量管理功能。一般来说,智能微电网是规模较小的、分散的独立系统,主要用于中、低压配电系统,是能够实现自我控制、保护和管理的自治系统,既可以与外部电网并网运行,也可以孤岛运行。智能微电网用于解决数量庞大、形式多样的分布式能源无缝接入和并网运行时的主要问题,同时具备一定的能量管理功能,有效降低系统运行人员的调度难度,

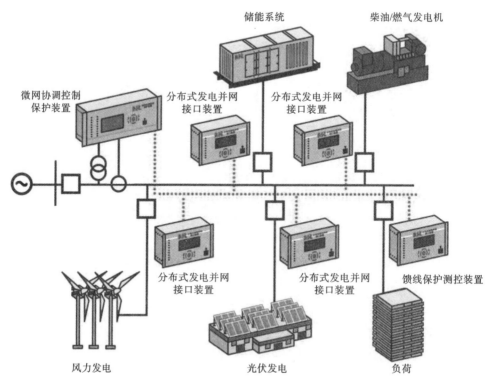

图 1.9 微电网的形态

并提升可再生能源的接入能力,降低分布式可再生能源对电网的冲击和负面影响。

我国已建成并运行多个智能微电网示范工程,可分为边远地区微电网、海岛微电网、城市微电网。例如,2014 年 6 月,我国首个智能微电网项目落户天津,采用 300 kW 光伏和 400 kW 风力发电、锂离子电池和超级电容混合储能,嵌入快速实时微电网协调控制系统,实现微电网两种供能方式和储备间的无缝切换。2018 年 5 月,我国首个远海岛屿智能微电网在海南三沙永兴岛投运,利用光伏、风能、波浪能等能源供电。2022 年 6 月,我国首个高海拔水光储智能微电网在云南省投运,由水电机组、光伏发电、储能装置、电能质量治理装置、负荷检测和微网潮流管理系统整合而成,实现并网和孤网的智能切换。2023 年 1 月,江西省首个"水光储"一体化智能微电网工程投运,由 3 座小水电站(装机容量 1870 kW)及光伏发电系统(装机 10 kW)、储能系统(装机容量 248 kW)、电压治理装置(装机容量 300 kV·A)和控制系统组成。我国智能微电网示范工程普遍具有的基本特征包括:① 电压等级一般在 10 kV 以下,系统规模一般在兆瓦级及以下,就地发电和用电;② 电源以清洁能源为主,或是以能源综合利用为目标的发电形式;③ 微电网内部电力电量能实现全部或部分自平衡;④ 可以减少大规模分布式电源接入对电网造成的冲击,为用户提供优质可靠的电力,能实现并网/离网模式的平滑切换。

目前,围绕智能微电网的安全、可靠运行,学者们已开展相关技术研究或应用,主要包括控制技术、保护技术、仿真技术。在控制技术方面,已形成三类智能微电网控制架构,包括以微电网中央控制器(MGCC)为代表的主从控制,以美国CERTS 微电网为代表的对等控制,以及分层协调控制。在保护技术方面,主要集中在分布式发电保护,在传统方法上融入人工智能技术,开展新型暂态保护原理研究及直流智能微电网保护设计等。在仿真技术方面,主要使用 MATLAB/Simu-link 和 PSCAD/EMTDC 工具,开展电源管理建模、逆变器等电力电子接口建模、智能微电网供电可靠性建模等。

1.2.3　智能配电网

智能配电网是一种配电网络,有效集成现代电子技术、通信技术、计算机和网络技术、高级传感和测控技术,实现配电网智能控制、自动检测和故障诊断,提供更有效的电力管理,满足用电需求。2006 年,美国 IBM 公司提出智能电网解决方案,较早提出智能配电网的概念。智能配电网高度耦合了电力网与通信网,其目标是实现配电网的数字化、信息化、自动化和智能化,提升资产利用率及电网运行效率,并最终实现配电网与用户间的友好互动。智能配电网主要解决三个问题:一是配电网运行智能优化,实现经济、高效运行;二是大量接入高渗透率分布式电源,减少并网成本;三是满足故障处理与自愈要求,提高供电质量与供电可靠性。

目前,全球智能配电网处在示范阶段。2022 年,欧洲 UNITED-GRID 项目开发具有兼容性和互操作性的 UNITED-GRID 工具箱,用于先进的能源管理、电网级控制和保护,以高水平的自动化和网络物理安全的实时控制解决方案来优化电网的运行,并在荷兰、法国、瑞典进行项目示范验证,展示了智能配电网承载 80% 以上可再生能源的能力。2023 年,深圳全国自动化程度最高的自愈型智能配电网借助这项技术,约 70% 用户可通过自愈系统实现快速复电,自愈动作成功率高达 94%。

传统配电网大都采用闭环设计、开环运行的结构,以上级变电站为电源,线路构成配电网络,用户即为负荷,源网荷各自角色和定位十分清晰。智能配电系统中,分布式电源及各类调控装置将广泛且大规模地接入,源网荷的角色定位和行为特征将发生根本性变化,推动配电系统进入新形态。智能配电网的形态演变如图1.10 所示,总体来看,智能配电网的就地源荷自平衡度不断提升,内部源网荷界限趋于模糊、层次更加丰富,外部与交通、能源、市政、金融等其他领域的壁垒逐渐打破。

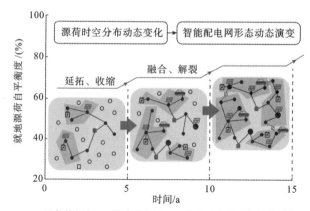

图1.10　智能配电网的形态演变

传统配电网向智能配电网的新形态升级,具有以下发展特点。

(1)分布式可再生能源成为配电网重要甚至主力供电电源,多层级微网(群)互动灵活运行成为重要运行方式。智能配电网中,风电、光伏、小水电、地热、生物质能等类型的分布式发电将会成为主力电源,实现发电侧低碳化甚至零碳化。分布式发电装置不仅能够基本满足配电网内负荷用电的需求,还具有构网能力,可实现对配电网电压频率的主动支撑与调节功能。微电网将会成为分布式新能源就地消纳的主要形式,多层级微网(群)之间可实现灵活的功率互济与潮流优化,有效提升配电网运行的安全性、稳定性和经济性。

(2)负荷将不再只是被动受电,配电网运行模式也将从"源随荷动"变为"源荷互动",柔性负荷深度调节参与源荷互动。例如,配置有光伏发电系统和储能装置的用户,在自身用电需求得到满足且尚有盈余的情况下,将具备向配电网反向供电的能力,由"荷"转为"源",网络潮流将出现复杂的多向流动。巨量的电动汽车、集群空调、电供暖等增量负荷普遍具有柔性可调特性,将在源荷互动技术、高效的电力交易及博弈机制支持下,即时响应配电系统功率调节,深度参与源荷互动,平抑峰谷差,提升配电网运行效率。

(3)从单纯的电力配送者转变为具有多重角色功能的公共平台。智能配单网提供基础电力服务,同时将承担电动汽车的接入支撑平台、智慧城市建设的能源基础平台、多市场主体的能源交易与金融服务平台、多源海量信息集成的数据平台等多重角色,将进一步衍生智能配电网与智能交通网、社会综合能源网、金融服务网的耦合互动,使智能配电网能量流—信息流—现金流深度融合。

（4）基于电力电子的配电设备灵活调节电力潮流，提高配电网络的灵活性，全面提升配电网运行水平。随着柔性电力电子装备技术的推广应用，智能配电网网架将会发展为灵活的环网状结构，各配电区域通过柔性开关实现互联，潮流流向及运行方式日趋多样化。配电调度具有对潮流进行大范围连续调节的能力，系统运行灵活性显著提升。

（5）数字赋能，实现系统全景状态可观、可测、可控，提升配电网管理水平及能源利用效率。智能配电网具有对配电网运行产生的海量多源异构数据进行采集、传输、存储、分析的能力，从而实现系统全景状态可观、可测、可控，并利用大数据技术为调度决策、运行维护、电力交易提供指导。配电网管理水平及能源利用效率显著提升。

1.3　新型电力系统电网安全风险及应对

电网安全历来是能源安全的重点，是新型电力系统的基本前提。在新型电力系统下，电网既要处理以火电为主的传统电网所面临的风险，还面临着随新型电力系统发展而新出现的风险，包括大规模可再生能源接入、信息技术快速发展、碳排放等带来的安全风险问题，对电网安全提出了新的挑战。本节开展电网安全及风险影响因素分析，总结新型电力系统下电网安全风险及影响因素，梳理电网新形态应对新型电力系统的特征与缺失、不足之处。

1.3.1　电网安全的内涵和影响因素

1. 电网安全的定义

电力安全是指电力系统在面对干扰和突发事件时，通过有效地进行防御和恢复，确保不间断地提供电力的能力。电力安全通常称为"供应安全"，或者更直白地称为"保持灯火通明"，其最终目标是以合理的成本向消费者提供可靠的电力。目前，国际电工委员会（IEC）、电气和电子工程师协会（IEEE）、欧洲电力传输系统运营商网络（ENTSO-E）、北美电力可靠性公司（NERC）、我国国家市场监督管理总局等机构对电网安全进行了定义，如表1.7所示。

2. 电网安全风险影响因素

电网是电力系统的重要组成部分，电网安全即电网不间断地提供电力的能力。电网安全涉及电网的适当性、运行安全性、韧性、稳定性、可利用性（availability）等。适当性是指在正常运行条件下，在任何时候都能供应一个地区的总电力需求

表 1.7　全球主要机构对电力安全的定义

机构	定义
国际电工委员会(IEC)	电力系统运行的能力,即可信事件不会引起负荷损失、系统组件超出其额定值的压力、母线电压或系统频率超出容许值、不稳定、电压崩溃或级联的能力
电气和电子工程师协会(IEEE)	电力系统在不中断客户服务的情况下,经受住即将发生的干扰(突发事件)的能力的风险程度
欧洲电力传输系统运营商网络(ENTSO-E)	电力系统抵御突发干扰的能力,如电力短路或系统组件或负载条件的意外损失,以及操作的限制
北美电力可靠性公司(NERC)	电力系统承受突然的、意外的干扰的能力,如短路、自然原因造成的系统元件的意外损失等
我国国家市场监督管理总局	电力系统在运行中承受故障扰动(如突然失去电力系统的元件,或短路故障等)的能力

的能力;运行安全性是指保持正常状态或在任何类型的事件发生后尽快恢复到正常状态的能力;韧性是指对短期冲击和长期变化的吸收、适应和恢复的能力;稳定性是指在正常和异常的系统条件或干扰下保持平衡状态的能力;可利用性是指输电线路、辅助服务或其他设施等能够提供服务的时间尺度。

电网安全风险影响因素是指可能危害电网的意外事件的潜在原因,可以分为自然灾害、设备故障、电网管理、恶意破坏、新兴风险影响因素等,如表1.8所示。从近30年138件主要大停电事件数据来看,自然灾害原因占比56%,是最主要的风险影响因素,但影响范围相对明确;电网管理原因占31%,易与其他诱发因素伴发,具有全局性、系统性影响。从影响层级来看,电网包括物理层、人力层、网络层,自然灾害、设备故障主要影响物理层,电网管理主要影响人力层、网络层,恶意破坏、新兴风险影响因素主要影响物理层、人力层、网络层。

表 1.8　影响电网安全的主要风险因素

风险影响因素类型	含义	表现形式	影响层级	代表性案例
自然灾害	不受人类严格控制的自然灾害,一旦发生可能影响电力系统的运行,造成损失	海啸、飓风、地震、地磁暴、森林火灾、洪水、雷击、冰雹、动物等	物理层,如输电线路和变压器	2008年中国南方冰雪灾害、2009年巴西和巴拉圭飓风、2011年日本大地震等引发的大停电事故等

续表

风险影响 因素类型	含义	表现形式	影响层级	代表性案例
设备故障	设备故障可能会威胁到电力系统的安全运行	系统设备故障(如断路器拒动、绝缘子故障、变压器过载)	物理层,如断路器拒动、绝缘子故障、变压器过载	2011年9月,美国亚利桑那州监测设备故障,导致大面积停电
电网管理	人类的错误决策或操作导致的	操作故障(系统规划、操作或维护中的人为错误或失误),以及管理不善造成的事故等	人力层、网络层	2012年,印度各级调度主体间权责不明确,上级调度指令无法有效执行,导致3个区域大电网崩溃
恶意破坏	恐怖分子、犯罪集团、网络攻击者、盗铜者、破坏者、精神病患者、恶意软件编写者等通过各种手段对电力系统设施和运行进行蓄意破坏	爆炸物、大功率步枪、恶意软件、网络攻击等破坏电网的行为,或因政治或经济利益造成电网破坏	物理层、人力层、网络层	1980—1989年,美国能源资产平均每年发生39次攻击(共386次),大部分针对电力系统
新兴风险影响因素	随着电力系统的发展而出现的新的风险	可再生能源的整合、电力系统与其他基础设施之间的相互依赖等	物理层、人力层、网络层	2019年8月,英国大停电事故中新能源在系统发生扰动时大规模脱网

新兴风险影响因素是指随着电力系统的发展而新出现的风险,包括可再生能源的间歇性威胁电网安全、网络和物理系统整合复杂等。尽管新兴风险影响因素并不是当前造成大停电事件的主要因素,但随着新型电力系统构建的加快,这类因素可能会成为影响电网安全的最重要因素。

1.3.2 新型电力系统下电网安全风险分析

新型电力系统下的电网除了需要应对以火电为主的传统电网所面临的风险,还面临着限制碳排放、大规模可再生能源接入、信息技术快速发展等带来的安全风险问题,这对及时、有效保障电网安全提出更高要求。

1. 电源侧变化带来的电网安全风险

在地震、飓风、极端低温等极端环境下，电力系统都暴露出了脆弱性。同时，高温、低温、多云、风沙等不影响传统电网安全的天气，也会对风电、太阳能发电等造成影响。例如，高温影响太阳能光伏组件的效率，对晶体硅和电流薄膜造成负面影响，环境温度从 30 ℃上升到 50 ℃，组件效率下降 3%～9%，并可能会在一小时内下降 18%；低温会对风力涡轮机的钢材、阻尼器、液压耦合器、变速箱、液压油、润滑油等造成负面影响，如芬兰和瑞典的项目表明，冰冻导致风力涡轮机 9%～45% 的停机时间。风沙会导致灰尘和沙子沉积，造成光伏功率降低。

火电、水电、核电供应较为稳定且可控性较高，而可再生能源具有间歇性、波动性，大规模接入会导致电力系统供需实时平衡矛盾凸显。根据专家预测，2030 年新能源出力占系统总负荷的比将为 5%～51%，2060 年新能源出力占系统总负荷的比将为 16%～142%，出力波动范围不断加大。低出力时段导致供电压力增大，高出力时段给系统消纳、安全带来巨大挑战。新能源发电高峰和负荷侧用电存在时间错配，大比例接入，会导致发电与用电时间不匹配的矛盾，影响电网可利用性。同时，我国新能源发电还存在发电侧和用电侧空间错配问题，发电侧向西北、东北集中，而华东、南方、华北电力供应缺口较大。

新能源发电机组抗扰性低和支撑性弱，在系统故障和极端情景下，导致设备故障风险加大。光伏和风电机组不具备传统发电机组的调频能力。传统发电采用同步发电机并网，发电机转子质量大，并且有转动惯量。当电网频率发生变化时，会反作用于同步发电机，但发电机的转子转速由于惯性不会瞬间改变，具有缓冲的作用并延缓频率变化。光伏和风电机组不具有转动惯量，加上出力无法调节，不具备传统发电机组的调频能力，面对频率、电压波动容易脱网，故障演变过程更显复杂。

2. 负荷侧变化带来的电网安全风险

电气化水平不断提升，负荷侧电力需求强劲，对电网供应保障能力提出更高的要求。同时，负荷侧呈现多元化的特点，大量电力电子设备从各个电压等级接入，控制资源碎片化、异质化、黑箱化、时变化，使得传统基于模型驱动的集中式控制难以适应，需要新的监测、管理、调控方法。电动车、分布式能源、电制氢、储能、智能电器等交互式用能设备的广泛接入和应用也会对电网的安全、稳定造成影响。

3. 电网侧变化带来的电网安全风险

随着智能电网技术的快速发展，自动控制、网络通信、人工智能等信息技术广泛部署，大量智能设备接入电力通信网络，电网的物理层和网络层深度耦合。人为因素、软/硬件设计缺陷或运行故障等情况导致电力信息系统或者其中的数据造成损害,从而诱发网络层、物理层混合攻击,最终会导致物理系统发生故障或诱导故障在系统中传播。与自然灾害、设备故障相比,电网管理具有攻击机理复杂、攻击能力强、威胁程度大、影响范围广等特点,影响着网络可用性、数据完整性、信息隐私。

分布式电网并网影响电网运行和控制。分布式光伏电源分散,需要新型电力交换系统来收集、传输、控制和分配电源,并网会增加负荷侧预测难度。分布式光伏之间会形成复杂的交互作用,造成电网的电压波动。输送功率的分布式电源并网还会影响电路的继电保护配置,从而影响电网的安全、稳定运行。分布式光伏需要逆变器将直流并网变为交流并网,逆变器的频繁操作,容易导致谐波污染,影响继电保护的范围,导致线路整体保护的可靠性降低。

直流并网削弱交流系统自身的惯量。新型电力系统中存在大量直流电源(风电、光伏、电池储能等)和大量直流负荷(如数据中心、电动交通工具、变频负荷等)。直流对交流系统并网需要经过 2 级变换,均需相位同步,且一般并、脱网频繁。大量直流装置并网还会削弱交流系统自身的惯量,威胁交流系统的安全运行。

4. 储能侧变化带来的电网安全风险

储能可以提高电力系统的灵活性、稳定性,但可能发生安全事故,影响电网安全。例如,2019 年 4 月,美国亚利桑那州电网侧储能系统发生爆炸;2022 年 5 月,德国卡尔夫区用户侧光伏储能系统发生爆炸。储能系统/电站的安全事故通常是单个电池发生热失控,瞬间释放大量热量,继而迅速蔓延至邻近电池,造成系统连锁反应,引发大面积电池组热失控,进而造成的严重火灾或爆炸事故。虽然单个锂离子电池的自失效概率仅有百万分之一,但储能电站因包含大量(通常几万至几十万节)的单体电池,事故概率风险随电池数量的增加不断增大。及时预警和采取措施可以有效降低电池自身热失控或其他外部因素导致电池起火引发的风险。为了保证储能电池不受外界环境影响,目前储能电池大多采用集装箱式密闭设计,这对散热能力构成挑战。

1.3.3　不同电网形态带来的安全挑战

交直流混联大电网、分布式智能电网、智能微电网、智能配电网等电网新形态快速发展,已开展一些示范。在电网新形态的安全、可靠、弹性方面,学者们开展控制技术、保护技术、仿真技术等系列研究。然而,电网新形态应对新型电力系统仍存在一系列缺失或不足,值得进一步探讨。

交直流混联大电网中,交直流系统之间相互影响,"强直弱交"矛盾突出,电网安全面临新的挑战,具体表现在:① 交直流、送受端之间耦合日趋紧密,受端交流电网常规故障导致直流换相失败,在对受端造成巨大有功、无功冲击的同时,由于直流本身的固有特性,会将能量冲击传递到送端,严重情况下可能造成送端系统稳定破坏,影响电网全局运行;② 新能源机组、直流均不具备常规机组的转动惯量特性,造成送端、受端电网转动惯量和等效规模不断减小,频率调节能力持续下降;③ 特高压直流密集投运,大量替代受端常规火电机组,受端电网电压支撑能力下降,直流故障过程中需吸收大量无功功率,导致动态电压稳定问题突出;④ 电网电力电子化特征凸显,新能源大规模投产,与系统耦合引发次同步振荡,可能导致远方火电机组故障跳闸。

分布式智能电网需要协同大量的分布式电源、物理设备、分散资源,面临新的挑战,具体表现在:① 分布式智能电网的协调控制、电网调度运行,需要适应海量的分布式电源和多元负荷接入,对分布式智能电网数字化、智能化提升技术提出更高要求;② 难以对众多的分布式能源进行控制,停电检修计划安排的难度增加,配电网施工安全风险加大。

智能微电网通常使用基于逆变器的分布式能源(IBDER),缺乏惯性和阻尼支撑,面临新的挑战,具体表现在:① 太阳能光伏(PV)、电池储能和燃料电池等IBDER 具有典型的低故障电流贡献,对于微电网,最低可能故障电流与最高可能线路负载(包括过载条件)之间的区别可能要小得多;② 可用的短路电流在相应的分布式能源可能存在间歇性,例如光伏电站可用的太阳能日晒量,这种情况使得电网保护方案难以区分负载和故障电流;③ 在并网型和独立型微电网的设计过程中,在波动性和稳定性之间保持正确的平衡是一大挑战;④ 微电网接入大电网后会出现保护的选择性和可靠性得不到满足,需要采用方向性的电流保护和方向性的功率保护等,比传统的保护提出更高的要求,灵敏度、方向性、可靠性等都需要有针对性的改进。

智能配电网大量引入信息网和智能化技术,使得电力系统脆弱点增多,导致大停电的风险增加,具体表现在:① 需要掌握多数据源、大数据量复杂系统运行状况,对信息系统稳定运行提出挑战,系统出现故障或不稳定,会影响电网的可控性和客观性,进一步影响配电网运行可靠性;② 电网能量流和信息流交互影响愈加频繁,物理系统和信息系统存在相互影响,可能递归发生,导致连锁故障;③ 传统配电网采用封闭式管控,在调度、运行、控制数据时使用专网,而智能配电网会接入不同单位的设备和系统,身份管理、加密方式、组网模式、安全机制差异性大,应对潜在网络攻击的难度增大;④ 大量光伏逆变器、储能变流器、柔性开关、固态变压器、能源路由器等电力电子装备并网,容易导致电网电压暂降、波动、电压越限等电能质量问题。

在新型电力系统中,电网新形态(交直流混联大电网、分布式智能电网、智能微电网、智能配电网)的特点、应对新型电力系统的特征和面临的挑战,如表 1.9 所示。

表 1.9　电网新形态的特点、应对新型电力系统的特征和面临的挑战

电网新形态	特点	应对新型电力系统的特征	面临的挑战
交直流混联大电网	可以实现灵活组网,有效减少交直流转化的中间环节,提高配电经济性、供电可靠性和运行灵活性	呈现交直流送受端强耦合的复杂电网形态,以电力电子器件为核心的电气设备大量渗透	"强直弱交"矛盾突出,直流扰动会显著影响交流电网正常运行。电网电压层级复杂,高低压层级电网之间、送受端电网之间协调难度大,电力电子器件具有脆弱性,电力系统安全稳定运行面临较大风险挑战
分布式智能电网	主要用于配电网,基于分布式新能源的接入方式和消纳特性,促进分布式新能源规模化开发和就地消纳,提升分散式新能源可控可调水平	呈现"配用一体化"的新型配电系统,纳入大量分散式低压侧负荷资源,体量多元化,融合公共配电系统和用户配电系统	低压配电设备点多、面广,装置种类繁多,对设备故障和电网管理提出更高要求。目前缺少统一协议标准,数据难以融合共享,对分布式新能源的主动响应和服务能力还需提高
智能微电网	小型发配电系统,可以与外部电网并网运行,也可以孤岛运行,实现中、低压配电系统层面上分布式能源的灵活、高效应用,解决新能源就地消纳的问题,降低对负载和电网的冲击	主要解决独立主体、广大小城镇和农村的用电需求,解决数量庞大、形式多样的分布式能源无缝接入和并网运行时的主要问题	智能微电网存在大量设备,目前在技术层面上简单整合,缺乏供需平衡分析、集成智能化控制和层级安全控制体系的设计。缺乏安全管理和设计规范
智能配电网	多层级微网(群)互动灵活运行,可实现灵活的功率互济与潮流优化,有效提升配电网运行的安全性、稳定性和经济性	配电网运行模式从"源随荷动"变为"源荷互动",采用信息技术实现配电系统正常运行及事故情况下的监测、保护、控制、用电和配电管理的智能化	依赖数据和信息技术。配电网运行产生海量多源异构数据,对数据安全、网络安全提出更高要求

1.3.4 主要国家加强电网安全的经验

1. 加大预测预警预判技术研发和应用力度

识别电力系统风险、对电网故障进行预警预测预判，能起到防微杜渐的作用，降低电网故障带来的损失，提高电力系统的稳定性、安全性。主要国家积极推动电网安全预警预测预判，从传统的人工巡查监测向机器自动化、智能化、主动化预警预测预判方向发展。美国关注电力系统相关数据的获取和分析，以此获得电力系统深层知识，如美国得克萨斯农工大学开展基于全球定位系统、神经网络、同步采用等方法的电力系统数据采样，对采集的海量数据进行分析，转化为知识来支撑故障处理决策；美国施瓦茨工程实验室开展数字化测量、输配电网故障检测、紧急保护等技术应用。日本聚焦电网中基础设备监测防护，如东芝公司与三菱电机公司关注紧急电路保护装置。我国推动预警预测预判技术智能化发展，从数据自动化、大范围采集与管理，到电网故障自动化匹配检测。

2. 关注极端气候下的电网弹性

随着气候变化的加剧，全球极端气候事件频发，台风、雷击、地震、洪水、冬季风暴等灾害对电网的影响日益受到各国家和地区关注，分别采取措施。一是制定极端气候预防性措施，如美国提前制定电力恢复计划，开展黑启动培训和演习，及时管理架空线路周围树木；欧盟物理加固电网、配电线路安装在地下，对电杆强度提出更高要求等。二是完善电网抢修恢复措施，如美国对基于系统监测到的电网数据进行受损评估，根据评估情况提出电网恢复计划、恢复负荷优先级、确定恢复策略和电网恢复所需的时间等；日本建立电网运营商的集体行动计划，以确保灾难发生时电力供应的可靠性。三是增加输电系统的容量，如欧盟大量部署分布式能源、移动和灵活的能源资源，利用其灵活性降低极端天气的影响；美国在关键建筑中增加分布式能源作为备用电源。四是研发极端天气预测解决方案，如意大利开发"湿雪过载预警预报"系统来预测电力线路上的机械过载，并生成不同的警报报告。

3. 多维构建网络信息安全保护

数字化是新型电力系统的重要支撑，源于终端设备、网络设备、信息平台的网络安全隐患极易传导至电力系统本身，从而引发重大网络安全事件。网络信息安全防护已成为主要国家电网安全关注的重点。一是加强电网设备的审计，如日本制定了智能电表和电力控制系统安全准则，所有智能电表必须进行网络安全审计。二是加强硬件和软件系统，如美国发展先进的基于云的电网管理平台、鼓励电网安装黑客监控软件。三是组建应急小组协调处理突发事件，如意大利成立了计算机应急准备小组应对网络安全威胁、波兰成立了计算机安全事件响应小组。四是开发 5G 通信、区块链、人工智能、大数据等技术，提升海量安全数据处理效率，改进数字化资产的隐私安全保护。五是加强行业合作和交流，如日本成立了电力信息共享和分析中心，与国内外交流、共享漏洞和网络攻击信息。

4. 制定电网安全风险管理标准

电网安全风险管理标准是电网安全运行的重要环节，现有的电网安全风险管理标准主要存在三种形式。一是国际通用性的风险管理标准，其规定适用于多领域风险管理工作，主要从理论和技术角度，对风险管理的内容、框架以及流程等进行规定，如 ISO、IEC、欧盟等制定的风险管理框架、流程标准。二是针对传统电网系统安全风险而专门制定的标准，如我国在电网安全风险评级工作时，对测评机构、现场测评等因素所带来的风险进行管理措施的规定。三是针对特定新兴风险影响因素而制定的标准，包括网络安全风险、多元数据风险等，如美国基于电网系统组织、业务流程以及信息控制技术层面制定规范来指导电网安全风险识别、评估与控制工作。

1.4　小　　结

在化石能源枯竭、生态环境恶化、温室效应加剧的背景下，全球主要国家高度重视零碳、负碳的新型电力系统建设。美国、日本及欧洲等发达国家或地区出台系列规划，积极推动新型电力系统相关技术的发展。我国也高度重视新型电力系统，多部委相继出台一系列政策规划，从科技创新、市场体系、运行机制等方面推动新型电力系统发展。

新型电力系统是我国新型能源体系的重要组成和实现"双碳"目标的关键载体。其由"源网荷储"组成，具有低碳、安全、高效、开放内涵。与以化石能源为主导的传统电力系统相比，新型电力系统在结构、形态、技术等方面将发生深刻转变，具有新的结构特征、形态特征、技术特征。

在新型电力系统下，电网安全面临新的挑战。电源侧、电网侧、负荷侧、储能侧的变化使得电网不仅要应对传统电网所面临的自然灾害、设备故障、电网管理、恶意破坏等风险，还面临着限制碳排放、大规模可再生能源接入、信息技术快速发展等带来的安全风险问题，这对及时、有效保障电网安全提出更高要求。同时，从国际经验来看，新型电力系统构建完成时间要早于碳中和实现时间十余年，电网安全工作时间紧迫。

在新型电力系统下,新型电网发展具有新能源广泛接入、信息技术深入应用的趋势,代表性的电网新形态包括交直流混联大电网、分布式智能电网、智能微电网、智能配电网等,具有应对新型电力系统的特征,同时也面临交直流系统相互影响、频率调节能力下降、信息系统故障或破坏、海量设备和信息协同管理等新的电网安全挑战。

第2章 新型电力系统下电网稳定保持前沿技术分析

电力系统调节新能源发电、储电面临诸多问题,新能源消纳形势依然严峻。相比传统火电、水电等能源具有可控性,风光等可再生能源对自然环境依赖性强,对极端气候和气候变化的抗扰性低和支撑性弱,电网物理设备遭受故障的风险也会加大。大规模、多形式可再生能源并网提高了电力电子设备的应用占比,扩大了电网的覆盖范围,增大了电网管理的难度。信息技术和智能技术的广泛应用提高了网络攻击等新型风险的发生概率。储能设施由于储蓄能量,一旦发生故障,就会造成爆炸,引发重大安全事故。这些新型电力系统电网所面临的挑战如果不能解决,将会造成大规模停电事件频发,给区域甚至国家带来巨大经济损失。新型电力系统下的电网安全引起了国内外广泛关注。

电网安全,即电力系统通过防御和恢复来确保电力不间断供应的能力。在新型电力系统下,提高电网安全可以有多种技术手段。本节就新型电力系统安全稳定机理及优化运行研究、多时间尺度新能源发电功率预测技术、新型储能技术以及新型电力系统的网络与信息安全技术等领域的文献和专利研究分析研判新型电力系统电网安全的发展趋势。

2.1 新型电力系统安全稳定机理及优化运行研究

2.1.1 新型电力系统安全稳定机理研究进展

新型电力系统稳定机理复杂,安全稳定运行面临极大挑战。电力系统稳定性指的是电力系统在给定的初始条件下,受到扰动后能回到平衡状态,同时大部分系统状态变量保持有界并使得全系统实际上保持完整的能力。随着新能源迅猛发展,电力系统呈现高比例可再生能源、高比例电力电子设备接入的"双高"特性,导致电网强度减弱,为系统安全稳定运行带来极大挑战。而电力系统稳定性问题又制约可再生能源和电力电子设备占比进一步提高。

新型电力系统的"双高"特征会使未来电力系统在规划、运行、控制和保护方面均与传统电力系统存在差异(见图 2.1),呈现出电力电量平衡概率化、电力系统运行方式多样化、电网潮流双向化、电力系统稳定机理复杂化等新特点,将给系统稳定运行造成诸多不利影响,如小扰动失稳、大扰动失稳和低频/次同步振荡等。归结起来,新型电力系统依靠数量庞大、种类繁多的电力电子装备调节电能,而引发电力系统的失稳也主要直接或间接由电力电子装备造成,因此从电力电子装备角度,可以将新型电力系统的失稳问题分为两类:一类是电力系统发生大的扰动后,电力电子装置脱网,系统失稳,其本质是考验电力电子装置在各种低电压、高电压或三相电压不对称工况下的穿越能力;另一类是在系统稳态或发生小扰动情况下,电力电子装置因振荡问题影响其安全可靠地运行和发挥其调节控制功能。

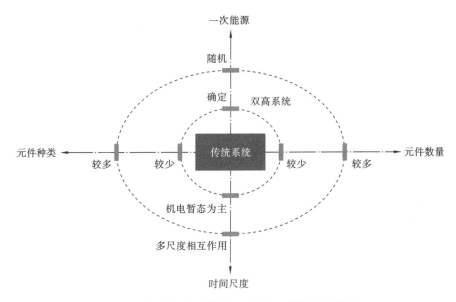

图 2.1 传统电力系统与新型电力系统的主要差异

1. 大扰动失稳

新型电力系统的特性已经引发诸多大扰动失稳问题。大扰动稳定性是指系统受到较大扰动(如短路故障),使得线性模型不足以刻画系统动态特性,而必须考虑系统的非线性特性和稳定域的一类稳定性问题。新型电力系统元件独特的动态特性带来了更加复杂多样的新型大扰动稳定性问题,而全新的动力学特性及运行方式可能使得面向常规系统建立起来的经典大扰动稳定性定义、理论和方法都难以直接应用。

按照失稳的主要现象和源头,大扰动失稳问题可以分为大扰动下的设备级失稳和系统级失稳两大类,进一步可以划分为多个失稳问题子类,如图 2.2 所示。

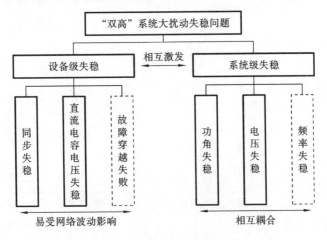

图 2.2　大扰动失稳问题分类

　　大扰动下的设备级失稳是指大扰动冲击使得电力电子设备不能正常控制,或者触发设备保护,从而引起的稳定性问题,一般与设备自身的控制保护特性和所受扰动有关,如电力电子设备锁相环(PLL)受到扰动后不能与电网保持同步,从而失去稳定。大扰动下的系统级失稳是指大扰动引发系统较大范围内功率不平衡,从而引起的稳定性问题。在实际的失稳过程中,设备级和系统级失稳问题可能同时出现,甚至相互激发。例如,电力电子设备大面积故障退出可能引发系统功率不平衡,造成系统级失稳问题;反之,系统功率或电压的大幅波动可能引发电力电子设备失稳,造成设备级失稳问题。

　　设备级失稳影响范围可能到系统级级别。新型电力系统中电力电子设备的稳定运行严重依赖于网络,尤其是对并网型逆变器。设备级失稳的影响范围并不局限于单个设备,受大扰动影响,多个乃至成群的电力电子设备可能出现设备级失稳问题,甚至进一步引起系统级失稳问题。目前设备级失稳主要关注三类问题:同步失稳、直流电容电压失稳和故障穿越失败。

　　系统级失稳问题与系统大范围内的功率平衡有关。系统级失稳问题主要包括功角失稳、电压失稳和频率失稳三类。三类系统级失稳问题的主要影响和定性结论如表 2.1 所示。功角、电压和频率在新型电力系统中耦合更加紧密,因此这三类失稳问题并非是互不相干的,可能同时出现并相互激发。例如,严重的短路故障导致发电机功角大幅摇摆使得部分机组脱网,从而引起系统电压、频率崩溃。

表 2.1　大扰动下系统级失稳问题的主要影响和定性结论

类别	定义	"双高"带来的主要影响	定性结论
功角失稳	同步互联电力系统中的同步发电机受到大扰动后失去同步运行	降低系统惯性	不利于稳定性
		引入新的注入功率特性	受渗透率、负载率、功率恢复速率、故障穿越能力等多因素影响,对稳定性的影响尚无定论
		改变系统潮流分布	潮流加重不利于稳定性;潮流减轻有利于稳定性
		带来新的控制手段	增强稳定性
电压失稳	系统受到较大扰动后系统各节点电压不能维持平稳	引入新的无功-电压特性	受渗透率、故障位置、故障穿越能力等多因素影响,对稳定性的影响尚无定论
		引入交直流混联	产生新的电压失稳现象
		带来新的无功补偿装置	增强稳定性
频率失稳	在受到较大的功率扰动后,系统频率无法恢复稳定或无法维持在一定安全范围内	降低系统惯性	不利于稳定性,频率初始跌落变快、最大偏差变大
		带来快速频率支撑技术	增强稳定性

"双高"趋势下,新型电力系统的频率安全问题突出。新型电力系统的频率特性主要有传统调频资源稀缺化、频率时空分布差异化、频率调控手段多样化、频率动态机理复杂化四个方面,如表 2.2 所示。新能源电力的不确定性、系统的低惯量水平等特性使得新型电力系统的有功功率难以平衡,电力系统频率在时空上的不均分布问题愈发显著,其频率动态机理也愈发复杂,功率和电量的"再平衡"问题亟待解决。近些年来,频率安全事故时有发生,2015 年 9 月,我国锦苏特高压直流线路双极闭锁,3.55% 的功率缺额造成了华东电网频率最低跌至 49.56 Hz,频率恢复共耗时 240 s;2019 年 8 月,英国"8·9"大停电事故中,由于事故前系统风力发电占比为 30%,系统惯量偏低,约 3.9% 的功率缺额造成系统频率最低跌至 48.8 Hz 并触发低频减负荷,从而造成大规模停电。

2. 功率振荡

不具备主动支撑能力的新能源大规模并网会导致系统惯量、一次调频及阻尼能力显著下降,从引发各种振荡问题。2012—2013 年,河北沽源风电基地发生 50 余

表 2.2　新型电力系统的频率特性

频率特性	说明
传统调频资源稀缺化	源荷惯量和同步发电机的调频能力这两类传统调频资源很好地保障了电力系统的频率安全,但新型电力系统的惯量在持续降低
频率时空分布差异化	频率动态过程同时伴有功角摇摆过程,而系统惯量的下降使得扰动后频率波动更加剧烈;大量低惯量的电力电子设备集中或分散式并入电力系统,功角摇摆过程将使频率时空分布差异化更为显著;经电力电子设备并网的电源或负荷的调频特性很大程度上由其控制方式决定,且电力电子设备与同步机物理结构不同,这使得频率动态过程中,各节点调频特性的异质化特性明显;可再生能源的资源禀赋使得各区域电网内电源结构差异化明显
频率调控手段多样化	"双高"电力系统具备了更强的可控性,电力电子器件动作速度快、控制自由度高,使得源网荷储各要素内的调频资源可根据自身特性采取差异化的调频策略,而当前电力系统快速发展的同步相量测量装置和广域测量系统也将极大地提升"双高"电力系统的可观性,有助于不同调频资源的协调互补,有望进一步实现基于大数据分析、边缘计算的信息物理融合的频率控制方法
频率动态机理复杂化	电力电子设备在并网特性上与传统同步机同样存在差异,导致系统内不同节点具有异质化的频率响应特性,频率时空分布特性的影响将更加显著,传统电力系统中广泛采用的惯量中心假设将受到挑战

次振荡事件,引起上千台次风机脱网;我国新疆哈密地区,新能源装机容量已超过30%,2015 年以来,该地区风电基地频繁发生次同步振荡,振荡功率穿越多级电网,甚至引发 300 km 外汽轮机组轴系扭振,造成多个机组脱网,当地电网频率降低 0.14 Hz。类似事件在国际上也屡见不鲜,甚至更为严重,引发波及百万人的大规模停电。

振荡事故内在发生机理复杂,需要深入研究。振荡失稳大致可分为两个阶段:第一是小信号稳定/失稳阶段,第二是持续功率振荡阶段。在第一阶段中,系统小信号是否稳定反映了其内在稳定机理,但是新能源并网系统与弱电网之间的相互作用复杂,影响因素繁多,稳定机理刻画困难。在第二阶段中,持续功率振荡反映了系统失稳后的动态行为特征,非线性环节高度参与,传统线性分析方法往往不再适用。这两点反映出"双高"电力系统面临两方面的挑战:一是变流器构型及相应稳定机理,二是新能源并网系统的功率振荡。风、光等新能源发电机组都是基于变流器并网的,要想构建一个高效、稳定的新型电力系统,并网端口的变流器控制特性就显得非常重要。并网变流器的控制方式可分为跟网型(Grid Following, GFL)控制和构网型(Grid Forming, GFM)控制,如表2.3所示。跟网型控制策略一般采用锁相环(Phase Locked Loop, PLL)使变流器与电网保持同步,而构网型控制策略一般模仿传统同步机,不使用锁相环,而通过控制暂态功率平衡保持与电网的同步。跟网型变流器是基于电压定向的电流源,构网型变流器是基于功率定向的电压源,两者区别在于:电源属性,跟网型是电流源,构网型是电压源;定向差异性,跟网型是基于电压定向,构网型是基于功率定向。弱电网不利于跟网型变流器稳定,有利于构网型变流器稳定,因此构网型控制策略也被认为是解决高比例新能源接入下系统稳定问题的有效途径。

表 2.3　变流器构型及相关研究

研究挑战	特征	研究方向
构网型变流器稳定机理	构网型变流器起到电压支撑的作用,是进一步提高可再生能源占比的有效方法	构网型变流器内环、外环相互作用研究。内环控制存在耦合,系统模型阶数较高,现有研究只能忽视内环、外环之间的相互作用,将内环控制简化为单位增益。但是,内环控制对变流器稳定性意义重大,忽视其影响将导致稳定机理不够完善,甚至可能发生分析错误
跟网型变流器稳定机理	采用锁相环与电网保持同步	弱电网下,系统参数与稳定性之间的解析关系。现有变流器大多采用锁相环与电网保持同步,是一种典型的跟网型控制策略。但是,现有研究对其稳定机理的阐释不够完善,特别是弱电网下,系统参数与稳定性之间解析关系尚不明确,只能选择有限的几个参数进行分析和测试,参数整定过程烦琐、重复性高

新能源并网系统的功率振荡问题。功率振荡是系统失稳的一种具体表现形式。当新能源占比较小时,电网较强,系统受到的新能源功率扰动较小。然而新能源高比例地注入电网使得其随机扰动产生的激励作用不能再被忽略,非线性影响凸显,交互作用增强,系统振荡不断有新的模式和特点呈现出来。一方面,除了负阻尼/弱阻尼导致的振荡外,由于随机扰动功率含有丰富的频谱分布,若这些具有足够能量的频率段能够覆盖系统本身固有的振荡频率点,这种面对点的扰动方式很容易使得原本稳定的振荡模式变得不稳定,激发出新的振荡;另一方面,在大扰动情况下,系统运行状态随着外施扰动的增强会愈加远离平衡点,根据线性化模型得出平衡点附近的局部特性无法反映全局,电力电子接口控制的非线性项不可忽略,线性化得出的振荡模式经过非线性项(如二阶非线性)乘积等出现了交互作用,激发出新的振荡模式,改变了系统的振荡频率分布,增加了新的振荡频率点。

在新能源高比例注入电网时,新能源功率波动不可忽略,振荡模式交互机理成为电网安全的重要研究方向。"双高"特性使得新能源功率与电力电子控制与电网系统进行了强烈的非线性交互作用,形成了高比例新能源接口下的振荡模式交互现象,并网振荡问题逐渐从局部单一谐波谐振扩展到了系统多振荡模式,且振荡模式由于非线性交互作用衍生出了新的振荡模式,发电设备集群并网的量变引起了系统稳定性的质变。振荡模式交互机理的研究不仅要在科学的基础上探索其功率大扰动作用下振荡模式交互机理及频率迁移规律,建立满足其稳定运行的新的数学条件,更需要寻求简单、合理、稳定的方法来进一步建立其控制机制。现有研究不够精确,且振荡特性与系统参数之间的关系尚不明确,在如何避免振荡发生、降低振荡危害等方面缺乏系统性指导。

2.1.2　新型电力系统安全稳定机理文献分析

在 web of science 数据库核心合集中按下列检索式进行检索。

(1) TS＝("new power" OR "new energy" OR "new electric* " or "renewable energy" OR "renewable power" OR "renewable electric* " or photovoltaic* OR "solar energy" OR "solar power" OR "wind energy" OR "wind power" OR " wind electric* ") AND AK＝((power OR electric* OR energy OR smart) NEAR/2 (grid OR system*)) AND TS＝((stable OR stability or balanc* or oscillat* OR disturbanc* OR destabilizat* OR instabil*) SAME (power OR voltage or grid OR frequen* OR "frequency control" OR "voltage control" OR "transient stabil* "))。

(2) TS＝("new power" OR "new energy" OR "new electric* " or "renewable energy" OR "renewable power" OR "renewable electric* " or photovoltaic* OR "solar energy" OR "solar power" OR "wind energy" OR "wind power" OR " wind electric* ") AND TI＝(stable OR stability or balanc* or oscillat* OR disturbanc* OR destabilizat* OR instabil*) AND TS＝("off-grid" OR "short circuit" OR "Grid-Following" OR "Grid-Forming" OR "Phase-Locked Loop" OR " grid-connected converter* ")。

检索结果:(1)或(2),检索类型为 article,检索时间为 2024 年 1 月 8 日,共检索出 6173 篇文献。

1. 基于论文的新型电力系统安全稳定机理领域重要技术分析

根据论文主要关键词的共现关系挖掘关键技术,关键词共现分析是指分析文献中关键词同时出现的频率,如果两个关键词共现率高,则表明它们涉及相同或相关的主题。筛选自相关性大于 0.1 的关键词,挖掘新型电力系统安全稳定机理领域的重要技术,TOP20 关键词及自相关度如表 2.4 所示。

表 2.4 新型电力系统安全稳定机理论文关键词共现(部分)

记录数量	记录数量	979	129	386	117	305
	关键词	Power system stability	Stability criteria	Voltage control	Damping	wind power plants
979	Power system stability	1				
129	Stability criteria	0.343				
386	Voltage control	0.298				
324	Frequency control	0.291				
575	Renewable energy sources	0.267				
196	Power system dynamics	0.258				
148	stability analysis	0.242				
258	Wind power generation	0.235				
154	Generators	0.234				
63	Impedance		0.233			
74	Transient analysis		0.266			
106	Oscillators				0.413	
163	Inverters			0.275		
133	Synchronous generators					0.278
153	Reactive power			0.28		

从表 2.4 中可以看出,阻尼与振荡器的相关性较高,自相关值达到 0.413。电力系统中的振荡是指电网频率、电压或功率的周期性波动,这些振荡可能由多种原因引起,如负载变化、发电机之间的互动或者电网中的故障。阻尼在电力系统中起减少或消除振荡的作用,通过提供阻尼,可以增强系统对扰动的抵抗能力,并促进快速恢复到稳定状态。在电力系统动力学中,阻尼力量的大小直接影响振荡的幅度和持续时间。振荡器可以是指代表系统动态行为的数学模型,如代表发电机的摆动模型,振荡器描述了系统在受到外部扰动时的动态响应。对于包含多个发电源的复杂电力系统,不同振荡器之间的相互作用需要通过适当的阻尼控制管理。在新型电力系统中,特别是包含可再生能源和分布式资源的系统中,维持足够的阻

尼水平是确保稳定性的关键挑战。现代电力系统使用各种控制策略和技术来增强阻尼,例如使用灵活的交流传输系统设备、逆变器控制策略以及先进的电网管理系统。

电力系统稳定性与电压控制、频率控制、可再生能源、电力系统动力学、风力发电、发电机的相关性较高,自相关值达到 0.23 以上。根据相关关键词进行分析,稳定标准是设计和评估电力系统的关键参考,是衡量电力系统在面对扰动时能否维持正常运行的基本指标,因此稳定标准是重点关注的研究问题。在电力系统中,电压的稳定性对于整个系统的可靠运行至关重要。电压控制技术用于维持电压水平,防止电压崩溃。频率稳定是电力系统正常运行的关键。频率控制涉及保持电网频率在规定范围内,特别是在负载变化和发电量变化时。目前风力发电作为一种主要的可再生能源方式,其技术集成对电网稳定性带来了新的挑战,如频率和电压的波动,是新型电力系统安全稳定机理领域的重点关注技术。

稳定标准与阻抗、瞬态分析的自相关性也较高。在新型电力系统中,由于引入了更多的可再生能源和智能控制技术,如分布式发电和能源存储,电网的动态特性变得更加复杂。因此,阻抗特性和瞬态行为对维持系统的稳定性、遵守稳定标准更加重要。例如,分布式发电资源的接入会改变电网的阻抗特性,从而影响整个系统的电压和频率稳定性。同时,瞬态分析可以帮助设计合适的控制策略以应对这些变化,确保在面对大规模可变和间歇性能源时电网稳定运行。

此外,电压控制与逆变器、无功功率的相关性较高。随着更多分布式能源资源和可再生能源的接入,电力系统面临着更加复杂的电压控制挑战。新型资源的电力输出可能具有间歇性和不可预测性,对电压稳定性构成挑战。逆变器和相关的电力电子设备提供了一种灵活的方式来应对这些挑战,通过动态调节无功功率输出来支持电压稳定。电压控制、逆变器和无功功率之间的高度相关性是由它们在维持新型电力系统中电压稳定性方面的共同作用决定的。逆变器作为连接可再生能源和电网的关键设备,在无功功率管理和电压控制方面发挥着越来越重要的作用。

2. 基于论文的新型电力系统安全稳定机理领域前沿技术分析

对新型电力系统安全稳定机理领域 2023 年发表的最新论文的重点技术进行研究,主要基于高被引论文涉及的重点技术进行分析,总结新型电力系统安全稳定机理论文中所体现的重要技术。新型电力系统安全稳定机理领域 2023 年被引次数排名 TOP10 的重点论文如表 2.5 所示。

根据 TOP10 被引量的论文研究主题,可以分析出新型电力系统安全稳定机理领域的前沿研究内容。

表 2.5   新型电力系统安全稳定机理领域 2023 年被引次数排名 TOP10 的重点论文

论文名称	中文名称	期刊	期刊影响因子	被引次数	作者机构
Data-driven distributionally robust scheduling of community integrated energy systems with uncertain renewable generations considering integrated demand response	考虑到综合需求响应,对具有不确定可再生能源发电量的社区综合能源系统进行数据驱动的分布式稳健调度	APPLIED ENERGY	11.2	39	东北电力大学、国家电网有限公司、英国克兰菲尔德大学
Modeling and Transient Stability Analysis for Type-3 Wind Turbines Using Singular Perturbation and Lyapunov Methods	使用奇异扰动和 Lyapunov 方法对 3 型风力涡轮机进行建模和瞬态稳定性分析	IEEE TRANSACTIONS ON INDUSTRIAL ELECTRONICS	7.7	32	华中科技大学
Optimal sizing of renewable energy storage：A techno economic analysis of hydrogen，battery and hybrid systems considering degradation and seasonal storage	优化可再生能源储存的规模:考虑到降解和季节性储存,对氢气、电池和混合系统进行技术经济分析	APPLIED ENERGY	11.2	25	墨尔本大学
Modular Design and Real-Time Simulators Toward Power System Digital Twins Implementation	模块化设计和实时模拟器实现电力系统数字孪生系统	IEEE TRANSACTIONS ON INDUSTRIAL INFORMATICS	12.3	22	新南威尔士大学

续表

论文名称	中文名称	期刊	期刊影响因子	被引次数	作者机构
Real-time energy optimization and scheduling of buildings integrated with renewable microgrid	集成了可再生微电网的建筑物的实时能源优化和调度	APPLIED ENERGY	11.2	17	纳杰兰大学、马尔丹工程技术大学、巴基斯坦女子大学、沙特国王大学
Planning China's nondeterministic energy system (2021—2060) to achieve carbon neutrality	规划中国非确定性能源系统（2021—2060），实现碳中和	APPLIED ENERGY	11.2	16	北京师范大学、里贾纳大学
A New Intelligent Fractional-Order Load Frequency Control for Interconnected Modern Power Systems with Virtual Inertia Control	带虚拟惯性控制的互联现代电力系统的新型智能分数阶负载频率控制	FRACTAL AND FRACTIONAL	5.4	16	塔布克大学、阿斯旺大学、萨勒曼国王国际大学
Energy Storage in High Variable Renewable Energy Penetration Power Systems: Technologies and Applications	高可变可再生能源渗透电力系统中的储能：技术与应用	CSEE JOURNAL OF POWER AND ENERGY SYSTEMS	7.1	15	国家电网有限公司、清华大学
An Innovative Converterless Solar PV Control Strategy for a Grid Connected Hybrid PV/Wind/Fuel-Cell System Coupled With Battery Energy Storage	光伏/风能/燃料电池并网混合系统与电池储能的创新型无逆变器太阳能光伏控制策略	IEEE ACCESS	3.9	15	法赫德国王石油矿产大学、旁遮普大学、哈尔滨电气股份有限公司

续表

论文名称	中文名称	期刊	期刊影响因子	被引次数	作者机构
Two-stage Optimal Dispatching of AC/DC Hybrid Active Distribution Systems Considering Network Flexibility	考虑网络灵活性的交直流混合有源配电系统两阶段优化调度	JOURNAL OF MODERN POWER SYSTEM AND CLEAN ENERGY	6.3	14	马来西亚理科大学

1）可再生能源集成与优化

可再生能源集成与优化的研究技术包括风力发电模型、逆变器技术、可再生能源的无功功率管理、太阳能光伏控制策略、混合可再生能源系统。前沿研究问题包括以下内容。

（1）集成先进控制技术以优化可再生能源的输出和稳定性。

（2）逆变器技术在连接可再生能源与电网中的关键作用，特别是在无变换器光伏系统的发展。

（3）智能管理系统以平衡可再生能源的间歇性和电网的需求。

2）电力系统动态稳定性与控制

电力系统动态稳定性与控制的研究技术包括瞬态稳定性分析、分数阶负荷频率控制、虚拟惯性控制、阻尼机制、振荡器分析。前沿研究问题包括以下内容。

（1）利用先进的数学方法（如奇异摄动和李雅普诺夫方法）进行动态稳定性分析。

（2）开发新型控制策略以提高系统的响应能力和频率稳定性。

（3）通过虚拟惯性和其他阻尼措施提高系统对扰动的抵抗力。

3）电力系统规划与调度

电力系统规划与调度的研究技术包括社区综合能源系统调度、实时能源优化、非确定性能源系统规划、交直流混合配电系统调度。前沿研究问题包括以下内容。

（1）应用数据驱动和分布式稳健优化方法来高效调度能源资源。

（2）实时优化和智能调度技术的发展，特别是在建筑和微电网集成方面。

（3）考虑长期规划和碳中和目标对能源系统的影响。

4）电力系统数字化与模拟

电力系统数字化与模拟的研究技术包括电力系统数字孪生、实时仿真器。前沿研究问题包括以下内容。

（1）数字孪生技术在模拟和优化电力系统操作中的应用。

（2）利用实时仿真器进行电力系统的测试和验证。

（3）数字化技术在提高电网运行效率和可靠性中的作用。

2.1.3　新型电力系统优化运行专利分析

在该领域相关文献调研的基础上，构建新型电力系统安全稳定机理的专利检索式。在德温特创新索引（DII）[1]全球专利数据库中进行专利检索。专利数据清洗后，共获得 7159 项专利数据。本次专利检索日期为 2024 年 1 月 8 日，本报告对检索日之后 DII 数据库中新增的专利数据不负责。利用科睿唯安 DDA 专利分析工具，对检索得到的 7159 项专利数据进行专利计量学分析和深度信息挖掘。

专利检索式构建如下：

♯1：TS=（"new power" OR "new energy" OR "new electric* " or "renewable energy" OR "renewable power" OR "renewable electric* " or photovoltaic* OR "solar energy" OR "solar power" OR "wind energy" OR "wind power" OR "wind electric* "）AND TI=（（power OR electric* OR energy OR smart）NEAR/2（grid OR system* ））AND TS=（（stable OR stability or balanc* or oscillat* OR disturbanc* OR destabilizat* OR instabil* ）SAME（power OR voltage or grid OR frequen* OR "frequency control" OR "voltage control" OR "transient stabil* "））

♯2：TS=（"new power" OR "new energy" OR "new electric* " or "renewable energy" OR "renewable power" OR "renewable electric* " or photovoltaic* OR "solar energy" OR "solar power" OR "wind energy" OR "wind power" OR "wind electric* "）AND TI=（stable OR stability or balanc* or oscillat* OR disturbanc* OR destabilizat* OR instabil* ）AND TS=（"off-grid" OR "short circuit" OR "Grid-Following" OR "Grid-Forming" OR "Phase-Locked Loop" OR "grid-connected converter* "）

1　德温特创新索引（DII）数据库是全球应用最广泛、影响力最大、数据量最多的专利数据库。该数据库收录了自 1966 年以来的全球 40 多个机构的专利数据，专利数据每周更新一次。

IPC 限制：

$$IP＝（H02^* \ OR \ G06^* \ OR \ F03^*）$$

总检索代码为

$$（\sharp1 \ OR \ \sharp2）AND \ IP＝（H02^* \ OR \ G06^* \ OR \ F03^*）$$

检索结果：

7159

1. 专利申请趋势分析

根据技术专利申请量随时间的变化情况分析该技术领域的专利发展态势，揭示出技术的发展时间和历程，反映目前技术所处的发展阶段。

如图 2.3 所示，总体来看，全球新型电力系统安全稳定机理专利数量呈持续增长趋势，该领域的首项专利出现于 1985 年，在三十多年的发展过程中，该领域的专利申请经历了较为明显的三个发展阶段。

（1）萌芽期（1985—2009 年）：该阶段每年的专利数量较少，年专利数量为 10 项左右。

（2）缓慢发展期（2010—2019 年）：该阶段专利数量增长趋势明显，2010 年专利数量首次超过 100 项，专利数量总体呈缓慢发展态势。

（3）快速增长期（2011 年至今）：专利数量呈快速增长趋势，2020—2022 年专利年增长数量达到四百项以上，2022 年的专利申请量增至峰值 1442 项。

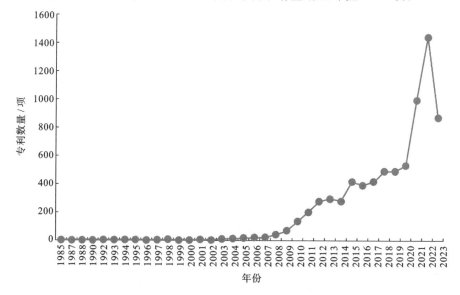

图 2.3　新型电力系统安全稳定机理专利数量趋势

2. 专利技术布局分析

基于全球公认的 IPC 分类分析全球新型电力系统安全稳定机理专利的技术分布。通过技术分布揭示该领域全球新型电力系统安全稳定机理的重点方向和最近几年的新兴创新技术。

从表 2.6 可以看出,供电或配电的电路装置或系统和电能存储系统领域的专利数量最多,专利数量为 5925 项,占比达到 82.76%,表明新型电力系统安全稳定机理领域的技术主要与供电或配电的电路装置或系统、电能存储系统有关。由红外线辐射、可见光或紫外光转换产生电能(如使用光伏模块)领域的专利数量也占有一定比例,专利数量达到 1323 项,表明新型电力系统安全稳定机理领域的技术也较为重视光转化为电能的方向。其余的 IPC 占比较少,表明新型电力系统安全稳定机理领域的技术主题较为集中,主要围绕电能系统展开技术研发。

表 2.6　新型电力系统安全稳定机理专利 TOP10 IPC 小类

序号	IPC 小类	技术领域	专利数量/项	数量占比
1	H02J	供电或配电的电路装置或系统;电能存储系统	5925	82.76%
2	H02S	由红外线辐射、可见光或紫外光转换产生电能,如使用光伏模块	1323	18.48%
3	H02M	用于交流和交流之间、交流和直流之间或直流和直流之间的转换,以及用于与电源或类似的供电系统一起使用的设备;直流或交流输入功率至浪涌输出功率的转换;以及它们的控制或调节	685	9.57%
4	G06Q	专门适用于行政、商业、金融、管理或监督目的的信息和通信技术	626	8.74%
5	G06F	电数字数据处理	407	5.69%
6	F03D	风力发动机	396	5.53%
7	H02P	电动机、发电机或机电变换器的控制或调节;控制变压器、电抗器或扼流圈	237	3.31%
8	F24S	太阳能热收集器;太阳能热系统	221	3.09%
9	H02H	紧急保护电路装置	184	2.57%
10	H01M	用于直接转变化学能为电能的方法或装置,例如电池组	183	2.56%

对专利数量较多的前 20 个完整的 IPC 分类号进行分析,如表 2.7 所示。从技术的整体分布来看,全球新型电力系统安全稳定机理的技术主要为供电或配电的电路装置或系统、电能存储系统,具体的技术方向包括由两个或两个以上发电机、变换器或变压器对一个网络并联馈电的装置,在网络中防止或减少功率振荡的装置,供电或配电的电路装置或系统中应用有变换装置的电池组,交流干线或交流配电网络的电路装置,发电机、变换器或变压器之间输出分配的控制,有光敏电池的供电/配电的电路装置或系统,用储能方法在网络中平衡负载的装置。部分技术属于专门适用于行政、商业、金融、管理或监督目的的信息和通信技术、光伏模块的支撑结构等。

表 2.7 新型电力系统安全稳定机理专利 TOP20 IPC 小类

技术领域	IPC 分类号	技术内容	专利数量/项	时间跨度/年	近三年申请量占比
供电或配电的电路装置或系统;电能存储系统	H02J-003/38	由两个或两个以上发电机、变换器或变压器对一个网络并联馈电的装置	3360	1992—2023	48.96%
	H02J-003/24	在网络中防止或减少功率振荡的装置	1039	2005—2023	71.51%
	H02J-003/32	供电或配电的电路装置或系统中应用有变换装置的电池组	1024	2000—2023	57.91%
	H02J-003/00	交流干线或交流配电网络的电路装置	1008	1985—2023	66.17%
	H02J-003/46	发电机、变换器或变压器之间输出分配的控制	968	2004—2022	67.05%
	H02J-007/35	有光敏电池的供电/配电的电路装置或系统	874	1987—2023	33.64%
	H02J-003/28	用储能方法在网络中平衡负载的装置	684	2000—2023	61.11%
专门适用于行政、商业、金融、管理或监督目的的信息和通信技术	G06Q-050/06	电力、天然气或水供应	593	2006—2023	76.22%

续表

技术领域	IPC 分类号	技术内容	专利数量/项	时间跨度/年	近三年申请量占比
供电或配电的电路装置或系统；电能存储系统	H02J-007/00	用于电池组的充电或去极化或用于由电池组向负载供电的装置	580	1992—2023	38.10%
	H02J-013/00	对网络情况提供远距离指示的电路装置（例如网络中每个电路保护器的开合情况的瞬时记录）；对配电网络中的开关装置进行远距离控制的电路装置（例如用网络传送的脉冲编码信号接入或断开电流用户）	478	2005—2023	56.49%
	H02J-003/48	同相分量分配的控制	389	2008—2023	75.84%
	H02J-003/18	网络中调整、消除或补偿无功功率的装置	236	2000—2023	44.49%
专门适用于行政、商业、金融、管理或监督目的的信息和通信技术	G06Q-010/04	专门适用于行政或管理目的的预测或优化（例如线性规划）	228	2011—2023	78.95%
	G06Q-010/06	资源、工作流程、人员或项目管理；企业或组织规划；企业或组织建模	224	2011—2023	70.98%
供电或配电的电路装置或系统；电能存储系统	H02J-003/16	用于把负载接入网络或从网络断开的技术（例如逐渐平衡的负载）	222	2005—2023	60.81%
	H02J-003/14	用于把负载接入网络或从网络断开的技术（例如逐渐平衡的负载）	217	2006—2023	71.89%
	H02J-003/06	相连网络之间电力转换的控制；相连网络之间负荷分配的控制	210	1994—2023	80.48%
	H02J-009/06	带有自动转换的	210	1998—2023	36.19%
	H02J-015/00	存储电能的系统	206	2004—2023	71.84%
光伏模块的支撑结构	H02S-020/30	可移动或可调节的支撑结构（例如角度调整）	206	2011—2023	55.83%

从技术 IPC 分布的时间跨度来看,部分技术的起源较早,表明这些技术长期以来具有一定的应用价值,时间跨度大。例如由两个或两个以上发电机、变换器或变压器对一个网络并联馈电的装置,交流干线或交流配电网络的电路装置,有光敏电池的供电/配电的电路装置或系统,用于电池组的充电或去极化或用于由电池组向负载供电的装置,相连网络之间电力转换的控制等。这些技术 IPC 分布的时间跨度超过 25 年,表明这些技术在长期发展中已成为关键的基础技术,在技术演进中具有一定的稳定性,在新型电力系统安全稳定机理领域具有重要地位。

根据近三年来专利申请的占比情况可以发现,相连网络之间电力转换的控制和相连网络之间负荷分配的控制(80.48%),专门适用于行政或管理目的的预测或优化(78.95%),电力、天然气或水供应(76.22%),同相分量分配的控制(75.84%),用于把负载接入网络或从网络断开的技术(71.89%),存储电能的系统(71.84%),在网络中防止或减少功率振荡的装置(71.51%)等技术方向在近三年的专利申请活动非常活跃,近三年的专利数量占比达到 70% 以上,且大部分类别的专利数量较少,说明这些技术在近年来得到关注和发展,出现了一些重要的创新技术。

3. 主要专利权人及其重点技术

基于专利数量分析的全球新型电力系统安全稳定机理专利 TOP10 专利权人如图 2.4 所示,TOP10 专利权人分别为国家电网有限公司、中国南方电网公司、华北电力大学、中国华能清洁能源研究院、清华大学、东南大学、中国电力工程顾问集团有限公司、重庆大学、西安交通大学、华中科技大学。TOP10 专利权人均为我国机构,其中包括 6 所高校。国家电网有限公司的专利数量远高于其他的专利权人,表明国家电网有限公司在新型电力系统安全稳定机理领域具有领先地位,在相关技术方面具有重要布局。中国南方电网公司的专利数量排名第二,表明新型电力系统安全稳定机理领域的主要技术由我国的两个电网公司研发布局,技术具有较强的实用性和可应用性。除了企业以外,高校是专利布局的主力,华北电力大学、东南大学、清华大学等高等院校在新型电力系统安全稳定机理的研究方面也取得了较多的成果,专利数量较多。

1) 国家电网有限公司

国家电网有限公司在新型电力系统安全稳定机理领域的专利数量为 1435 项,其专利数量年份分布如图 2.5 所示。国家电网有限公司的专利申请时间始于 2008 年,2008—2012 年专利数量呈缓慢增长趋势,专利数量不超过 20 项;2013—2020 年该机构的专利在波动中呈波浪式增长,2020 年专利数量首次超过 100 项;

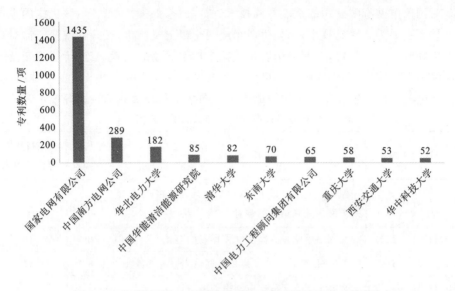

图 2.4　全球新型电力系统安全稳定机理专利 TOP10 专利权人

2021 年至今,该机构的专利数量呈急剧增长趋势,2021 年专利数量较 2020 年增长 135 项,2022 年较 2021 年增长 145 项,达到专利数量的最高峰,为 391 项。由于专利从申请到公开具有时间滞后性,因此 2023 年的专利数量不能完全代表实际的专利数量(下列数据同等情况)。

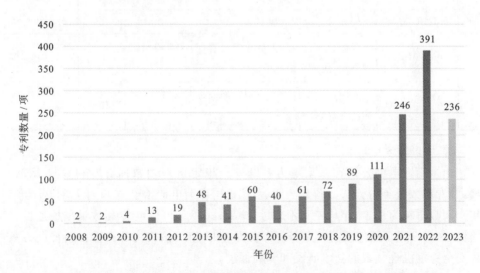

图 2.5　国家电网有限公司新型电力系统安全稳定机理领域专利数量年份分布

对国家电网有限公司的重点专利技术进行分析,如表 2.8 所示,该机构的重点专利技术主要为装置类技术,例如由两个或两个以上发电机、变换器或变压器对一个网络并联馈电的装置,在网络中防止或减少功率振荡的装置,交流干线或交流配电网络的电路装置,供电或配电的电路装置或系统中应用有变换装置的电池组,供电或配电的电路装置或系统中用储能方法在网络中平衡负载的装置等技术领域。

表 2.8　国家电网有限公司的重点专利技术分析

序号	IPC 分类号	技术领域	专利数量/项	在该机构专利总量占比
1	H02J-003/38	由两个或两个以上发电机、变换器或变压器对一个网络并联馈电的装置	833	58.17%
2	H02J-003/24	在网络中防止或减少功率振荡的装置	389	27.16%
3	H02J-003/46	发电机、变换器或变压器之间输出分配的控制	360	25.14%
4	H02J-003/00	交流干线或交流配电网络的电路装置	342	23.88%
5	G06Q-050/06	电力、天然气或水供应的信息和通信技术	253	17.67%
6	H02J-003/32	供电或配电的电路装置或系统中应用有变换装置的电池组	225	15.71%
7	H02J-003/28	供电或配电的电路装置或系统中用储能方法在网络中平衡负载的装置	200	13.97%
8	H02J-003/48	同相分量分配的控制	169	11.80%
9	G06Q-010/06	资源、工作流程、人员或项目管理;企业或组织规划;企业或组织建模	108	7.54%
10	G06Q-010/04	专门适用于行政或管理目的的预测或优化(例如线性规划)	101	7.05%

2) 中国南方电网公司

中国南方电网公司在新型电力系统安全稳定机理领域拥有专利数量为 289 项,其专利数量年份分布如图 2.6 所示,该机构专利申请始于 2011 年,2011—2016 年专利数量较为稳定,年均专利不超过 10 项;2017—2023 年专利数量呈快速增长趋势,2022 年专利数量最多,为 98 项,表明 2017 年后该机构开始重视新型电力系统安全稳定机理领域的技术研发和专利保护。

对中国南方电网公司的重点专利技术进行分析,如表 2.9 所示,该机构的重点专利技术同样是装置类技术,排名靠前的重点专利的 IPC 分布与国家电网的相似

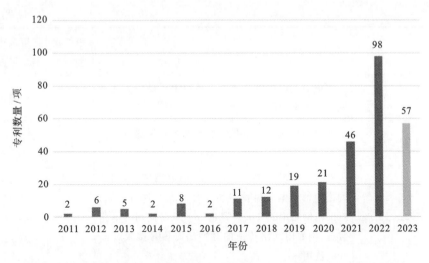

图 2.6　中国南方电网公司新型电力系统安全稳定机理领域专利数量年份分布

度较高,表明供电或配电的电路装置或系统装置是新型电力系统安全稳定机理领域的重点装置。中国南方电网公司部分装置是通过高压直流链路在交流网络之间传递电力的装置、对网络情况提供远距离指示的电路装置(例如网络中每个电路保护器的开合情况的瞬时记录)、对配电网络中的开关装置进行远距离控制的电路装置(例如用网络传送的脉冲编码信号接入或断开电流用户),是该机构较特别的装置。

表 2.9　中国南方电网公司的重点专利技术分析

序号	IPC 分类号	技术领域	专利数量/项	在该机构专利总量占比
1	H02J-003/38	由两个或两个以上发电机、变换器或变压器对一个网络并联馈电的装置	157	54.33%
2	H02J-003/24	在网络中防止或减少功率振荡的装置	93	32.18%
3	H02J-003/46	发电机、变换器或变压器之间输出分配的控制	92	31.83%
4	H02J-003/00	交流干线或交流配电网络的电路装置	67	23.18%
5	H02J-003/32	供电或配电的电路装置或系统中应用有变换装置的电池组	42	14.53%
6	G06Q-050/06	电力、天然气或水供应的信息和通信技术	40	13.84%
7	H02J-003/48	同相分量分配的控制	29	10.03%

续表

序号	IPC 分类号	技术领域	专利数量/项	在该机构专利总量占比
8	H02J-003/28	供电或配电的电路装置或系统中用储能方法在网络中平衡负载的装置	25	8.65%
9	H02J-003/36	通过高压直流链路在交流网络之间传递电力的装置	23	7.96%
10	H02J-013/00	对网络情况提供远距离指示的电路装置,例如网络中每个电路保护器的开合情况的瞬时记录;对配电网络中的开关装置进行远距离控制的电路装置,例如用网络传送的脉冲编码信号接入或断开电流用户	19	6.57%

3) 华北电力大学

华北电力大学在新型电力系统安全稳定机理领域的专利数量为 182 项,其专利数量年份分布如图 2.7 所示,该机构专利申请时间始于 2012 年,专利数量呈波动增长趋势,2022 年专利数量达到最高,为 35 项。

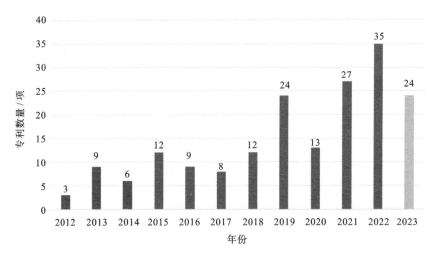

图 2.7 华北电力大学新型电力系统安全稳定机理领域专利数量年份分布

对华北电力大学的重点专利技术进行分析,如表 2.10 所示,该机构的重点专利技术主要集中于供电或配电的电路装置或系统中用储能方法在网络中平衡负载的装置,由两个或两个以上发电机、变换器或变压器对一个网络并联馈电的装置,在网络中防止或减少功率振荡的装置,发电机、变换器或变压器之间输出分配的控制装置,交流干线或交流配电网络的电路装置等。这些装置共同保持电力系统的稳健性,确保电力系统能够承受各种运行压力并保持稳定运行。

表 2.10　华北电力大学的重点专利技术分析

序号	IPC 分类号	技术领域	专利数量/项	在该机构专利总量占比
1	H02J-003/38	由两个或两个以上发电机、变换器或变压器对一个网络并联馈电的装置	126	70.00%
2	H02J-003/24	在网络中防止或减少功率振荡的装置	68	37.78%
3	H02J-003/46	发电机、变换器或变压器之间输出分配的控制装置	41	22.78%
4	H02J-003/00	交流干线或交流配电网络的电路装置	40	22.22%
5	G06Q-050/06	电力、天然气或水供应的信息和通信技术	24	13.33%
6	H02J-003/28	供电或配电的电路装置或系统中用储能方法在网络中平衡负载的装置	23	12.78%
7	H02J-003/48	同相分量分配的控制	19	10.56%
8	H02J-003/32	供电或配电的电路装置或系统中应用有变换装置的电池组	15	8.33%
9	H02J-003/36	通过高压直流链路在交流网络之间传递电力的装置	11	6.11%
10	G06Q-010/04	专门适用于行政或管理目的的预测或优化,例如线性规划	10	5.56%

4. 技术最新发展动向

近三年来,全球新型电力系统安全稳定机理领域的专利涉及多个新的 IPC 技术分类。为揭示该领域的最新专利技术,对包含专利数量较多的新 IPC 技术领域进行分析,如表 2.11 所示。近年来全球新型电力系统安全稳定机理领域出现的新专利技术主要集中于以下方面。

(1) 供电装置和电路连接:提高电力系统的效率和稳定性,确保电力传输的连续性和可靠性。

(2) 半导体器件控制:通过精确控制半导体器件,提高电力系统的响应速度和调节灵活性。

（3）神经网络和机器学习：用于电力系统的预测、优化和故障检测，提高系统的智能化水平。

（4）数据处理技术：利用高级数据处理技术优化电力系统的运行和管理。

（5）飞轮耦合电动机：增强电力系统的能量存储和稳定性能。

（6）社会模拟和粒子群优化：用于模拟电力系统的运行，提高决策和规划的有效性。

表 2.11　近三年全球新型电力系统安全稳定机理领域专利新涉及的技术领域

序号	IPC 分类号	技 术 领 域	专利数量/项
1	C25B-009/65	供电装置；电极连接；槽间电气连接件	43
2	H02M-001/088	用于对串联或并联半导体器件进行同时控制	42
3	G06N-003/08	神经网络的学习方法	38
4	G06F-030/27	使用机器学习，例如人工智能，神经网络，支持向量机	38
5	G06F-017/16	用矩阵或向量计算的电数字数据处理	35
6	H02J-003/30	在供电或配电的电路装置或系统中应用与飞轮耦合的电动机	35
7	G06N-003/006	基于模拟虚拟的个人或集体生命形式，例如社会模拟或粒子群优化	32
8	G06Q-010/0639	员工业绩分析；企业或组织运营业绩分析	31
9	H02M-003/158	含有多个半导体器件作为单个负载的最终控制器件	31
10	G06F-017/18	用于换算统计数据的电数字数据处理	28

2.2　多时间尺度新能源发电功率预测技术

2.2.1　多时间尺度新能源发电功率预测技术发展情况

功率预测是公用电力系统规划、控制和运行中的一项重要任务。风、光等新能源发电功率预测是基于新能源电力不稳定性特征和电力系统实时平衡要求矛盾而产生的一种需求，因此新能源的功率预测技术是随着新能源电力出现而发展起来的。我国能源局 2011 年颁发的文件要求新能源发电企业必须在电场部署功率预测系统并向电网调度上报预测结果,自此,功率预测伴随中国风电和光伏产业,经历了从无到有、渐成标配的过程。

碳中和的出现为新能源功率预测带来新的价值创造空间,使其重要性大大提升[1],一体现在功率预测服务潜力巨大,前景广阔;二体现在功率预测服务的对象群体愈加广泛和深入。在 2022 年初,国家能源局发布《关于完善能源绿色低碳转型体制机制和政策措施的意见》,其中提到要完善能源预测预警机制、电力系统安全运行和综合防御体系、能源供应保障和储备应急体系,进一步增强能源安全保供能力。而作为平抑新能源发电随机性和波动性的重要信息支撑服务,功率预测为降低电网调度难度、增加新能源并网友好性作出了积极贡献。

风、光发电具有高度随机性、波动性、不稳定性等特点,而风、光发电的输出功率无法完全通过人为调节,大规模的新能源发电系统并入电网系统时,必将对系统的稳定性带来挑战。为降低新能源发电提供有功功率与供电调度中心输出功率指示之间的偏差,并减少风输出功率振荡对供电安全平稳运转的负面影响,新能源电场输出功率预测研究成为新能源发电应用领域的重点和热点。

电力调度需要对未来数小时的风电输出功率有所了解,当风、光功率预测系统能够提供风、光发电功率的准确信息时,调度人员能够合理安排发电计划,系统能够接纳更多的新能源容量,同时可以减少调峰机组的容量,降低容纳新能源的成本。准确进行风、光功率预测必须充分考虑电场输出功率波动区域大的特性。随着新能源并网数量增加,及时、准确的功率预测已经成为确保电网稳定运行的必要条件:风、光功率预测能够有效地利用风、光资源,提高发电经济效益;通过风、光功率预测,还可以为风、光电机组检测和维修提供参考,进而降低发电机组受损造成的损失,增强风能或光能在发电市场的竞争力;风、光功率预测可以提前一段时间预测未来的发电量,电力调度部门可以将预测出的功率和电力负荷值进行比较,根据所需电量进行实时调整,避免风、光发电间歇性带来的区域电量不足或者超过负荷的现象,有效降低频繁调度的运行成本;准确的风、光功率预测为并网提供了基础,能够缓解风、光发电不确定性对电网稳定运行带来的不利影响,风、光发电系统并网能够提高电网供电能力,同时促进区域电网内部优化配置。

风电功率预测按照时间、空间、预测对象、模型和预测形式等可以分为五类。按照预测时间的长短,风电功率预测可以分为超短期预测(预测时长是 30 分钟以内)、短期预测(预测时长从几小时到几天不等)、中期预测(预测时长通常为几个月)

1　电力现货市场的建立是我国电力体制改革的重要路标,更是解决新能源消纳、建立新型电力系统的重要手段。

和长期预测(预测时长以年为单位)。其中超短期预测主要用于实时调整风电机组,避免因风力过大导致机组损坏;短期预测主要用于风电并网方面,确保电网能够稳定运行;中期预测通常用于风电机组安排大型检修;长期预测主要的作用是风电场选址评估。按照预测对象进行分类,风电功率预测可以分为基于风速的间接预测和基于风电功率的直接预测,其中前者一般是先预测出风速,之后根据功率曲线计算风电功率,后者通过对风电功率学习进行预测。按照预测形式分类,风电功率预测通常可以分为点功率预测、区间功率预测、概率预测、场景预测。

　　而在模型分类上,传统的风电功率预测模型多采用物理模型,依靠数值天气预报信息和物理信息来建立预测模型,预测精度低并且效率低下,不便于风电场实时预报。随着人工智能及深度学习的发展,更多的预测模型涌现,如表 2.12 所示。

表 2.12　风电功率预测分类

风电功率 预测分类	时间尺度	超短期预测(时/分/秒)
		短期预测(天/时)
		中期预测(季/月/周)
		长期预测(年)
	空间尺度	单风机预测
		单风电场预测
		区域风电场预测
	预测对象	基于风速的间接预测
		基于风电功率的直接预测
	预测模型类别	物理模型
		统计模型
		以神经网络为主的学习模型
		组合模型
	预测形式	点功率预测
		区间功率预测
		概率预测
		场景预测

　　准确、高效的预测风电功率对电网调配有重要的作用,不仅能够帮助调度人员做出最有效的决策,而且为风电并入电网提供相关依据。从预测模型的角度考虑,风力发电功率预测模型可分为物理模型、统计模型、以神经网络为主的学习模型和

组合模型,而模型的输入数据一般为数字天气预报(包括风速、风向、空气密度等数据)和风机特征(包括风机状态、叶轮转速、风机扭转角等),如表 2.13 所示。

表 2.13　主要的风电预测模型

仿真模型	输入信息	缺点	优点	应用
物理模型	数值天气预报、风电场所在地的详细地理位置,例如海拔、经纬度等	输入参数比较复杂,通常计算运行的时间较长。需求数据多且复杂,给研究带来挑战		较适用于长期预测,一般作为风电场选址评估的准则
统计模型	将风电场的NWP预测数据与历史监测数据利用曲线拟合、参数估计等方式形成输入与输出之间的映射,模最成熟的时间序列方法是自回归滑动平均（ARMA）模方法	依赖于时间序列的相关性,忽略气象数据对风电功率的影响	风电场记录的气象数据一般具有时序性,所记录的数据包括各个时间点或者某一时间段内的风速、风向、温度等数据。有偏航角、叶轮转速等物理信息。这些数据具有离散性、时序性,故时间序列预测方法可以较好地应用于风电功率预测	相对较为准确
以神经网络为主的学习模型	训练样本,学习模型。经典的用于风电功率预测的机器学习方法有人工神经网络（ANN）、支持向量机（SVM）和反向传播神经网络（BP）	训练模型的时间长	深度学习相比于传统的机器学习具有层数更深、挖掘特征更多的特点,涉及的输入/输出向量具有模糊性,不需要具体的对应的数学公式,在进行预测时,涉及的参数没有那么多,经验选择也大大减少	通过学习策略建立输入与输出之间的映射关系模型,然后通过模型对输出进行预测
组合模型（信号分解和深度学习）	风电时间序列数据	经验模态分解具有模式混叠问题。深度学习算法带来了多参数的选择问题。学界通过智能算法改进该问题	结合信号分解和神经网络优点,能更好地预测	

光伏发电预测也具有很强的不确定性,但与风力发电预测不同的是,其受太阳辐射、温度和湿度等多种参数的影响。再加上太阳能电池板的使用损耗,如反复充放电老化等,光伏发电的间歇性和不可调度性变得更加复杂。因此准确预测太阳能光伏发电功率对保证电网运行稳定和满足负荷需求的有效管理至关重要。光伏发电功率预测分类类型与风电功率预测分类类型一致,但光伏发电功率预测分类没有按对象分类,而是按过程分类。光伏发电功率预测按过程分为直接预测和间接预测,直接预测是基于历史功率值、数值天气预报数据、气象站数据等,建立输入与输出之间的关系,搭建预测模型,模型的输出就是发电功率;间接预测是基于对重要影响因素的预测,然后结合相关安装参数和运行参数,根据一定的关系计算得到发电功率预测值,间接预测精准度不高。

光伏功率预测通常采用物理、统计和机器学习模型(见表 2.14):物理模型是根据光伏电原理建立数学系统,主要是依靠数值天气预报的气象模型来获取气象数据,并结合光伏组件安全情况预测光伏发电量;统计模型侧重分析、模拟输入和输出数据;机器学习模型可以有效从时间序列中提取复杂的非线性特征,提高预测精度,机器学习模型包括人工神经网络、K-近邻算法、支持向量机等。越来越多的机器学习算法和优化模型应用于光伏发电功率预测,预测精度和模型稳定性都有比较好的表现。

表 2.14　光伏功率预测方法类型

预测方法	优点	缺点
物理模型	不需要历史数据	需要添加附加信息,如发电站位置、光伏组件信息和气象数据,且精确度依赖附加信息
统计模型	不需要附加信息	需要大量正确历史数据,会造成计算量庞大、计算速度低等问题
机器学习模型	模型先进,预测效果好	对数据要求较高

由于单一预测模型无法满足不同的输入数据的高精度预测要求,并且不能很好地适应所有天气条件下的预测,因此耦合不同单一预测模型并形成预测系统成为提高光伏发电预测精度的重要方向。集成预测指组合多个基学习器,增强数据多样性和结构多样性,从而解决不同问题的一种机器学习技术,其主要原理是组合多个基学习器,增强该模型的结构多样性,从而提高预测的精准度。基学习器可以是任何训练好的模型,如人工神经网络、KNN、SVM、极限学习机(extreme learning machine,ELM)等。集成方法可以集成多个基模型训练产生的超参数,从而获得比单一基模型更好的预测结果。

国内外已有多个风、光功率预测的案例。在我国,对发电企业来说,功率预测既是顺应国家和电网调度机构的硬性要求,也是用来降低电网风险、提升运营收益的重要手段。国内已有数千座风电场和光伏电站均配置有安全稳定的功率预测系统。中国电力科学研究院专门成立电力气象数值预报中心,探索通过物联网、人工智能、云计算等新一代信息技术的深度融合应用,不断提高气象预报精准度。美国很多电力公司、独立系统运行商已经采用或计划采用集中式风、光功率预报系统。南加州艾迪逊公司 SCE 和加州独立系统运行商 CAISO 分别在 2000 年和 2004 年使用了集中式风、光功率预报系统。得州 ERCOT、纽约州独立系统运行商 NYI-SO 和中西部独立系统运行商 MISO 在 2008 年使用了集中式风、光功率预报系统。

　　新能源发电行业在技术与国家政策支持下不断发展,发电站数量不断增加,并且装机容量也在不断扩充,在一定程度上增加了发电功率预测难度。由于国内关于该方面研究起步比较晚,现有的预测理论还不够成熟,预测技术水平相比较发达国家还存在较大的差距,虽然近几年发电功率预测问题受到研究领域重视与关注,但是风力发电预测、光伏发电预测等新能源预测技术仍有发展空间。

2.2.2　多时间尺度新能源发电功率预测技术文献分析

　　在相关文献调研的基础上,明确该技术有两个方向的关键词,如表 2.15 所示。按照相关方法和规则,构建检索式,如下所示:

TS＝("new power" or "new energy" or "new electric* "OR "renewable energy" OR "renewable power" OR photovoltaic* OR "solar energy" OR "solar power" OR "wind energy" OR "wind power" OR "WIND ELECTRIC* " OR "Solar photovoltaic" OR PV) AND AK＝((power NEAR/3 predict*) OR (power NEAR/3 forecast*) OR (GENERAT* NEAR/3 PREDICT*) OR (GENERAT* NEAR/3 forecast*))

表 2.15　新能源发电功率预测技术关键词方向

方向	词汇
新型电力 系统、新 能源等	new power system；new energy system；new electricity system； renewable energy；renewable power； photovoltaic；solar energy；solar power；solar photovoltaic；PV wind energy；wind power；wind electricity
功率预测	power predict；power forecast；generation pedict；generation forecast

　　在德温特核心数据库中进行论文检索,选择 Article 类型文献,共获得 1579 篇文献。

1. 新能源发电功率预测的关键技术

根据论文作者关键词共现关系挖掘关键技术,筛选自相关性大于 0.1 的关键词,挖掘新能源发电功率预测领域的关键技术,部分关键词及自相关度如表 2.16 所示。

表 2.16 新能源发电功率预测技术关键词自相关表(部分)

记录数量	词汇	577 wind power forecasting	358 Solar power forecasting	177 Power prediction
577	wind power forecasting	1		
358	Solar power forecasting		1	0.115
177	Power prediction		0.115	1
128	Deep learning	0.169	0.248	0.126
100	machine learning	0.117	0.217	0.135
95	Artificial neural network (ANN)	0.107	0.136	0.139
81	Predictive models	0.153	0.164	0.451
72	neural network	0.113	0.118	0.133
68	long short-term memory	0.131	0.141	
55	Short-Term Wind Power Forecasting			
38	convolutional neural network	0.108	0.111	
37	numerical weather prediction	0.137		
34	particle swarm optimization	0.121		
34	variational mode decomposition	0.114		
32	LSTM		0.121	
31	Data models		0.104	0.297
31	Feature extraction		0.123	0.162
29	support vector machine (SVM)			
28	wind speed	0.149		0.114
25	Ensemble learning			0.12
23	Attention mechanism	0.122		
22	Wavelet transform	0.115		
21	feature selection	0.118		

结合关键词的聚类分析,发现:① 风力发电预测是新能源发电预测研究中侧重的部分;② 短期预测法是风力发电预测的主要方法;③ 在新能源发电功率预测技术中,计算机信息技术是计算预测风力、太阳能等新能源发电量、发电功率的核心,尤其是计算模型(预测模型);④ 深度学习、机器学习等技术与太阳能发电功率预测的结合程度略高于风能发电功率预测。

在众多计算模型中,机器学习、深度学习和神经网络是最常用的模型,尤其是神经网络,如表 2.17 所示。在神经网络中,人工神经网络、长短期记忆递归神经网络、卷积神经网络、BP 神经网络是应用较多的几类。除上述所说的模型,粒子群优化算法、变分模态分解(VMD)、注意力机制、小波变换、卡尔曼滤波等技术也都被用于优化或加强新能源发电预测。在一些预测模型中,数值天气预报也被用于辅助预测。

表 2.17　新能源发电功率预测主要技术

预测技术或模型		研究
深度学习		偏光电预测。基于小波变换和卷积神经网络的深度学习方法,预测概率风电功率预测
机器学习 (主要是支持向量机)		偏光电预测。利用一种非参数机器学习方法在 $1\sim6$ h 内对太阳能发电进行多站点预测
神经 网络	人工神 经网络	基于季节天气分类,以气溶胶指数作为输入参数,采用反向传播的人工神经网络预测未来 24 h 光伏发电量
	长短期记忆 递归神经网络	主要是光电预测,与深度学习相关。卷积神经网络和长短期记忆网络的混合模型预测光伏功率
	卷积神经网络	—
	BP 神经网络	主要应用于风电预测。基于 BP 神经网络的多输出特性构建风电功率范围预测模型,提出考虑预测区间信息的优化准则
粒子群优化算法		主要是风电预测。由特征选择组件和预测机组成的风电预测
注意力机制		风电预测。提出了一种新的序列到序列模型,使用基于注意力的门控循环单元(AGU)来提高预测过程的准确性
小波变换		风电预测
数值天气预报		主要是风电预测

2. 新能源发电功率预测前沿技术

对多时间尺度新能源发电功率预测技术 2021—2023 年发表的高被引 TOP10

论文涉及的重点技术进行研究(见表 2.18),总结新能源发电功率预测发展趋势:① 短时或超短时的风光预测仍是可再生能源预测的难点和发展趋势;② 人工智能是进行风、光等可再生能源发电预测的主要技术,机器学习、神经网络、小波变换等技术的改进、优化和混合使用是提高预测精度、满足时效需求的重要手段。

表 2.18 2021—2023 年间新能源发电功率预测 TOP10 高被引文献

论文名称	中文名称	被引次数	期刊
A novel genetic LSTM model for wind power forecast	风电预测的遗传 LSTM 模型	34	ENERGY
Wind power forecasting-A data-driven method along with gated recurrent neural network	风电预测——一种数据驱动的门控递归神经网络方法	28	RENEWABLE ENERGY
An improved residual-based convolutional neural network for very short-term wind power forecasting	一种改进的基于残差的卷积神经网络用于极短期风电预测	20	ENERGY CONVERSION AND MANAGEMENT
Extensive comparison of physical models for photovoltaic power forecasting	光伏发电预测物理模型的广泛比较	14	APPLIED ENERGY
Photovoltaic power forecast based on satellite images considering effects of solar position	考虑太阳位置影响的卫星影像光伏发电预测	11	APPLIED ENERGY
Short-term wind power forecasting using the hybrid model of improved variational mode decomposition and Correntropy Long Short-term memory neural network	基于改进变分模态分解与相关熵长短期记忆神经网络混合模型的短期风电预测	9	ENERGY
Day-ahead hourly photovoltaic power forecasting using attention-based CNN-LSTM neural network embedded with multiple relevant and target variables prediction pattern	利用基于关注的 CNN-LSTM 神经网络嵌入多个相关变量和目标变量预测模式进行日前小时光伏发电功率预测	9	ENERGY
Comparison of machine learning methods for photovoltaic power forecasting based on numerical weather prediction	基于数值天气预报的光伏发电功率预测机器学习方法比较	9	RENEWABLE & SUSTAINABLE ENERGY REVIEWS

论文名称	中文名称	被引次数	期刊
Boosted ANFIS model using augmented marine predator algorithm with mutation operators for wind power forecasting	带突变算子的增强海洋捕食者增强 ANFIS 模型风电预测	9	APPLIED ENERGY
Short-term offshore wind power forecasting-A hybrid model based on Discrete Wavelet Transform（DWT）, Seasonal Autoregressive Integrated Moving Average (SARIMA), and deep-learning-based Long Short Term Memory (LSTM)	海上风电短期预测——基于离散小波变换（DWT）、季节性自回归综合移动平均（SARIMA）和基于深度学习的长短期记忆（LSTM）的混合模型	8	RENEWABLE ENERGY

2.2.3　多时间尺度新能源发电功率预测技术专利分析

在该技术相关文献调研的基础上,明确新型电力系统、新能源等相关词汇作为领域限定,将功率预测、发电预测等关键词作为主题限定,所列检索式为

TS＝("new power" or "new energy" or "new electric* "OR "renewable energy" OR "renewable power" OR photovoltaic* OR "solar energy" OR "solar power" OR "wind energy" OR "wind power" OR "WIND ELECTRIC* " OR "Solar photovoltaic" OR PV）ANDTI＝（（power NEAR/3 predict*）OR（power NEAR/3 forecast*）OR（GENERAT* NEAR/3 PREDICT*）OR（GENERAT* NEAR/3 forecast*））

通过上述检索式,共检索到 4031 件专利,下面从专利申请趋势、专利申请领域以及主要机构等几个方面分析新能源发电预测技术的发展情况。

1. 申请趋势

在多时间尺度新能源发电功率预测技术领域,技术发展可以分为三个阶段,如图 2.8 所示。2008 年前处在萌芽期,技术专利年申请量较少,且申请密度不高,从 1994 年的首件专利到 1998 年的第二件,历经四年,直至 2002 年后,新能源发电功率预测才每年都有专利申请。2008—2017 年是该技术的发展初期,期间年专利申请量逐年增长,增长幅度相对不高,年均增长 22 件。2017 年后,该技术快速发展,专利申请数量开始大幅提升,2022 年专利申请量达到 807 件,是 2017 年专利数量的近 4 倍。从趋势来看,新能源的发电功率预测技术还在持续发展中。

图 2.8 多时间尺度新能源发电功率预测专利申请趋势

2. 专利技术布局

该领域的专利涉及 905 种专利分类号,进行整理合并后,选择专利数量前 10 小类来看,如表 2.19 所示,新能源发电功率预测技术专利主要是信息技术类的应用型研究,即"专门适用于行政、商业、金融、管理或监督目的的信息和通信技术"所代表的含义,该类别占专利总量的 65.59%。另外,数据测量、数据读取以及数据处理所代表的领域也均在前 10 小类中,表明该技术依赖数据,其发展与计算机技术的进步、分析模型的优化等联系紧密。

表 2.19 多时间尺度新能源发电功率预测技术领域布局

IPC 小类	内容	专利数量/项	占专利总量的比
G06Q	专门适用于行政、商业、金融、管理或监督目的的信息和通信技术	2644	65.59%
H02J	供电或配电的电路装置或系统;电能存储系统	1609	39.92%
G06N	基于特定计算模型的计算机系统	1444	35.82%
G06F	电数字数据处理	1162	28.83%
G06K	图形数据读取	430	10.67%
H02S	由红外线辐射、可见光或紫外光转换产生电能,如使用光伏(PV)模块	315	7.81%
G01W	气象学	182	4.52%

续表

IPC 小类	内容	专利数量/项	占专利总量的比
F03D	风力发动机	141	3.50%
G01R	测量电变量;测量磁变量	79	1.96%
G05B	一般的控制或调节系统;这种系统的功能单元;用于这种系统或单元的监视或测试装置	68	1.69%

通过专利数量前 20 的 IPC 分类号,我们可以具体了解该技术的领域布局,如表 2.20 所示。新能源发电功率预测技术主要布局在"电力、天然气或水供应领域的系统或方法"和"预测或优化"这两个领域,这两个领域的专利占比都超过了 50%。该技术在供电、配电网络中的"交流干线或交流配电网络的电路装置"和"由两个或两个以上发电机、变换器或变压器对一个网络并联馈电的装置"等也有一些专利,说明该项技术有赖于供配电网络的硬件支持。另外,该项技术还依靠许多计算机技术,如人工智能(G06N-003/08、G06N-003/04)、神经网络(G06N-003/0464)、机器学习(G06N-020/00)等。

表 2.20　多时间尺度新能源发电功率预测技术专利数量 TOP20 专利分类号

IPC 小类	IPC 分类号	技术内容	专利数量/项	数量占比
专门适用于行政、商业、金融、管理或监督目的的信息和通信技术	G06Q-050/06	电力、天然气或水供应领域的系统或方法	2516	62.42%
	G06Q-010/04	预测或优化	2188	54.28%
	G06Q-010/06	资源、工作流程、人员或项目管理;企业或组织规划;企业或组织建模	278	6.90%
基于特定计算模型的计算机系统	G06N-003/08	基于由模拟智能控制的物理实体,以复制智能生命形式	777	19.28%
	G06N-003/04	人工生命,即模拟生命的计算装置	583	14.46%
	G06N-003/0442	以记忆或门控为特征	225	5.58%
	G06N-003/0464	应用卷积网络	159	3.94%
	G06N-020/00	机器学习	121	3.00%
	G06N-003/00	基于生物学模型的计算机系统	113	2.80%

续表

IPC 小类	IPC 分类号	技术内容	专利数量 /项	数量 占比
电数字数据处理	G06F-030/27	使用机器学习来设计优化、验证或模拟	241	5.98%
	G06F-017/18	用在特定数字计算或处理设备中的数据换算统计方法	146	3.62%
	G06F-018/214	生成训练模式；自引导方法	142	3.52%
	G06F-030/20	设计优化、验证或模拟	128	3.18%
	G06F-113/06	风力涡轮机或风电场	126	3.13%
供电或配电的电路装置或系统；电能存储系统	H02J-003/00	交流干线或交流配电网络的电路装置	1211	30.04%
	H02J-003/38	由两个或两个以上发电机、变换器或变压器对一个网络并联馈电的装置	774	19.20%
	H02J-003/46	发电机、变换器或变压器之间输出分配的控制	251	6.23%
	H02J-003/32	应用有变换装置的电池组	149	3.70%
由红外线辐射、可见光或紫外光转换产生电能，如使用光伏(PV)模块	H02S-050/00	光伏系统的监测或测试,如负载平衡或故障识别	195	4.84%
图形数据读取；数据呈现；记录载体；从载体中读取	G06K-009/62	应用电子设备进行识别的方法或装置	408	10.12%

3. 主要专利权人及其重点技术分析

基于专利数量,在新能源发电功率预测技术进行布局的 TOP10 机构都是我国企业机构,包括国家电网有限公司、中国南方电网公司、中国华能集团、华北电力大学、河海大学、东北电力大学、东南大学、山东大学、清华大学以及南京工程学院,如图 2.9 所示。下面就前三的机构进行具体专利布局分析。

1) 国家电网有限公司

国家电网有限公司在 2009 年就开始布局该项技术,此后专利申请数量逐年增

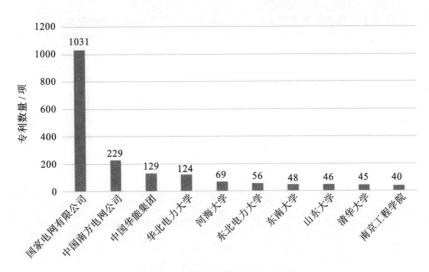

图 2.9　专利数量 TOP10 机构

加,增速也不断加快,如图 2.10 所示。2009—2017 年,国家电网有限公司的专利申请增长量相对缓和,而 2017 年后,呈现出爆发式增长,2022 年专利申请量达到 198 件,比 2021 年增长了 36.55％。

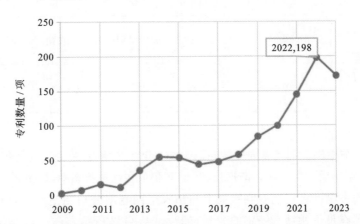

图 2.10　国家电网有限公司在新能源发电功率预测技术上的专利申请趋势

国家电网有限公司在该项技术领域发展非常迅速,其 1031 件专利有 265 条 IPC 专利分类号,专利数量 TOP10 的专利分类号如表 2.21 所示。国家电网有限公司在新能源发电预测上主要布局信息技术领域,包括适用于特定商业行业的系统或方法(G06Q-050/06)、基于生物学模型的计算机系统(G06N-003/08、G06N-003/04)、识别模式的方法或装置(G06K-009/62)、计算机辅助设计(CAD)等。

表 2.21 国家电网有限公司在新能源发电功率预测技术上的专利布局

分类	IPC 分类号	内容	专利数量/项	专利占比
适用于特定商业行业的系统或方法	G06Q-050/06	应用在电力、天然气或水供应的计算推理、推算系统或方法	736	18.26%
行政;管理	G06Q-010/04	专门适用于行政或管理目的的预测或优化	640	15.88%
	G06Q-010/06	资源、工作流、人员或项目管理	92	2.28%
交流干线或交流配电网络的电路装置	H02J-003/00	交流干线或交流配电网络的电路装置	323	8.01%
	H02J-003/38	由两个或两个以上发电机、变换器或变压器对一个网络并联馈电的装置	213	5.28%
	H02J-003/46	发电机、变换器或变压器之间输出分配的控制	98	2.43%
基于生物学模型的计算机系统	G06N-003/08	神经网络相关的学习方法	185	4.59%
	G06N-003/04	神经网络的体系结构	146	3.62%
识别模式的方法或装置	G06K-009/62	应用电子设备进行识别的方法或装置	105	2.60%
计算机辅助设计(CAD)	G06F-030/27	使用机器学习设计优化、验证或模拟	63	1.56%

2) 中国南方电网公司

中国南方电网公司发展同样较晚,从 2012 年才开始发展,2012—2017 年发展比较缓慢,2017 年后发展速度逐渐加快,2023 年仍处在增长状态中,如图 2.11 所示。

中国南方电网公司在专利布局上与国家电网有限公司相差不大,但是中国南方电网公司在量子领域有一定的专利布局,如表 2.22 所示。

3) 中国华能集团

中国华能集团在该领域的专利发展相比国家电网有限公司和中国南方电网公司更晚,如图 2.12 所示,2020 年才有专利,但从 2020—2023 年,专利申请数量较多。

从前 10 的 IPC 分类号来看,华能集团的专利布局与国家电网有限公司基本一致,仅专利数量有区别,如表 2.23 所示。

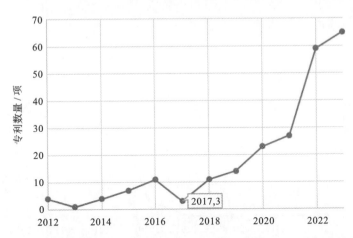

图 2.11　中国南方电网公司在新能源发电功率预测技术上的专利申请趋势

表 2.22　中国南方电网公司在新能源发电功率预测技术上的专利布局

分类	IPC 分类号	内容	专利数量/项	专利占比
适用于特定商业行业的系统或方法,例如公用事业	G06Q-050/06	应用在电力、天然气或水供应的计算推理、推算系统或方法	178	4.42%
行政;管理	G06Q-010/04	专门适用于行政或管理目的的预测或优化	166	4.12%
识别模式的方法或装置	G06K-009/62	应用电子设备进行识别的方法或装置	23	0.57%
交流干线或交流配电网络的电路装置	H02J-003/00	交流干线或交流配电网络的电路装置	96	2.38%
	H02J-003/38	由两个或两个以上发电机、变换器或变压器对一个网络并联馈电的装置	47	1.17%
	H02J-003/46	发电机、变换器或变压器之间输出分配的控制	26	0.65%
基于生物学模型的计算机系统	G06N-003/08	神经网络相关的学习方法	49	1.22%
	G06N-003/04	神经网络的体系结构	33	0.82%
	G06N-003/0442	以记忆或门控为特征的神经网络	18	0.45%
量子计算,即基于量子力学现象的信息处理	G06Q-010/06	资源、工作流、人员或项目管理	25	0.62%

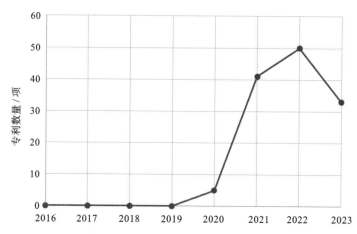

图 2.12 中国华能集团在新能源发电功率预测技术上的专利申请趋势

表 2.23 中国华能集团在新能源发电功率预测技术上的专利布局

分类	IPC 分类号	内容	专利数量/项	专利占比
适用于特定商业行业的系统或方法	G06Q-050/06	应用在电力、天然气或水供应的计算推理、推算系统或方法	97	2.41%
行政;管理	G06Q-010/04	专门适用于行政或管理目的的预测或优化	77	1.91%
交流干线或交流配电网络的电路装置	H02J-003/00	交流干线或交流配电网络的电路装置	53	1.31%
	H02J-003/38	由两个或两个以上发电机、变换器或变压器对一个网络并联馈电的装置	16	0.40%
基于生物学模型的计算机系统	G06N-003/08	神经网络相关的学习方法	44	1.09%
	G06N-003/04	神经网络的体系结构	28	0.69%
	G06N-003/00	基于生物学模型的计算机系统	11	0.27%
	G06N-003/0442	以记忆或门控为特征的神经网络	11	0.27%
识别模式的方法或装置	G06K-009/62	应用电子设备进行识别的方法或装置	23	0.57%
计算机辅助设计(CAD)	G06F-030/27	使用机器学习设计优化、验证或模拟	13	0.32%

4. 技术最新发展动向

从新能源发电功率预测 2021—2023 年新出现的 IPC 分类号前 10 来看，神经网络、机器学习、模式识别等新兴信息技术是发电功率预测重点发展的方向，如表 2.24 所示。

表 2.24　2021—2023 年新能源发电功率预测新出现 IPC 分类号 TOP10

序号	IPC 分类号	内容	专利数量/项	专利占比
1	G06N-003/0442	以记忆或门控为特征的神经网络	225	5.58%
2	G06N-003/048	具有激活函数的神经网络	84	2.08%
3	G06N-003/045	具有组合网络结构的神经网络	77	1.91%
4	G06N-020/20	以集成学习为特征的机器学习	49	1.22%
5	G06F-018/25	具有融合技术特征的模式识别	43	1.07%
6	G06F-119/02	电数字数据处理中的可靠性分析或优化，失效分析	43	1.07%
7	G06Q-010/0639	企业运行管理中的业绩分析	39	0.97%
8	G06F-111/08	电数字数据处理中的概率 CAD 或随机 CAD 技术	32	0.79%
9	G06F-018/22	匹配标准的模式识别方法	31	0.77%
10	G06F-111/04	基于约束的 CAD 的电数字数据处理	27	0.67%

2.3　新型储能技术

2.3.1　新型储能技术研究情况

新型储能是从技术上解决新型电力系统波动性和不确定性，平滑电力、提高新型电力系统运行灵活性的重要方案之一。根据能源局《新型储能项目管理规范》的第一章第二条，新型储能是除抽水蓄能以外的储能形式，其可以改变电力系统即发即用的传统运营方式，因此本节所讨论新型储能不包括抽水蓄能。目前现有的储能系统主要有五类：机械储能、电化学储能、电磁储能、热储能和化学储能。机械储能主要包括抽水蓄能、压缩空气储能和飞轮储能等；电化学储能主要包括铅酸电池储能、锂离子电池储能、钠硫电池储能和液流电池储能；电磁储能包括超级电容器储能和超导储能；热储能是将热能储存在隔热容器的媒介中，适时实现热能直接利用或者热发电;化学储能是指利用氢等化学物作为能量的载体。

新型储能系统具有功率支撑迅速、瞬时吞吐能力强及调节精准等方面的优势。新型储能设备适用于在电网承受极端事件攻击与极端事件过后系统快速恢复的过程中,对功率迅捷性要求较高但持续时长要求较低的场景(见图 2.13),如网间灵活调节与多源协调参与调峰调频辅助服务、关键节点大功率紧急支撑、微网与配网弹性运行以及关键电源黑启动等场景。新型储能作为重要的弹性资源,在正常运行时可对系统起主动支撑的作用,极端事件下参与抵御与恢复,通过预防与防御一体化策略,实现新型储能在电网弹性应用中的价值。

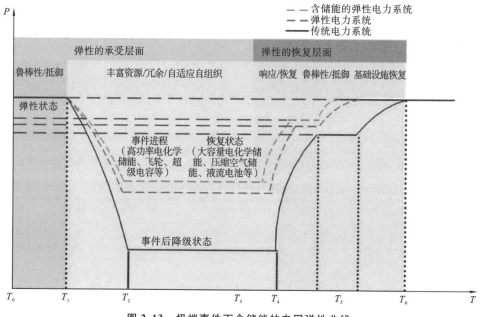

图 2.13　极端事件下含储能的电网弹性曲线

可再生能源的快速增长离不开储能技术的发展以及储能技术部署的成本降低,包括资金成本和环境成本。将储能技术集成到电力系统中的共同目的包括平滑可再生能源的波动,并通过调节电源频率和电压来提高系统稳定性和电能质量。然而,由于不同储能技术的特性和成本不同,它们的应用之间也存在巨大差异,Wang 等人总结了各种储能技术的技术经济特性,包括能量密度、效率、寿命和资本成本,并提出它们的发展方向,如表 2.25 所示。除了减轻波动和不确定性外,储能技术还用于在电力系统中均衡负载,即调峰填谷,并提高系统经济性。电储能、热储能、抽水蓄能和压缩空气储能等储能系统的应用对开发覆盖范围比电力系统更广的综合能源系统至关重要,同时,它们在支持智慧能源系统发展方面也发挥着基础性作用。现有研究还试图组合多种储能技术，以同时满足多种系统需求，进一步降低系统运行成本，如 Barelli 等人就开展了飞轮储能和锂离子电池储能组合，并耦合风力发电的能源管理策略研究。

表 2.25　各种储能技术的技术经济特征及发展方向

技术	技术经济特征	联合应用场景	发展方向
SMES（超导磁储能系统）	平滑电力；调节频率和电压；提高能源系统的经济性；均衡负载	SMES＋可再生能源；SMES＋其他储能＋可再生能源；SMES＋常规能源	新材料；组件结构优化
FES（飞轮储能）	平滑电力；调节频率和电压；均衡电力；提高混合储能系统（HESS）的经济性	FES＋可再生能源；FES＋可再生能源＋其他能源；FES＋其他储能＋可再生能源	新材料；超导轴承；新组件设计
RFBs（液流电池）	平滑电力；调节频率和电压；均衡电力	RFB＋可再生能源；太阳能 RFB；RFB＋可再生能源＋其他能源	新材料；新的电池架构
超级电容储能	调节频率和电压；提高混合储能系统（HESS）的经济性	超级电容器＋其他储能＋可再生能源	电容材料
CAES（压缩空气）	平滑电力	CAES＋可再生能源	高性能核心部件；工艺设计；经济性空气储能
PHS（抽水蓄能）	平滑电力；提高 HESS 的经济性	PHS＋可再生能源；PHS＋其他储能＋可再生能源	"地层浅表"或"地下"抽水蓄能
LIBs（锂离子电池）	平滑电力；调节频率和电压；提高 HESS 的经济性	LIB＋可再生能源；LIB＋其他储能＋可再生能源	新材料；新的电池架构

由于新型电力系统发电端/用户端分布式的特征，分布式储能是未来电网发展的必然趋势（见图 2.14）。分布式储能相当于通过充放电来发电，实现电能在时间和空间上的调度。分布式储能具有响应速度快、易于控制、双向调节等特点，正在成为提高电力系统灵活性、吸收高比例可再生能源、满足电力系统供需动态平衡的重要组成部分。分布式储能也是解决时延电力系统基础设施建设成本高昂的解决方案。但是在提高可再生能源电网连通性、提高电力系统运行稳定性和经济性的同时，分布式储能仍存在一些问题。

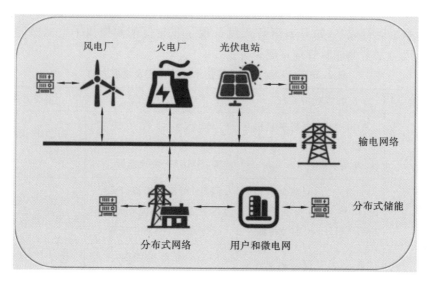

图 2.14 具有分布式储能的电力系统

分布式储能的主要关键问题集中在规划配置、稳定运行控制以及能源共享的商业模式方面。在分布式储能的优化配置方面,储能设施通常由于过度分散而无法控制,造成难以与常规设备协调、难以平稳切换其控制策略等问题。因此分布式储能的选址、容量配置是主要的难题,需要根据区域的供用能情况,通过合理的选址,实现负荷转移,提高设备利用率,同时合理规划储能容量,保证配网的安全、经济运行。新型电力系统运行过程中的最大挑战来源于电源和负荷的不确定性,而合理调控分布式储能以实现就地平衡能源供需、削峰填谷、实时响应是目前的难点。

从应用层面来看,我国新型储能主要应用场景在电源侧、电网侧以及用户侧等三处,如表 2.26 所示。其中,电源侧应用主要集中在参与可再生能源并网、参与电网调峰调频、构建虚拟电厂,提升新能源消纳,同时柔化新能源发电曲线,降低间歇性、波动性、随机性电源对电网的冲击。电网侧主要应用在输电侧和配电侧两个方面,在输电侧配储有助于提高电网系统效率,移峰填谷、降低电源侧旋转备用与调频,同时可以平衡当地电网峰谷,作为局部地区调频资源统一调度;在配电侧配储可以组建风光储充等微电网系统,提高供电可靠性和电能质量,保持电压、频率在合理范围,隔离电网冲击。用户侧配储可以削峰填谷、平滑负荷曲线、降低容量电费用,并提供应急保电、时域性负荷临时供电等功能,实现峰谷价差套利、提升电能质量、提升供电可靠性。不同的储能技术在不同的应用场景下有不同的应用和作用,因此在不同的应用场景中合理配置储能,可以最大限度地发挥其优势和作用。

储能系统的运行状态与其应用场景密切相关,目前对应用场景的研究多与储能的最优配置建模结合,根据环境条件、储能的输出特性和配置方式,区分储能的应用场景。

表 2.26　新型储能应用场景及说明

应用场景	特点与优势	适用技术
发电侧	在发电厂(火电、风电、光伏等发电上网关口)建设的电力储能设备。其主要目的是提高发电机组效率,确保发电的持续性与稳定性,并储存超额的发电量。当大规模可再生能源接入电网时,电源侧储能可以对可再生能源发电平滑调控,并降低对电网的冲击,完成大规模新能源外送,降低可再生能源弃风和弃光率,提高可再生能源的利用	电化学储能、机械储能、热储能、氢储能等
电网侧	新型储能,尤其是电化学储能具备快速响应和双向调节的技术特点,并具有环境适应性强、配置分散、建设周期短等技术优势。当大规模可再生能源接入电网时,搭建电网侧储能系统可以为电网提供无功电压支撑,辅助调整系统频率,并通过添加新的节点于电网架构上,增加电力输送的多样性,提高电网的可靠性。储能技术的应用可以通过实时调整充放电功率以及自身系统状态,为电网侧提供储能系统装机容量约 2 倍的调峰能力。特别是在形成一定规模配置后,它可以有效地缓解地区电网的调峰压力,提供高效的削峰填谷服务。总体来说,新型储能在电网侧的作用有支撑电力保供、应急备用、延缓输配电设备投资、提高电网运行稳定水平、提升系统调节能力	电化学储能、机械储能和电磁储能等
用电侧/微电网	工商业储能是用户侧储能最主要的应用场景之一,工商业储能项目需求差异大、应用环境复杂且收益路径多元化,当前主要应用场景包括峰谷套利、需(容)量管理、应急备电、动态增容及需求侧响应	电化学储能、电磁储能及相变储能等

从技术上来看,锂离子电池是现阶段新型储能中的主要技术类型。据国家能源局数据,中国电力储能累计装机规模技术类型分布如图 2.15 所示,截至 2022 年底,我国新型储能技术中锂离子电池储能技术占据主导地位,占比高达 93.7%。而压缩空气、液流电池等新型储能技术新增也有所增长,分别达到 1.14% 和 0.88%。

锂离子电池主要依靠锂离子在正极和负极之间移动来工作。锂离子电池材料包括正极材料、负极材料、电解液和隔膜四大部分。正极材料决定电池的容量、寿命等多方面核心性能,一般占锂离子电池总成本的 40% 左右。有些锂离子电池(如磷酸铁锂电池)有着稳定性高、循环寿命长等优点,但锂的生产成本高、生产过程及退役后会造成环境问题、应用过程的安全问题等都是需要解决的问题。所以

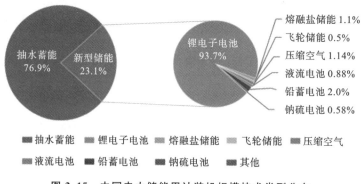

熔融盐储能 1.1%
飞轮储能 0.5%
压缩空气 1.14%
液流电池 0.88%
铅蓄电池 2.0%
钠硫电池 0.58%

■ 抽水蓄能　■ 锂电子电池　■ 熔融盐储能　■ 飞轮储能　■ 压缩空气
■ 液流电池　■ 铅蓄电池　■ 钠硫电池　■ 其他

图 2.15　中国电力储能累计装机规模技术类型分布

锂离子电池技术的研究方向主要是在现有基础上寻求百兆瓦级安全性高、成本低、寿命长的技术突破。

在未来能源结构转型和电力生产消费方式的变革中,储能技术提供了战略性的支持作用。国家能源局指出,目前中国电网需要根据自身的特点来规划建设智能电网,通过改造现有电力系统,构成高效、经济、兼容且安全的新一代电网,从"源网荷"走向"源网荷储"的过程中,电网也要呈现多种新型技术形态并存的状态。在电力系统"三步走"战略中:加速转型期(2030 年前)储能要多应用场景技术路线规模化发展,满足系统日内平衡调节需求,其中抽水蓄能是重要举措之一,2030 年抽水蓄能装机规模达到 1.2 亿千瓦以上;在总体形成期(2030—2045 年),规模化长时储能技术取得重大突破,以机械储能、热储能、氢能等为代表的 10 小时以上长时储能技术攻关取得突破,实现日以上时间尺度的平衡调节;在巩固完善期(2045—2060 年),多类型储能协同运行,能源系统运行灵活性大幅提升,共同解决新能源季节出力不均衡情况下系统长时间尺度平衡调节问题,支撑电力系统实现跨季节的动态平衡。

现阶段,我国数种储能技术已经成熟应用,分别根据不同的时长进行分类,包括毫秒至分钟级的超级电容储能和飞轮储能,数十分钟至数小时的电化学储能、抽水蓄能和压缩空气储能,以及数天至更长时间储能的燃料储能(氢储能是燃料储能的一种)等,如图 2.16 所示。不同的储能技术不仅有时长上的区别,而且在电网调度中的应用也各有不同,可以通过不同储能技术来实现。例如毫秒级电网调频可以通过超级电容和电化学储能来实现,小时级别的电化学储能和抽水蓄能都可以应用于电网调峰,而燃料储能更适合利用低谷电力调峰,但生产的燃料很少再转化为电能。因此,各种储能技术都有其应用场景和优缺点,需要在具体的电力市场需求下进行选择和优化。

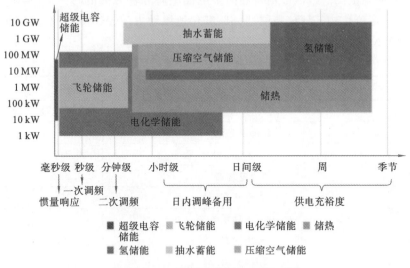

图 2.16　不同储能系统的容量及时长

2.3.2　新型储能技术文献分析

在众多新型储能技术中,基于应用程度、典型性以及趋势,本报告选择电化学储能中的锂离子储能技术、机械储能中的压缩空气储能以及化学储能中的氢能等三种技术作为研究重点。

1. 电化学储能-锂离子电池

1) 检索式及检索结果

采用以下检索式在德温特核心数据库中进行检索:

(TI＝((lithium or li) same (batter* or cell*)) or ak＝((lithium or li) near/3 (batter* or cell*))) AND TS＝(STORAG* near/2 (ENERGY or POWER or LOAD or Electricity)) AND (TS＝((power OR electric* OR ENERGY) NEAR/2 (system* or grid* or network*)) or TS＝("smart grid*" OR "microgrid*"))

在检索结果上,以 Article 作为筛选条件,得到 3145 篇论文。

2) 关键技术分析及技术发展趋势

在对作者关键词进行清理后,根据关键词的相关性(相关度＞0.1)确定锂离子电池储能领域的关键技术(见表 2.27)。在锂离子电池储能领域中,超级电容器、电动交通工具、充电状态、电池管理、电池健康状态、阳极及其材料、热失控、电池的退化、电池生命周期评估,以及与锂离子电池相关的钠离子电池、铅酸电池都是该领域重要研究范围。锂硫电池是锂离子电池中研究较为突出的一类,其研究包括穿梭效应、多硫化物、隔膜、夹层、阴极、氧化还原动力学、二维过渡金属碳化物/碳氮化物(MXene)、催化剂等。

表 2.27 锂离子电池储能技术关键词自相关表(部分)

记录数量	记录数量 0.10＝＜自相关程度<= 1.00	854 锂离子电池	312 锂硫电池
854	锂离子电池	1	
194	储能	0.312	
62	超级电容器	0.252	
48	充电状态	0.198	
36	电池管理系统	0.154	
38	健康状态	0.15	
19	阳极材料	0.141	
19	铅酸电池	0.141	
33	热失控	0.131	
30	阳极	0.125	
15	钠离子电池	0.115	
13	退化	0.114	
17	生命周期评估	0.108	
312	锂硫电池		1
64	穿梭效应		0.382
22	多硫化物		0.241
15	夹层		0.205
43	隔膜		0.19
30	阴极		0.155
9	氧化还原动力学		0.151
12	硫阴极		0.147
15	MXene		0.146
13	催化剂		0.141
21	阴极材料		0.136

从关键词和研究领域可以看出,锂离子电池的主要研究方向是材料和电池的能源管理。电池材料包括电极材料、电解液等,而电池的能源管理包括电池的生命

周期评估、健康状态评估、安全风险评估等,基于 WOS 的锂离子电池研究领域分布如图 2.17 所示。

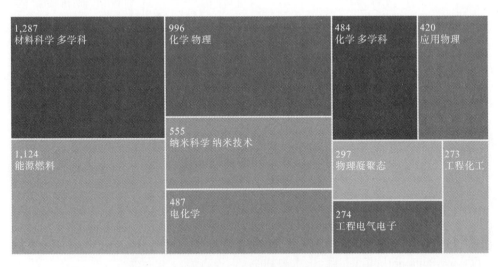

图 2.17　基于 WOS 的锂离子电池研究领域分布

对 2021—2023 年高被引 TOP10 文献进行分析,我们可以得出锂离子电池的关键是材料,其三年内高被引论文 TOP10 多数都与材料有关,如涉及沸石的固态锂离子电池电解质、先进凝胶聚合物电解质、嵌有石墨烯的电催化剂等;提高锂离子电池的工作效率是另外一个发展方向,包括电池的管理、工作机制研究、技术优化改进等多个方面,如表 2.28 所示。

表 2.28　2021—2023 年间压缩空气储能高被引文献 TOP10

论文名称	中文名称	年均被引	期刊
A highly stable and flexible zeolite electrolyte solid-state Li air battery	一种高度稳定和柔性的沸石电解质固态锂-空气电池	63.75	NATURE
A perspective on sustainable energy materials for lithium batteries	锂离子电池可持续能源材料展望	44.5	SUSMAT
Advanced battery management strategies for a sustainable energy future: Multilayer design concepts and research trends	面向可持续能源未来的先进电池管理策略:多层设计概念和研究趋势	40.75	RENEWABLE & SUSTAINABLE ENERGY REVIEWS

续表

论文名称	中文名称	年均被引	期刊
Insight into MoS2-MoN Heterostructure to Accelerate Polysulfide Conversion toward High-Energy-Density Lithium Sulfur Batteries	MoS2-MoN 异质结构加速多硫化物向高能量密度锂硫电池的转化	40.5	ADVANCED ENERGY MATERIALS
Advanced gel polymer electrolytes for safe and durable lithium metal batteries: Challenges, strategies, and perspectives	用于安全耐用锂金属电池的先进凝胶聚合物电解质：挑战、策略和前景	38.5	ENERGY STORAGE MATERIALS
Sub-Thick Electrodes with Enhanced Transport Kinetics via In Situ Epitaxial Heterogeneous Interfaces for High Areal Capacity Lithium Ion Batteries	高面积容量锂离子电池通过原位外延非均质界面增强传输动力学的亚厚电极	37.5	SMALL
Re-examining rates of lithiumion battery technology improvement and cost decline	重新审视锂离子电池技术改进和成本下降的速度	37.25	ENERGY & ENVIRONMENTAL SCIENCE
Single-dispersed polyoxometalate clusters embedded on multilayer graphene as a bifunctional electrocatalyst for efficient Li-S batteries	嵌入多层石墨烯的单分散多金属氧酸盐簇作为高效锂硫电池的双功能电催化剂	34.33	NATURE COMMUNICATIONS
Promoting the sulfur redox kinetics by mixed organodiselenides in high energy-density lithium-sulfur batteries	混合有机二硒促进高能量密度锂硫电池中硫的氧化还原动力学	34.25	ESCIENCE
Effects of fluorinated solvents on electrolyte solvation structures and electrode/electrolyte interphases for lithium metal batteries	氟化溶剂对锂金属电池电解质溶剂化结构和电极/电解质界面的影响	33	PROCEEDINGS OF THE NATIONAL ACADEMY OF SCIENCES OF THE UNITED STATES OF AMERICA

2. 机械储能-压缩空气储能

1) 检索式及检索结果

采用以下检索式在德温特核心数据库中进行检索:

(TI=("Compress* " near/2 (air or gas*)) or ak=("Compress* " near/2 (air or gas*))) AND TS=(STORAG* near/2 (ENERGY or POWER or LOAD or Electricity)) AND 　(TS=((power OR electric* OR ENERGY) NEAR/2 (system* or grid* or network*)) or TS=("smart grid* " OR "microgrid* "))

在检索结果上,以 Article 作为筛选条件,检索得到压缩空气储能相关文献 839 篇。

2) 关键技术分析及技术发展趋势

通过对作者关键词的共现分析(见表 2.29),压缩空气储能有如下研究重点: ① 熵能分析、热力学分析等热物理方面的研究;② 与燃气轮机(gas turbine)相关 的设备或工作机理,如液压活塞、有机朗肯循环等;③ 压缩空气储能技术的优化和 改进,特别是开展(先进)绝热压缩空气储能(Adiabatic compressed air energy storage)的研究;④ 进行熵能分析、能效分析等都是为了提高压缩空气储能技术的 经济性,从而有利于该技术的商业性应用。

表 2.29　机械储能-压缩空气储能关键词共现(部分)

记录数量		541	80	67	50
记录数量	关键词	compressed air energy storage	Exergy	thermodynamic analysis	Adiabatic compressed air energy storage
541	compressed air energy storage	1	0.25	0.247	
80	Exergy	0.25	1		0.158
67	thermodynamic analysis	0.247		1	
50	Adiabatic compressed air energy storage		0.158		1
42	renewable energy	0.232			
39	thermal energy storage	0.213	0.107		0.159
22	economic analysis	0.137		0.234	
19	Organic Rankine cycle	0.128			

续表

	记 录 数 量	541	80	67	50
18	energy storage systems	0.101			
16	efficiency		0.196		0.106
15	thermodynamics	0.133			
15	Energy efficiency	0.122			
13	Liquid piston	0.155			
13	Energy analysis	0.107	0.248		0.157
12	pumped hydro storage	0.149			
12	gas turbine	0.124			
12	combined cooling	0.112		0.106	
12	Integrated energy system	0.112			
11	dynamic modeling				0.213
11	Compressed gas energy storage			0.111	
10	Waste heat recovery	0.122			
10	Cogeneration	0.122			
10	off-design performance		0.106		

在对 2021—2023 年高被引 TOP10 文献分析的基础上,可以得出压缩空气储能在电力系统中有如下几种研究和应用趋势(见表 2.30):① 压缩空气储能(包括与其他系统耦合后)的经济性评估是重要研究趋势;② 技术上,压缩空气储能的优化改进仍在持续开展中,包括(先进)绝热压缩空气储能、亚临界液体空气储能系统等;③ 压缩空气储能一般与其他系统联用,如海水淡化系统、热能回收系统等,这些系统还包括其他储能系统,如生物质储能系统、抽水蓄能系统等。

表 2.30 2021—2023 年间压缩空气储能高被引文献 TOP10

标题	中文标题	年均引用	期刊
Comprehensive assessment and multi-objective optimization of a green concept based on a combination of hydrogen and compressed air energy storage (CAES) systems	基于氢气和压缩空气储能(CAES)系统组合的绿色概念综合评估和多目标优化	37.25	RENEWABLE & SUSTAINABLE ENERGY REVIEWS

续表

标题	中文标题	年均引用	期刊
A comprehensive techno-economic analysis and multi-criteria optimization of a compressed air energy storage (CAES) hybridized with solar and desalination units	压缩空气储能 (CAES) 与太阳能和海水淡化装置混合的综合技术经济分析和多标准优化	36.25	ENERGY CONVERSION AND MANAGEMENT
Short-Term Self-Scheduling of Virtual Energy Hub Plant Within Thermal Energy Market	热能市场中虚拟能源枢纽电厂的短期自调度	23	IEEE TRANSACTIONS ON INDUSTRIAL ELECTRONICS
Investigation of a combined heat and power (CHP) system based on biomass and compressed air energy storage (CAES)	基于生物质与压缩空气储能 (CAES) 的热电联产系统研究	19	SUSTAINABLE ENERGY TECHNOLOGIES AND ASSESSMENTS
Transient thermodynamic modeling and economic analysis of an adiabatic compressed air energy storage (ACAES) based on cascade packed bed thermal energy storage with encapsulated phase change materials	基于包封相变材料梯级填料床的绝热压缩空气储能 (A-CAES)瞬态热力学建模与经济性分析	18.25	ENERGY CONVERSION AND MANAGEMENT
Economic-environmental analysis of combined heat and power-based reconfigurable microgrid integrated with multiple energy storage and demand response program	基于热电联产的可重构微电网与多种储能和需求响应方案的经济环境分析	15.75	SUSTAINABLE CITIES AND SOCIETY
Soft computing analysis of a compressed air energy storage and SOFC system via different artificial neural network architecture and tri-objective grey wolf optimization	采用不同的人工神经网络结构和三目标灰狼优化对压缩空气储能 SOFC 系统进行了软计算分析	15.25	ENERGY

续表

标题	中文标题	年均引用	期刊
Overview of current compressed air energy storage projects and analysis of the potential underground storage capacity in India and the UK	当前压缩空气储能项目概述,印度和英国潜在地下储能能力分析	15	RENEWABLE & SUSTAINABLE ENERGY REVIEWS
Risk assessment of offshore wave-wind-solar-compressed air energy storage power plant through fuzzy comprehensive evaluation model	利用模糊综合评价模型对海上波浪-风能-太阳能压缩空气储能电站进行风险评价	13	ENERGY
A comprehensive study and multi-criteria optimization of a novel sub-critical liquid air energy storage (SC-LAES)	新型亚临界液体空气储能系统(SC-LAES)的综合研究与多准则优化	12.67	ENERGY CONVERSION AND MANAGEMENT

3. 化学储能-氢气储能

1)检索式及检索结果

采用以下检索式在德温特核心数据库中进行检索:

(TI=(hydrogen) or ak=(hydrogen)) AND TS=(STORAG* near/2 (ENERGY or POWER or LOAD or Electricity)) AND (TS=((power OR electric* OR ENERGY) NEAR/2 (system* or grid* or network*)) or TS=("smart grid*" OR "microgrid*"))

在检索结果上,以 Article 作为筛选条件,检索得到氢气储能相关文献 1780 篇。

2)关键技术分析及技术发展趋势

氢气储能是一种更为绿色的储能技术,在电力系统中的应用处在大力发展阶段。从表 2.31 中可以看出,氢气的研究和应用有几个方面:① 燃料电池(fuel cell)是氢气储能研究和应用的重要领域;② 氢气的生产是氢气储能的重要环节,而电解(electrolysis)水制氢是主要的研究方向之一,相应的电解槽(electrolyzer)、电极等都在研究范围内;③ 氢气储能的另一个难点是运输(transportation),但可以通过转化成氨(ammonia)或者合成气(Syngas)等其他形式的能源气体来提高运输的安全性和便捷性;④ 成本问题是阻碍氢气储能应用的重要因素,这包括氢气的生成成本和运输成本。

表 2.31　氢气储能关键词自相关表(部分)

记录数量		492	289	217	198	170
记录数量	关键词	hydrogen	energy storage	hydrogen storage	fuel cell	renewable energy
492	hydrogen	1	0.395		0.276	0.235
289	energy storage	0.395	1		0.163	0.185
217	hydrogen storage			1	0.159	0.109
198	fuel cell	0.276	0.163	0.159	1	0.142
170	renewable energy	0.235	0.185	0.109	0.142	1
66	electrolysis	0.178	0.174		0.122	
66	Power-to-gas	0.172	0.101			
65	electrolyzer	0.173			0.291	0.114
30	Efficiency	0.156	0.107			
29	Exergy	0.134				
26	Decarbonization	0.133				
19	sustainability	0.114				
18	Costs	0.149				
18	Methane	0.128	0.139			
18	Power-to-X	0.106				
17	ammonia	0.109				
13	energy system	0.113				
11	production	0.109				
11	simulation	0.109				
7	Emissions	0.119				
7	transportation	0.102				
5	Syngas	0.101				

　　基于对 2021—2023 年间高被引文献的分析,我们可以看出大规模的氢气储存是电力系统储氢的重要发展趋势,其中地下储氢是最具发展前景的方案之一,如表 2.32 所示。另外,储氢系统与电力系统的耦合,储氢系统与其他储能系统的联用都是有待研究发展的方向。由于氢气密度小、质量轻、易燃等特点,储氢系统嵌入到电力系统中的安全性、稳定性需要特别注意。储氢系统还未大规模商业化,与其他储能系统联用是一项促进储氢技术发展,同时保障风、光等可再生能源消纳的有

效方案。

表 2.32　2021—2023 年间氢气储能高被引文献 TOP10

标题	中文标题	年均被引	期刊
Enabling large-scale hydrogen storage in porous media-the scientific challenges	在多孔介质中实现大规模储氢——科学挑战	54	ENERGY & ENVIRONMENTAL SCIENCE
Large-vscale hydrogen production and storage technologies：Current status and future directions	大规模制氢和储氢技术：现状与未来方向	43.25	INTERNATIONAL JOURNAL OF HYDROGEN ENERGY
Metal hydride hydrogen storage and compression systems for energy storage technologies	用于储能技术的金属氢化物储氢和压缩系统	39	INTERNATIONAL JOURNAL OF HYDROGEN ENERGY
Comprehensive assessmentand multiobjective optimization of a green concept based on a combination of hydrogen and compressed air energy storage (CAES) systems	基于氢气和压缩空气储能（CAES）系统组合的绿色概念综合评估和多目标优化	37.25	RENEWABLE & SUSTAINABLE ENERGY REVIEWS
Decentralized bi-level stochastic optimization approach for multi-agent multi-energy networked micro-grids with multi-energy storage technologies	适用于具有多种储能技术的多代理多能网络的微电网分散双级随机优化方法	20.33	ENERGY
Challenges and prospects of renewable hydrogen-based strategies for full decarbonization of stationary power applications	固定式电力完全脱碳应用的可再生氢基战略的挑战和前景	20	RENEWABLE & SUSTAINABLE ENERGY REVIEWS
Optimal Coordinated Control of Multi-Renewable-to-Hydrogen Production System for Hydrogen Fueling Stations	加氢站集成可再生制氢系统的优化协调控制	19.67	IEEE TRANSACTIONS ON INDUSTRY APPLICATIONS

续表

标题	中文标题	年均被引	期刊
Design and financial parametric assessment and optimization of a novel solar-driven freshwater and hydrogen cogeneration system with thermal energy storage	新型太阳能储能淡水和氢热电联产系统的设计和财务参数评估与优化	18.5	SUSTAINABLE ENERGY TECHNOLOGIES AND ASSESSMENTS
The role of hydrogen in the optimal design of off-grid hybrid renewable energy systems	氢在离网混合可再生能源系统优化设计中的作用	17.33	JOURNAL OF ENERGY STORAGE
Robust decentralized optimization of Multi-Microgrids integrated with Power-to-X technologies	与 Power-to-X 技术集成的多微电网鲁棒分散优化	17.25	APPLIED ENERGY

2.3.3　新型储能技术专利分析

在调研的基础上,选取电化学储能中的锂离子电池、机械储能中的压缩空气储能、化学储能中的氢能等三项发展较为突出的新型储能技术进行专利分析。

1. 电化学储能中的锂离子电池

1) 检索式构建

在德温特创新索引(DII)中利用以下检索式检索得到 1885 件专利:

TI=((lithium or li) same (batter* or cell*)) AND TS=(STORAG* near/2 (ENERGY or POWER or LOAD or Electricity)) AND (TS=((power OR electric* OR ENERGY) NEAR/2 (system* or grid* or network*)) or TS=("smart grid* " OR "microgrid* ")) not MAN=L03-H05 not TI=(vehicle* or ship* OR phone*)

2) 申请趋势

如图 2.18 所示,用在电力系统中的锂离子电池储能从 1998 年开始发展,到 2009 年发展数据开始加快;2009—2016 年间,锂离子电池储能在电力系统中的发展速度相对较快,从 2009 年的 8 件专利发展到 2016 年的 68 件专利;2016 年以后,锂离子电池储能开始迅猛发展,特别是在 2019—2022 年间,2021 年达到 126 件,2022 年达到近年来的最高峰(444 件)。

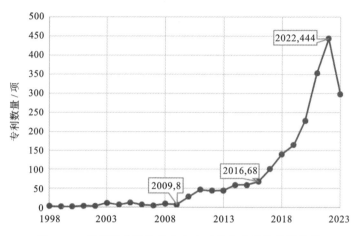

图 2.18 锂离子电池储能在电力系统中应用的发展趋势

3）专利布局

从专利数量前 20 的 IPC 专利分类号来看,锂离子电池在电力系统中储能应用的布局主要在以下几个方面(见表 2.33):① 服役性能和制造;② 电极及其制造方法;③ 电池性能和故障检测;④ 包括消防在内的安全防护。具体到 IPC 分类号、锂离子电池服役性能和制造中,工况(H01M-010/42、H01M-010/613)、充放电方法(H01M-010/44)等是主要布局方向。电极及其制造方法中,制造材料是主要布局领域,包括采用活性物质(H01M-004/62、H01M-004/36、H01M-004/02)、无机物质(H01M-004/58)、金属物质(H01M-004/38、H01M-004/525、H01M-004/505)等。电池性能和故障检测技术方面,专利主要布局在测试软件(G01R-031/367)和检测电池状态(G01R-031/392)方面。锂离子电池安全(特别是在消防安全方面)是锂离子电池应用中需要特别注意的。

表 2.33 锂离子电池储能在电力系统中应用的专利布局

类别	IPC 分类号	内容	记录数量	占比
用于直接转变化学能为电能的二次电池及其制造	H01M-010/0525	摇椅式电池,即其两个电极均插入或嵌入有锂的电池;锂离子电池	350	18.57%
	H01M-010/42	高温工作的	223	11.83%
	H01M-010/052	锂蓄电池	211	11.19%
	H01M-010/613	冷却或保持低温	158	8.38%

续表

类别	IPC 分类号	内容	记录数量	占比
用于直接转变化学能为电能的二次电池及其制造	H01M-010/48	与测量、试验或指示情况的装置组合的蓄电池,例如测量、测试或指示电解质高度或密度	147	7.80%
	H01M-010/44	充电或放电的方法	93	4.93%
用于直接转变化学能为电能的方法或装置的电极	H01M-004/62	在活性物质中非活性材料成分的选择,例如胶合剂、填料	160	8.49%
	H01M-004/36	作为活性物质、活性体、活性液体的材料的选择	140	7.43%
	H01M-004/02	由活性材料组成或包括活性材料的电极	113	5.99%
	H01M-004/58	除氧化物或氢氧化物以外的无机化合物的,例如硫化物、硒化物、碲化物、氯化物或 LiCoFy 的;聚阴离子结构的,例如磷酸盐、硅酸盐或硼酸盐的	108	5.73%
	H01M-004/38	元素或合金的	106	5.62%
	H01M-004/525	插入或嵌入轻金属且含铁、钴或镍的混合氧化物或氢氧化物的,例如 $LiNiO_2$、$LiCoO_2$ 或 $LiCoO_xF_y$ 的	94	4.99%
	H01M-004/505	插入或嵌入轻金属且含锰的混合氧化物或氢氧化物,例如 $LiMn_2O_4$ 或 $LiMn_2O_xF_y$ 的	88	4.67%
交流干线或交流配电网络的电路装置	H02J-003/32	应用有变换装置的电池组	205	10.88%
	H02J-003/38	由两个或两个以上发电机、变换器或变压器对一个网络并联馈电的装置	99	5.25%
用于电池组的充电或去极化或用于由电池组向负载供电的装置	H02J-007/00	用于电池组的充电或去极化或用于由电池组向负载供电的装置	346	18.36%
	H02J-007/34	兼用蓄电池和其他直流电源网络中的并联运行,例如提供缓冲作用	109	5.78%

续表

类别	IPC 分类号	内容	记录数量	占比
电性能、电故障等的测试或探测装置	G01R-031/367	其软件,例如使用建模或查找表进行电池测试	102	5.41%
	G01R-031/392	确定电池老化或退化,例如健康状态	81	4.30%
适用于特殊物体或空间的火灾预防、抑制或扑灭	A62C-003/16	在电设备中的消防	88	4.67%

4)主要专利权人

申请应用于电力系统的锂离子电池技术的机构(见图 2.19)主要有国家电网有限公司、LG 能源解决方案公司、宁德时代、中国南方电网公司、中国华能集团、应用材料公司、中国科学技术大学、博世集团、日亚化学工业株式会社、清华大学等。国家电网有限公司以 122 件专利居于首位。下面选择前三机构分析其专利布局。

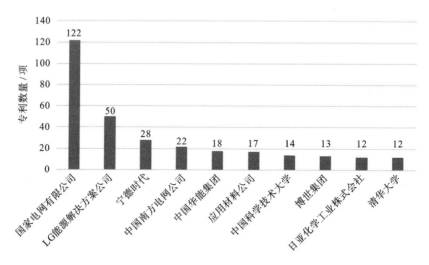

图 2.19　锂离子电池储能在电力系统中应用的 TOP10 机构

(1)国家电网有限公司。

国家电网有限公司在锂离子电池储能方面的专利布局主要如表 2.34 所示,包括:① 输配电网络的电路配置;② 锂离子电池储能中的电性能、电故障测试或探测;③ 电池组供电装置;④ 防火。其中输配电网络的电路配置主要是装置设备领域,包括带有变换装置的电池组(H02J-003/32)和多发电机或变压器并联馈电装置(H02J-003/38);锂离子电池储能中的电性能、电故障测试或探测方面则主要是软件(G01R-031/367)、电池健康状态确定(G01R-031/392)以及测试装置(G01R-031/36)等。

表 2.34 国家电网有限公司锂离子电池储能专利布局

分类	IPC 分类号	内容	专利数量/项
交流干线或交流配电网络的电路装置	H02J-003/32	应用有变换装置的电池组	28
	H02J-003/38	由两个或两个以上发电机、变换器或变压器对一个网络并联馈电的装置	19
用于电池组的充电或去极化或用于由电池组向负载供电的装置	H02J-007/00	用于电池组的充电或去极化或用于由电池组向负载供电的装置	19
	H02J-007/34	兼用蓄电池和其他直流电源的网络中的并联运行,例如提供缓冲作用	15
二次电池及其制造	H01M-010/42	高温工作的	10
电性能、电故障的测试或探测装置	G01R-031/367	其软件,例如使用建模或查找表进行电池测试	18
	G01R-031/392	确定电池老化或退化,例如健康状态	17
	G01R-031/36	用于测试、测量或监测蓄电池或电池的电气状况的设备,如用于测试容量或充电状态的仪器	13
	G01R-031/396	获取或处理用于测试或监测电池内单个电池或电池组的数据	10
适用于特殊物体或空间的火灾预防、抑制或扑灭	A62C-003/16	在电设备中的消防	11

(2)LG 能源解决方案公司。

LG 能源解决方案公司与国家电网有限公司不同,其专利布局主要在电极和电池的制造方面,如表 2.35 所示。电极方面包括制造方法(H01M-004/04)和各种制造材料的布局,包括活性材料(H01M-004/36)、合金(H01M-004/38)、碳材料(H01M-004/133)等。LG 在电池制造方面侧重锂蓄电池(H01M-010/052)。

(3)宁德时代。

宁德时代与 LG 的主要专利布局领域相同,但在具体细节上存在差别,如表2.36 所示。宁德时代更侧重电池制造领域,该方面的专利涉及多种特征的锂离子

表 2.35　LG 能源解决方案公司锂离子电池储能专利布局

分类	IPC 分类号	内容	专利数量/项
电极	H01M-004/36	作为活性物质、活性体、活性液体的材料选择	33
	H01M-004/62	在活性物质中非活性材料成分的选择,例如胶合剂、填料	32
	H01M-004/02	由活性材料组成或包括活性材料的电极	26
	H01M-004/38	元素或合金的	23
	H01M-004/587	用于插入或嵌入轻金属的	23
	H01M-004/133	基于碳材料的电极,例如石墨层间化合物或 CF_x 的	19
	H01M-004/04	一般制造方法	17
	H01M-004/58	除氧化物或氢氧化物以外的无机化合物的	13
二次电池及其制造	H01M-010/052	锂蓄电池	27
	H01M-010/0525	摇椅式电池,即其两个电极均插入或嵌入有锂的电池;锂离子电池	27

表 2.36　宁德时代锂离子电池储能专利布局

分类	IPC 分类号	内容	专利数量/项
二次电池及其制造	H01M-010/0525	摇椅式电池,即其两个电极均插入或嵌入有锂的电池;锂离子电池	16
	H01M-010/0567	以添加剂为特征的非水电解质蓄电池	10
	H01M-010/42	高温工作的	10
	H01M-010/0568	以溶质为特征的非水电解质蓄电池	8
	H01M-010/0569	以溶剂为特征的非水电解质蓄电池	6
	H01M-010/052	锂蓄电池	5
电极	H01M-004/36	作为活性物质、活性体、活性液体的材料选择	4
	H01M-004/58	除氧化物或氢氧化物以外的无机化合物的	8
	H01M-004/505	插入或嵌入轻金属且含锰的混合氧化物或氢氧化物,例如 $LiMn_2O_4$ 或 $LiMn_2O_xF_y$ 的	7
	H01M-004/525	插入或嵌入轻金属且含铁、钴或镍的混合氧化物或氢氧化物的,例如 $LiNiO_2$、$LiCoO_2$ 或 $LiCoO_xF_y$ 的	7

电池,包括以添加剂为特征(H01M-010/0567)、以溶质为特征(H01M-010/0568)、以溶剂为特征(H01M-010/0569)等。

5) 技术最新进展

在 2021—2023 年间,专利中有不少新出现的 IPC 分类号,据此可判断锂离子储能的发展方向,如表 2.37 所示。从 TOP10 的 IPC 分类号可以看出,近几年锂离子电池储能的发展方向主要有两个方向:一是向信息化、智能化发展,包括相关数据处理方法、采用卷积神经网络等;二是锂离子电池储能的安全问题。

表 2.37　2021—2023 年新出现 IPC 分类号 TOP10

IPC 分类号	内容	专利数量/项
G06F-017/18	适用于特定功能的数字计算设备或数据处理设备或数据处理方法——在复杂数学运算中使用了数据的换算统计	7
G06F-017/11	适用于特定功能的数字计算设备或数据处理设备或数据处理方法——在复杂数学运算中需要方程式	6
G06F-017/10	适用于特定功能的数字计算设备或数据处理设备或数据处理方法——复杂数学运算	4
G06F-030/27	使用机器学习设计优化、验证或模拟,例如人工智能,神经网络,支持向量机或训练模型	6
G06F-113/08	电数字数据处理——流体	5
G06F-119/02	电数字数据处理——可靠性分析或可靠性优化;失效分析	5
G06N-003/0464	基于生物学模型的计算机系统——卷积网络	5
H01M-050/383	阻火或防火装置	5
H01M-050/507	电芯或电池的电流连接——在容器内包含两个或多个汇流条,如汇流条模块	5
A62C-031/05	适用于灭火的喷嘴——具有两个或多个出口	4

2. 机械储能中的压缩空气储能

1) 检索式

在 DII 中利用以下检索式检索得到 1608 件专利:

TI=("Compress* " near/2 (air or gas*)) AND TS=(STORAG* near/2 (ENERGY or POWER or LOAD or Electricity)) AND (TS=((power OR electric* OR ENERGY) NEAR/2 (system* or grid* or network*)) or TS=("smart grid* " OR "microgrid* ")) not MAN＝L03-H05 not TI＝(vehicle* or ship* OR phone*)

2）申请趋势

对于压缩空气储能,从专利申请趋势来看,该技术发展较早,在 1973 年就已经出现,此后到 2005 年发展一直处于萌芽状态,如图 2.20 所示。2005—2009 年,压缩空气储能经历了一段快速发展期,而 2009—2019 年,压缩空气储能处于相对平稳的发展阶段,2019 年后该技术开始快速发展,专利数量从 2019 年的 104 项攀升至 2022 年的 307 项。

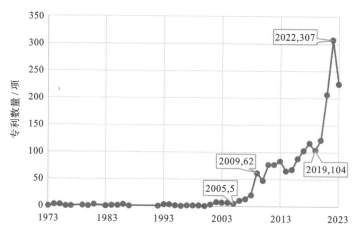

图 2.20　压缩空气储能在电力系统中应用的发展趋势

3）专利布局

专利数量前 20 的 IPC 专利分类号表明,压缩空气储能技术在电力系统中应用的布局比较分散,但主要还是以压缩空气技术,特别是机械设备为主,如发动机、蒸汽机等,如表 2.38 所示。一方面说明压缩空气储能的核心在于机械设备,另一方面说明虽然该技术出现得较早,但该项技术应用在电力系统中的成熟度还不高,还需要进行改进研发。

表 2.38　压缩空气储能在电力系统中应用的专利布局

类别	IPC 分类号	内容	专利数量/项	占比
适用于特殊用途的机器或发动机;发动机与其从动装置的组合装置	F01D-015/10	适用于驱动发电机或与发电机的组合装置	346	21.52%

续表

类别	IPC 分类号	内容	专利数量/项	占比
以采用贮气器或贮热器为特点的装置,或其中的中间蒸汽加热器	F01K-003/00	以采用贮气器或贮热器为特点的装置,或其中的中间蒸汽加热器	74	4.60%
	F01K-003/14	有贮气器和加热器,如过热贮气器	69	4.29%
以采用特殊形式发动机为特点的蒸汽机装置;以采用特殊蒸汽系统、循环或过程为特点的装置或发动机;特别用于上述系统、循环或过程的控制装置;应用回收或排出蒸汽为给水加热的系统	F01K-007/02	多级膨胀式发动机	78	4.85%
整个蒸汽机装置的总体布置或一般操作方法	F01K-013/00	整个蒸汽机装置的总体布置或一般操作方法	132	8.21%
	F01K-013/02	控制,如停机或起动	55	3.42%
以应用特殊工作流体为特点的装置或发动机	F01K-025/08	利用特殊蒸气	58	3.61%
将热能或流体能转变为机械能的装置	F01K-027/00	将热能或流体能转变为机械能的装置	213	13.25%
复式燃气轮机装置;燃气轮机装置与其他装置的组合	F02C-006/00	复式燃气轮机装置;燃气轮机装置与其他装置的组合	63	3.92%
	F02C-006/16	为存储压缩空气的	175	10.88%
特殊用途的风力发动机;风力发动机与受它驱动的装置的组合	F03D-009/02	带有动力存储装置的风力发动机的组合	59	3.67%
	F03D-009/17	存储能量于可压缩流体内	95	5.91%
专门适用于弹性流体的活塞泵,活塞泵以工作件的驱动装置为特征,或以与特定驱动发动机或马达的组合或适用于特定驱动发动机或马达为特征	F04B-035/04	装置是电力的	168	10.45%

续表

类别	IPC 分类号	内容	专利数量/项	占比
专门适用于弹性流体的泵或泵送系统的零件、部件或附件	F04B-039/06	冷却;加热;防止冻结	189	11.75%
专门适用于弹性流体的泵送装置或系统	F04B-041/02	具有存储容器	425	26.43%
	F04B-041/06	两个或多个泵的组合	127	7.90%
一般热存储装置或设备;部分再生式热交换设备	F28D-020/00	一般热存储装置或设备;部分再生式热交换设备	140	8.71%
交流干线或交流配电网络的电路装置	H02J-003/28	用储能方法在网络中平衡负载的装置	109	6.78%
	H02J-003/38	由两个或两个以上发电机、变换器或变压器对一个网络并联馈电的装置	59	3.67%
存储电能的系统	H02J-015/00	存储电能的系统	191	11.88%

4) 主要专利权人

压缩空气储能技术专利数量 TOP10 的专利权人如图 2.21 所示,包括中国华能集团、中国科学院工程热物理研究所、国家电网有限公司、清华大学、西安交

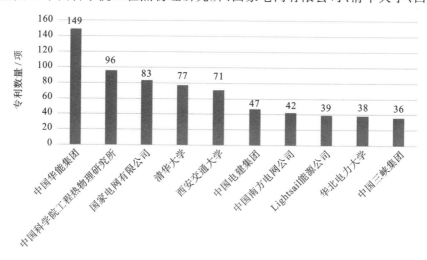

图 2.21　压缩空气储能在电力系统中应用的 TOP10 专利权人

通大学、中国电建集团、中国南方电网公司、Lightsail 能源公司、华北电力大学、中国三峡集团。

（1）中国华能集团。

中国华能集团的专利布局主要是压缩空气储能技术的设备，包括泵装置及相关零部件（F04B-041/02、F04B-039/06、F04B-035/04），发动机或发动机组合（F01D-015/10、F01K-007/22、F01B-023/10），能量转换装置（F01K-027/00，其他能源转为机械能）等三类，如表 2.39 所示。

表 2.39　中国华能集团压缩空气储能专利布局

分类	IPC 分类号	内容	专利数量/项
专门适用于弹性流体的泵送装置或系统	F04B-041/02	具有存储容器	64
专门适用于弹性流体的泵或泵送系统的零件、部件或附件	F04B-039/06	冷却；加热；防止冻结	25
专门适用于弹性流体的活塞泵，活塞泵以工作件的驱动装置为特征，或以与特定驱动发动机或马达的组合或适用于特定驱动发动机或马达为特征	F04B-035/04	装置是电力的	22
适用于特殊用途的机器或发动机；发动机与其从动装置的组合装置	F01D-015/10	适用于驱动发电机或与发电机的组合的装置	52
不包含在其他类目中的，将热能或流体能转变为机械能的装置	F01K-027/00	不包含在其他类目中的，将热能或流体能转变为机械能的装置	32
以采用贮气器或贮热器为特点的装置，或其中的中间蒸汽加热器	F01K-003/14	具有贮气器和加热器，如过热贮气器	18
整个蒸汽机装置的总体布置或一般操作方法	F01K-013/00	整个蒸汽机装置的总体布置或一般操作方法	17
以采用特殊蒸汽系统、循环或过程为特点的装置或发动机	F01K-007/22	具有级间蒸汽加热的涡轮机	16
存储电能的系统	H02J-015/00	存储电能的系统	23
适用于特殊用途的机器或发动机；发动机及其从动装置的组合	F01B-023/10	适用于驱动发电机或与其组合的装置	15

（2）中国科学院工程热物理研究所。

中国科学院工程热物理研究在该方面的布局与华能集团相差不大，主要也是泵及相关零部件、能源转换装置以及具有一定特征的发动机等，如表2.40所示。

表 2.40　中国科学院工程热物理研究所压缩空气储能专利布局

分类	IPC 分类号	内容	专利数量/项
专门适用于弹性流体的泵送装置或系统	F04B-041/02	具有存储容器	32
专门适用于弹性流体的泵或泵送系统的零件、部件或附件	F04B-039/06	冷却；加热；防止冻结	22
专门适用于弹性流体的活塞泵，活塞泵以工作件的驱动装置为特征，或以与特定驱动发动机或马达的组合或适用于特定驱动发动机或马达为特征	F04B-035/04	装置是电力的	16
专门适用于弹性流体的泵送装置或系统	F04B-041/06	两个或多个泵的组合	12
适用于特殊用途的机器或发动机；发动机与其从动装置的组合装置	F01D-015/10	适用于驱动发电机或与发电机的组合的装置	17
不包含在其他类目中的，将热能或流体能转变为机械能的装置	F01K-027/00	不包含在其他类目中的，将热能或流体能转变为机械能的装置	17
以采用特殊蒸汽系统、循环或过程为特点的装置或发动机	F01K-007/02	多级膨胀式发动机	16
整个蒸汽机装置的总体布置或一般操作方法	F01K-013/00	整个蒸汽机装置的总体布置或一般操作方法	9
以采用贮气器或贮热器为特点的装置，或其中的中间蒸汽加热器	F01K-003/14	具有贮气器和加热器，如过热贮气器	8
一般热存储装置或设备	F28D-020/00	一般热存储装置或设备	7

（3）国家电网有限公司。

国家电网有限公司在该技术上的专利同样是泵及其零部件、能源转换装置、具有一定特征的发动机等，国家电网有限公司还有平衡负载方面的专利部署，如表2.41所示。从中国华能集团、中国科学院工程热物理研究所以及国家电网有限公司前三机构的专利布局来看，压缩空气储能的核心专利就是发动机及泵等相关装置。

表 2.41　国家电网有限公司压缩空气储能专利布局

分类	IPC 分类号	内容	专利数量/项
专门适用于弹性流体的泵送装置或系统	F04B-041/02	具有存储容器	29
专门适用于弹性流体的泵送装置或系统	F04B-041/06	两个或多个泵的组合	8
专门适用于弹性流体的泵或泵送系统的零件、部件或附件	F04B-039/06	冷却;加热;防止冻结	16
专门适用于弹性流体的活塞泵,活塞泵以工作件的驱动装置为特征,或以与特定驱动发动机或马达的组合或适用于特定驱动发动机或马达为特征	F04B-035/04	装置是电力的	13
以采用特殊蒸汽系统、循环或过程为特点的装置或发动机	F01K-007/02	多级膨胀式发动机	17
不包含在其他类目中的,将热能或流体能转变为机械能的装置	F01K-027/00	不包含在其他类目中的,将热能或流体能转变为机械能的装置	11
以采用贮气器或贮热器为特点的装置,或其中的中间蒸汽加热器	F01K-003/14	具有贮气器和加热器,如过热贮气器	10
适用于特殊用途的机器或发动机;发动机与其从动装置的组合装置	F01D-015/10	适用于驱动发电机或与发电机的组合的装置	16
交流干线或交流配电网络的电路装置	H02J-003/28	用储能方法在网络中平衡负载的装置	13
存储电能的系统	H02J-015/00	存储电能的系统	10

5) 技术最新进展

在 2021—2023 年间,专利中有不少新出现的 IPC 分类号,据此可判断压缩空气储能的发展方向,如表 2.42 所示。从新出现的 IPC 分类号 TOP10 可以看出,近几年压缩空气储能的发展方向主要有两个方向:一是通过零部件或相关系统的创新设计来改善压缩空气储能核心设备的工作性能,提高效率;二是在输配电电路中调整、消除或补偿无功功率,平衡电网波动。

表 2.42　2021—2023 年新出现的 IPC 分类号 TOP10

IPC 分类号	内容	专利数量/项
F01D-017/14	通过改变流量进行调节或控制——变化喷嘴或导管的有效横截面积	8

续表

IPC 分类号	内容	专利数量/项
F01D-025/24	非变容式机器或发动机,如汽轮机——外壳;外壳零件,如隔板、外壳紧固件	4
F04F-005/16	喷射泵,即装置中的流体是因其他流体流动速度产生压降而引起的,具有排出弹性流体的作用	4
F04D-027/02	专门适用于弹性流体的泵、泵送装置或泵送系统的控制——波动控制	5
F17B-001/02	可调容量的贮气罐——零部件	6
F25B-041/31	流体循环装置——膨胀阀	5
F24D-011/02	利用在贮热物质中积累热量的集中供暖系统——采用热泵的	5
F03D-013/20	风力发动机——安装或支撑风力发动机的配置;风力发动机的桅杆或塔架	5
C25B-009/65	电解槽或其组合件——供电装置;电极连接;槽间电气连接件	6
H02J-003/18	交流干线或交流配电网络的电路装置——网络中调整、消除或补偿无功功率的装置	4

3. 化学储能中的氢能

1) 检索式

在德温特创新索引中利用以下检索式检索得到 1811 件专利:

(TI=(hydrogen) AND TS=(STORAG* near/2 (ENERGY or POWER or LOAD or Electricity)) AND （TS=((power OR electric* OR ENERGY) NEAR/2 (system* or grid* or network*)) or TS=("smart grid*" OR "microgrid*")) not MAN=L03-H05 not TI=(vehicle* or ship* OR phone*)) or (TI=(hydrogen near/2 STORAG*) AND (TS=((power OR electric* OR ENERGY) NEAR/2 (system* or grid* or network*)) or TS=("smart grid*" OR "microgrid*")) not MAN=L03-H05 not TI=(vehicle* or ship* OR phone*))

2) 申请趋势

氢储能在电力系统中应用的发展从 1975 年开始,直至 2002 年都处于萌芽阶段,如图 2.22 所示。2002 年后,氢储能技术开始波动、缓慢地上升。从 2014 年开始,专利申请量的增速开始加大,发展速度开始加快,2021 年达到了 168 项,2022 年为近些年的增长顶峰,有 432 项专利。

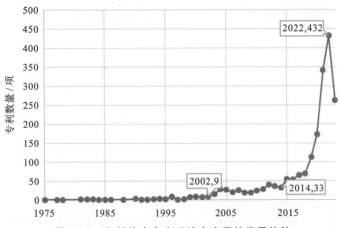

图 2.22　氢储能在电力系统中应用的发展趋势

3）专利布局

从氢储能技术的前 20 项 IPC 专利分类号（见表 2.43）可以看出，氢储能的专利布局主要分为三部分：① 产氢，该部分主要涉及产氢的技术，如电解水（C25B-001/04）、产氢装置、电解槽（C25B-009/00、C25B-009/65、C25B-015/02）等；② 氢的应用，该部分专利布局体现在燃料电池（H01M-008/04、H01M-008/06、H01M-008/0656）上；③ 输配电网络电路装置及管理优化，包括电力系统的负载网络平衡装置、电力系统的优化等，这一部分体现出氢储能在电网中的应用得到了广泛的关注。

表 2.43　氢储能在电力系统中应用的专利布局

类别	IPC 分类号	内容	专利数量/项	占比
氢；含氢混合气；从含氢混合气中分离氢；氢的净化	C01B-003/00	氢；含氢混合气；从含氢混合气中分离氢；氢的净化	77	4.25%
无机化合物或非金属的电解生产	C25B-001/04	通过电解水制氢	443	24.46%
电解槽或其组合件；电解槽构件；电解槽构件的组合件，例如电极-膜组合件，与工艺相关的电解槽特征	C25B-009/00	电解槽或其组合件；电解槽构件；电解槽构件的组合件，例如电极-膜组合件，与工艺相关的电解槽特征	91	5.02%
	C25B-009/65	供电装置；电极连接；槽间电气连接件	210	11.60%

类别	IPC 分类号	内容	专利数量/项	占比
电解槽的操作或维护	C25B-015/02	工艺控制或调节	78	4.31%
	C25B-015/08	反应物或电解液的供给或移除;电解液的再生	77	4.25%
行政;管理	G06Q-010/04	专门适用于行政或管理目的的预测或优化,例如线性规划或"下料问题"	83	4.58%
特别适用于特定商业行业的系统或方法,例如公用事业	G06Q-050/06	电力、天然气或水供应	157	8.67%
燃料电池及其制造	H01M-008/04	辅助装置,例如用于压力控制的、用于流体循环的	134	7.40%
	H01M-008/04082	用于控制反应物参数的装置,例如加压或蒸浓	140	7.73%
	H01M-008/04089	气态反应物的	112	6.18%
	H01M-008/06	燃料电池与制造反应剂或处理残物装置的结合	103	5.69%
	H01M-008/0606	产生气态反应物	76	4.20%
	H01M-008/0656	通过电化学装置	115	6.35%
交流干线或交流配电网络的电路装置	H02J-003/00	交流干线或交流配电网络的电路装置	128	7.07%
	H02J-003/28	用储能方法在网络中平衡负载的装置	341	18.83%
	H02J-003/32	应用有变换装置的电池组	211	11.65%
	H02J-003/38	由两个或两个以上发电机、变换器或变压器对一个网络并联馈电的装置	376	20.76%
	H02J-003/46	发电机、变换器或变压器之间输出分配的控制	142	7.84%
存储电能的系统	H02J-015/00	存储电能的系统	328	18.11%

4）主要专利权人

氢储能技术专利部署的主要专利权人有国家电网有限公司、中国华能集团、西安交通大学、中国南方电网公司、东芝公司、清华大学、中国大唐集团、中国科学院电工研究所、华北电力大学、浙江大学等,如图 2.23 所示。国家电网有限公司以 154 项专利位于首位,位于第二位的中国华能集团有 56 项专利。

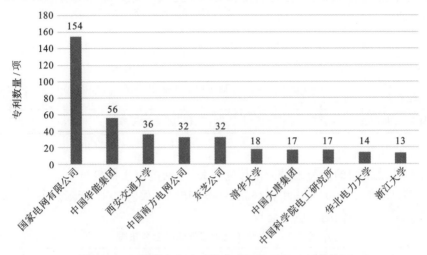

图 2.23　氢储能在电力系统中应用的 TOP10 专利权人

（1）国家电网有限公司。

国家电网有限公司的专利布局相对集中,针对氢储能在电力网络中的应用布局较多（H02J-003/28、H02J-003/38、H02J-003/46）,国家电网有限公司在氢储能上主要布局领域包括输配电网络电路装置、管理系统（G06Q-050/06、G06Q-010/04）、电解水制氢（C25B-001/04）等,如表 2.44 所示。

表 2.44　国家电网有限公司氢储能专利布局

分类	IPC 分类号	内容	专利数量/项
交流干线或交流配电网络的电路装置	H02J-003/28	用储能方法在网络中平衡负载的装置	72
	H02J-003/38	由两个或两个以上发电机、变换器或变压器对一个网络并联馈电的装置	47
	H02J-003/00	交流干线或交流配电网络的电路装置	38
	H02J-003/46	发电机、变换器或变压器之间输出分配的控制	34
	H02J-003/32	应用有变换装置的电池组	31

分类	IPC 分类号	内容	专利数量/项
适用于特定商业行业的系统或方法	G06Q-050/06	电力、天然气或水供应	49
行政;管理	G06Q-010/04	专门适用于行政或管理目的的预测或优化	29
存储电能的系统	H02J-015/00	存储电能的系统	45
无机化合物或非金属的电解生产	C25B-001/04	通过电解水制氢	24
计算机辅助设计(CAD)	G06F-030/20	设计优化、验证或模拟	19

（2）中国华能集团。

中国华能集团的专利布局更多与氢有关，包括电解水制氢（C25B-001/04）、合成法制氨（C01C-001/04）、电解槽（C25B-009/65）等，如表 2.45 所示。另一方面的布局领域是输配电网络的电路装置。

表 2.45　中国华能集团氢储能专利布局

分类	IPC 分类号	内容	专利数量/项
无机化合物或非金属的电解生产	C25B-001/04	通过电解水制氢	26
交流干线或交流配电网络的电路装置	H02J-003/38	由两个或两个以上发电机、变换器或变压器对一个网络并联馈电的装置	18
	H02J-003/28	用储能方法在网络中平衡负载的装置	15
	H02J-003/32	应用有变换装置的电池组	11
	H02J-003/24	在网络中防止或减少功率振荡的装置	7
	H02J-003/46	发电机、变换器或变压器之间输出分配的控制	6
存储电能的系统	H02J-015/00	存储电能的系统	17
电解槽或其组合件	C25B-009/65	供电装置;电极连接;槽间电气连接件	15
适用于特殊用途的机器或发动机	F01D-015/10	适用于驱动发电机或与发电机的组合的装置	12
氨及其化合物	C01C-001/04	合成法制氨	5

（3）西安交通大学。

西安交通大学的专利布局领域主要是输配电网络的电路装置和氢相关领域，包括电解水制氢和电解槽，另外还有管理系统优化方面的专利部局，如表 2.46 所示。

表 2.46　西安交通大学氢储能专利布局

分类	IPC 分类号	内容	专利数量/项
交流干线或交流配电网络的电路装置	H02J-003/28	用储能方法在网络中平衡负载的装置	13
	H02J-003/38	由两个或两个以上发电机、变换器或变压器对一个网络并联馈电的装置	12
	H02J-003/00	交流干线或交流配电网络的电路装置	8
	H02J-003/32	应用有变换装置的电池组	6
	H02J-003/46	发电机、变换器或变压器之间输出分配的控制	5
适用于特定商业行业的系统或方法	G06Q-050/06	电力、天然气或水供应	10
行政；管理	G06Q-010/04	专门适用于行政或管理目的的预测或优化	8
存储电能的系统	H02J-015/00	存储电能的系统	7
无机化合物或非金属的电解生产	C25B-001/04	通过电解水制氢	6
电解槽或其组合件	C25B-009/65	供电装置；电极连接；槽间电气连接件	5

5）技术最新进展

从 2021—2023 年氢储能新出现 IPC 分类号 TOP10 可以看出，氢储能技术与电数字处理的相关度越来越高，朝着智能化、数字化方向逐渐发展，如表 2.47 所示。一方面说明氢储能逐渐转向电力网络中，另一方面说明氢储能正在走向成熟，走向商业化。除此之外，氢储能还在净化氢气、辅助整合不同新能源等方面有发展趋势。

表 2.47　2021—2023 年氢储能新出现的 IPC 分类号 TOP10

IPC 分类号	内容	专利数量/项
G06F-111/04	电数字数据处理——基于约束的 CAD	28
G06F-111/06	电数字数据处理——多目标优化	15
G06F-113/04	电数字数据处理——电网配电网络	13

IPC 分类号	内容	专利数量/项
H02J-003/36	通过高压直流链路在交流网络之间传递电力的装置	11
G06Q-010/067	行政;管理——企业或组织建模	7
G06F-030/27	使用机器学习设计优化、验证或模拟,例如人工智能、神经网络、支持向量机或训练模型	8
G06F-017/10	适用于特定功能的数字计算设备或数据处理设备或数据处理方法——复杂数学运算	7
C01B-021/04	氮的净化或分离	9
F25J-001/02	气体或气体混合物液化或固化的方法或设备,需要使用制冷的气体有氮或氢	8
F24S-020/40	特别适用于特定用途或环境的太阳能集热器——与其他热源结合的太阳能集热器	8

2.4 新型电力系统的网络与信息安全技术

2.4.1 新型电力系统的网络与信息安全技术进展

电力系统是所有基础设施类型中最为复杂也最为关键的系统之一,而新型电力系统的"双高"特性加剧了电力系统网络安全风险。与大多数行业一样,电力行业越来越多地使用数字技术来更好地管理工厂、电网和业务运营,通过集成分布式能源实现清洁能源转型,从而达到保障能源安全的目的。而随着可再生能源的高比例接入、电力电子技术的高渗透、用户侧需求的高速响应以及双向通信网络的高度集成等需求的提出,电网逐渐发展成为电力系统与信息系统高度融合的信息物理电力系统(cyber-physical power system,CPPS)。

相比于传统电力系统,新型电力系统将受到更多故障风险,尤其主动攻击的风险。相比于传统电力系统停电和弹性研究主要关注外部自然灾害引起的被动扰动(被动攻击),CPPS在信息系统叠加下,风险敞口增多,数字系统、电信设备和传感器等元素都为网络犯罪组织提供了额外的切入点,即面临更多类似网络攻击、人类行为等主动攻击风险。这类主动攻击在对 CPPS 的脆弱性、可靠性和恢复力的影响方面与被动攻击有显著不同。从表 2.48 所示的实际停电事件可以观察到,主动攻击更具有针对性,会通过操纵信息侧的信息系统来影响 CPPS。

表 2.48　因网络与物理扰动造成的停电事故

停电事故发生区域	扰动		影响
	网络侧	物理侧	
2003 年美国和加拿大停电事故	由软件缺陷导致的状态估计故障	俄亥俄州发生级联线路跳闸	累计损失负荷 61800 MW;超过 5000 万客户受到影响
2003 年意大利	SCADA 系统部分故障	某 400 kV 线路跳闸,造成线路过载,频率偏低	几乎整个意大利及其 5700 万人口受到影响
2008 年佛罗里达州	继电保护在自动化变电站中失效	电压控制设备着火	约 400 万居民受到影响
2008 年中国华南地区	信息-物理耦合故障,输电塔由于严重的冰风暴和积冰而倒塌		最大负荷 14.82 GW;约 53982 个工业客户和 642 万居民客户受到影响
2015 年乌克兰	SCADA/EMS 系统被劫持和妥协	变电站被劫持的 SCADA 系统关闭	约有 225000 名客户受到影响
2015 年厦门	强台风"莫兰蒂"造成光纤和输电线路故障		影响客户约 300 万户;5 座 500 kV 杆塔、10 座 220 kV 杆塔、1 座 110 kV 输电塔倒塌

尽管物理电网的故障会直接影响电力供应,但现代电力系统中嵌入了许多先进的信息系统,以防止物理连锁故障,从而缓解物理电网故障的影响。然而,信息网络故障可能因失去可控性和可观性而导致大面积停电事故。此外,恶意攻击者可以对 CPPS 的弹性进行更隐蔽、更大规模的攻击。考虑到现代电力系统的信息-物理耦合特性,信息-物理耦合故障给 CPPS 的韧性带来更多挑战,诸如自然灾害、人为破坏、网络攻击、电气设备故障等,如表 2.49 所示。

表 2.49　传统电力系统弹性与 CPPS 弹性的比较

对象	传统电力系统弹性	CPPS 弹性
干扰	自然灾害	自然灾害/网络威胁/网络突发事件/人类行为
脆弱点	物理层次(设备设施)	网络叠加物理层次

对象	传统电力系统弹性	CPPS 弹性
恢复优先级	—	网络侧优先于物理侧
加强与改善	物理设施的优化与调度	先进的 ICT 和信息物理协同技术

CPPS 是智能电网的进一步发展形态,应用于智能电网的信息化技术也是构建 CPPS 的关键技术。在智能电网研究方向的调研上,欧盟联合研究中心(JCR)针对全球 86 个开展智能电网研究的实验室进行了调查,并发布《智能电网实验室清单》,清单显示 91% 实验室在进行配电网相关研究。通信网络(包括用于信号和数据连接的设备和系统以及解决方案,85%)、数字孪生(61%)、数据和网络安全(包括存储库,58%)、人工智能(54%)是数字化、通信和数据研究方面的几个重要方向。大数据技术、云计算、物联网、人工智能、边缘计算等信息技术在 CPPS 的深度应用也为电力系统的可观测性和可控性提供了重要的技术支持。

网络与信息安全已成为电力乃至能源行业事故发生的重要领域。自 2018 年以来,针对电力系统的网络攻击一直在迅速增长,而俄乌战争开启后,涉及能源系统的网络攻击事件数量更是上升到惊人的水平。根据爱迪生电力研究所数据,大型电力公司每天可能面临数千到数百万次潜在的恶意网络"尝试"。2018 年,法国传输系统运营商 RTE 每月遭受超过 1 万次"攻击",而据报道,加州独立系统运营商每月面临数百万次"不受欢迎的通信"。电力行业的网络攻击使风电场的远程控制失效,造成 IT 系统不可用而引起预付费电表中断,并导致大量用户数据反复泄露。应对网络攻击的成本包括与处理网络攻击相关的内部成本(即检测、调查、遏制和恢复),以及与网络攻击后果相关的成本(即业务中断、信息丢失、收入损失和设备损坏)。在全球范围内,2022 年能源行业数据泄露的平均成本达到 472 万美元。

网络攻击虽然不可避免,但需创建一个更具有网络弹性的电力系统,从而使其能够承受、适应并从事件和攻击中快速恢复,以保持电力基础设施运营的连续性。过去的事件及其原因有助于防止攻击再次发生,但对解决新的攻击类型几乎没有帮助。预防和从新型攻击中恢复——包括使用多种攻击机制——需要探索和理解可能对电网产生重大影响的合理情景,如图 2.24 所示。这需要了解资产漏洞,以及强大的态势感知,以知悉攻击者可能危害 IT 和 OT 系统的各种方式,例如访问工业控制系统。

网络攻击者常会以破坏目标系统的过程控制网络(PCN)来对电网造成干扰或引发停电。表 2.50 中分别总结了针对 PCN 攻击的媒介/途径。而通过这些方式,攻击者可以采取三种方式破坏控制网络:切断连接、虚假信息注入和服务拒绝。

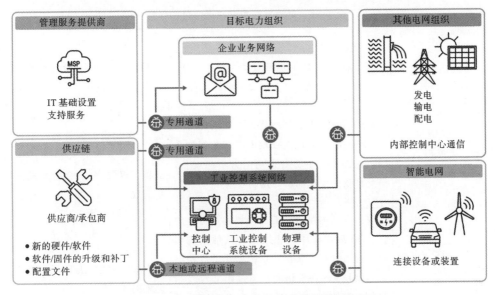

图 2.24　攻击者破坏工业控制系统的潜在途径

切断连接是当攻击者获得 PCN 的完全访问权限后可以向连接的控制系统发送任意指令。虚假信息注入是当攻击者获得部分现场设备控制权限时向控制室发送伪造或修改的数据，引起操作人员的失误，从而导致电网受到影响。服务拒绝是当攻击者不能完全访问 PCN，也不能注入虚假信息时所采取的手段，他们操纵某些设备使其非正常工作或失去功能。表 2.51 中还展示了几种通过上述途径攻击电力系统的具体场景。

表 2.50　针对过程控制网络的攻击途径和程度

攻击媒介/途径	影响范围	攻击难度	影响程度
办公网络的横向进入	单个网络	高	高
物理访问	本地网络	中等	中等
远程维护访问	多端网络	高	高
第三方漏洞	多端网络	高	中等
跨过网闸	本地网络	高	中等
内部攻击	单个网络	低	高
级联效应	多端网络	高	高

表 2.51　电力系统中潜在网络攻击场景

场景	描述	影响
病毒通过 U 盘侵入工业控制系统	攻击者将病毒渗透到工业控制系统中,并威胁要破坏流程并控制受感染的设备	对生产力损失、设备和系统的维修影响较小
网络"钓鱼"攻击,以获得远程访问权限	攻击者首先渗透到网络运营商的综合办公 IT 系统,然后进入被攻击组织的控制系统。这种攻击不针对个别电力系统设备,但允许访问组织的所有控制系统	网络"钓鱼"的直接影响很低,但有相当大的可能广泛传播。根据入侵点和由此产生的访问权限,可能会引发进一步的攻击
SCADA 控制室受损	攻击者利用控制室工程师智能手机上的 SCADA 应用程序或使用任何其他被成功攻击的入口点来获得对系统操作员或发电机 SCADA 的特权访问。通过建立对控制室的远程访问,攻击者可以操纵系统并对发电机组或变电站发动二次攻击	潜在的严重后果取决于二次攻击的程度,从服务中断到设施损坏
OT 资产固件升级或远程维护通信链路泄露	供应商和用于固件更新的资产之间的通信通道被破坏。更改固件更新可用于最终破坏本地网络或操纵操作	单个资产受到攻击时的低到中等影响。这可能是进一步攻击高级控制系统的切入点
通过供应链漏洞破坏设备	设备和部件可能在开发、生产、运输和最终安装前的维护过程中受到损害。例如,在生产过程中可能会引入恶意固件,引入后门来更改继电器设置和设定点	由于在中断事件发生之前检测到的可能性很低,受损的设备可能会导致操作错误,最终导致灾难性影响
通过入侵检测或防御系统强行进入	通过检测和防止入侵系统进行攻击。这类系统通常具有许多资产的访问权限,并以高特权级别运行。许多遗留系统依赖于由此类系统保护的物理安全边界,该系统本质上是具有潜在漏洞的数字工具	潜在的高影响,因为它成为公用事业中许多 OT 资产的入口点
恶意更新智能电表固件,引发大规模断电	攻击者在每个社区的目标智能电表上安装受损的固件。该地区的众多智能电表在主/从分层设置中运行后将成为基于智能电表网络的主人,从而将恶意固件传播到其他智能电表中。恶意固件的范围传播会引起远程连接大规模断开	公用事业失去了传感器和计费功能,影响了市场参与,但如果这引发大量同时断开的负载,也可能影响输配电网络

续表

场景	描述	影响
操纵大量可能缺乏强大网络安全保护的网络边缘设备	有越来越多的分布式能源（如分布式发电、表后储能、电动汽车和充电器），以及高功率连接设备（如空调、热泵）。预计这些设备将具有用于固件更新的外部接口、用户的远程可访问性以及聚合器或其他第三方的可能可访问性。上述基于网络钓鱼、固件更新通道、供应链问题或针对运营商的 SCADA 攻击的场景可能被用来攻击这些资产并引发大规模脱扣	在成功的大规模攻击和断开连接的情况下，对系统稳定性存在较高影响

2.4.2　新型电力系统的网络与信息安全文献分析

在 web of science 数据库核心合集中按下列检索式进行检索：

（TS＝（CPS OR "cyber physical system*"）OR TS＝（"POWER system*" OR "POWER GRID*" OR "ELECTRIC* grid*" OR "ELECTRIC* system*" OR "ENERGY grid*" OR "ENERGY system*" OR "SMART grid*" OR "POWER NETWORK" OR "ELECTRIC* NETWORK"））AND（TI＝（cyber* OR INFORMAT* OR NETWORK*）OR AK＝（cyber* OR INFORMAT* OR NETWORK*））AND（TS＝（（cyber* OR INFORMAT* OR NETWORK*）near/2（attack* OR RISK* OR THREAT* OR SECURITY or safty OR resili* or defens*））OR TS＝（cyberattack* OR cybersecurity OR cyberTHREAT* OR CYBERRISK* OR cyberdefens*））

检索类型为 article，检索时间为 2024 年 1 月 8 日，共检索出 3815 篇文献。

1. 基于论文的新型电力系统网络与信息安全领域重要技术分析

根据论文主要关键词的共现关系挖掘关键技术，关键词共现分析是指分析文献中关键词同时出现的频率，如果两个关键词共现率高，则表明它们涉及相同或相关的主题。筛选自相关性大于 0.1 的关键词，挖掘新型电力系统网络与信息安全领域的重要技术，新型电力系统网络与信息安全论文关键词共现（部分）如表 2.52 所示。

表 2.52　新型电力系统网络与信息安全论文关键词共现(部分)

记录数量		1112	867	125	564
记录数量	关键词	Cyber Security	Cyber Physical Systems	Deep Learning	Cyber Attacks
1112	Cyber Security	1			
536	Smart Grid	0.33			
867	Cyber Physical Systems	0.301			
144	Machine Learning	0.182			
131	Internet of Things	0.181			
125	Deep Learning	0.156			
564	Cyber Attacks	0.152	0.169		
76	Computer Crime	0.151			
77	Industrial Control Systems	0.15			
182	Power Systems				
121	Intrusion Detection			0.163	

　　从表格中可以看出,网络安全与智能电网的相关性最高,自相关值达到 0.33。智能电网依赖于先进的信息和通信技术来实现其功能,如实时数据收集、远程控制和自动化决策,其高度数字化和网络互联使智能电网依赖于网络安全。智能电网收集和处理大量敏感数据,如用户的用电数据和设备状态,探讨如何保护这些数据安全和用户隐私是网络安全的关键任务。随着智能电网技术的发展和应用的扩大,网络安全将仍是电力系统研究的核心议题。

　　网络安全与网络物理系统的相关性也较高,自相关值达到 0.301。网络物理系统(CPS)是集成计算、网络和物理过程的系统,智能电网是典型的 CPS,它通过先进的计算和网络技术控制和监控物理电力系统。由于 CPS 的复杂性和开放性,智能电网面临多种安全威胁,包括网络攻击、数据泄露和系统入侵等。这些威胁不仅影响信息系统,还可能导致物理系统的损坏。在智能电网中,计算系统(如数据分析、控制算法)和物理系统(如电力生成、传输设施)紧密集成。因此网络安全在该环境中至关重要,因为网络攻击或故障都可能直接影响物理系统的运行。综合来看,网络安全在物理系统中的重要性源于其在确保系统的完整性、可靠性和抵抗外部威胁方面的关键作用,对于智能电网来说,网络安全不仅是信息技术的问题,也是整个物理系统安全和稳定运行的基石。因此,网络安全成为新型电力系统网络与信息安全领域的一个重要研究方向。

网络攻击与电力系统的相关性也值得关注。网络攻击与电力系统的相关性主要由于电力系统的关键性、智能化带来的网络脆弱性以及与外部世界的互联互通性。随着电力系统向智能电网的转型,系统越来越依赖于网络化和数字化技术,如远程监控、自动化控制和数据分析,这些技术的应用增加了系统对网络攻击的脆弱性。因此,在新型电力系统网络与信息安全领域,关注网络攻击的风险、防御措施和应急响应策略是重要的研究方向。

深度学习与入侵检测的相关性较为明显。一方面,新型电力系统生成了大量复杂的数据,包括操作日志、网络流量、系统状态和用户行为数据,深度学习处理和分析大规模、高维度的数据,能够识别潜在的异常和威胁。另一方面,随着网络攻击的复杂性和隐蔽性,传统的基于规则的入侵检测系统可能无法有效识别新型或复杂的攻击模式,深度学习能够自动学习和识别入侵行为的特征,提高检测精度和效率。此外,智能电网需要实时监控和快速响应网络安全威胁,深度学习模型可以实时分析网络流量和系统日志,快速识别异常行为,支持及时响应和缓解策略。总体而言,深度学习在新型电力系统网络与信息安全领域的应用,特别是在入侵检测方面,提供了强大的识别和响应工具。随着技术的发展,深度学习在电力系统网络安全方面的应用可能会进一步扩展,包括更先进的预测模型和自动化响应机制。

2. 基于论文的新型电力系统网络与信息安全领域前沿技术分析

对新型电力系统网络与信息安全领域 2023 年发表的最新论文涉及的重点技术进行研究,主要基于高被引论文涉及的重点技术进行分析,总结新型电力系统网络与信息安全论文中所体现的重要技术。新型电力系统网络与信息安全领域论文被引次数排名前 10 的重点论文如表 2.53 所示。

表 2.53　新型电力系统网络与信息安全领域重点论文被引次数

论文名称	中文名称	期刊	期刊影响因子	被引次数	作者机构
Differential Evolution Based Three Stage Dynamic Cyber-Attack of Cyber-Physical Power Systems	基于差分进化的网络物理电力系统三阶段动态网络攻击	IEEE-ASME TRANSACTIONS ON MECHATRONICS	6.4	27	浙江大学、成都大学、浙江师范大学、得克萨斯农工大学

续表

论文名称	中文名称	期刊	期刊影响因子	被引次数	作者机构
Peer-to-Peer Energy Trading Under Network Constraints Based on Generalized Fast Dual Ascent	基于广义快速双升的网络约束下的点对点能源交易	IEEE TRANSACTIONS ON SMART GRID	9.6	24	浙江理工大学、美国国家可再生能源实验室、浙江大学
A New False Data Injection Attack Detection Model for Cyberattack Resilient Energy Forecasting	用于网络攻击弹性能源预测的新型虚假数据注入攻击检测模型	IEEE TRANSACTIONS ON INDUSTRIAL INFORMATICS	12.3	15	阿米尔卡比尔技术大学、Tarbiat Modares 大学、普渡大学、Tabriz 大学、伊斯坦布尔 Ticaret 大学
Sequential Detection of Replay Attacks	重放攻击的顺序检测	IEEE TRANSACTIONS ON AUTOMATIC CONTROL	6.8	13	乌普萨拉大学
Switched Event Triggered H∞ Security Control for Networked Systems Vulnerable to Aperiodic DoS Attacks	针对易受周期性 DoS 攻击影响的网络系统的交换式事件触发 H∞ 安全控制	IEEE TRANSACTIONS ON NETWORK SCIENCE AND ENGINEERING	6.6	12	安徽理工大学
Incorporation of Blockchain Technology for Different Smart Grid Applications：Architecture, Prospects，and Challenges	将区块链技术融入智能电网应用:架构、前景与挑战	ENERGIES	3.2	12	巴基斯坦塔克西拉工程技术大学、浙江大学、密苏里科技大学、维多利亚大学

续表

论文名称	中文名称	期刊	期刊影响因子	被引次数	作者机构
Real-time management of distributed multi-energy resources in multi-energy networks	多能源网络中分布式多能源资源的实时管理	SUSTAINABLE ENERGY GRIDS & NETWORKS	5.4	9	澳大利亚国立大学、Fac Engn 大学
Robustness assessment of power network with renewable energy	可再生能源电力网络的鲁棒性评估	ELECTRIC POWER SYSTEMS RESEARCH	3.9	9	江苏师范大学
Attack Detection in Automatic Generation Control Systems using LSTM-Based Stacked Autoencoders	使用基于 LSTM 的堆叠式自动编码器检测自动生成控制系统中的攻击	IEEE TRANSACTIONS ON INDUSTRIAL INFORMATICS	12.3	9	新南威尔士大学、南洋理工大学
A Novel Evasion Attack Against Global Electricity Theft Detectors and a Countermeasure	针对全球电感探测器的新型规避攻击及对策	IEEE INTERNET OF THINGS JOURNAL	10.6	8	纽约州立大学理工学院、本哈大学、卡塔尔大学、田纳西理工大学、阿卜杜勒阿齐兹国王大学

根据 TOP10 被引量的论文研究主题,可以分析出新型电力系统安全稳定机理领域的前沿研究内容包括以下三类。

(1) 网络安全攻击与防御策略。

网络安全攻击与防御策略关注电力系统网络攻击的检测、预防和响应策略。重点技术包括假数据注入攻击检测、重放攻击的连续检测、对抗全球电力盗窃检测器的规避攻击等。主要应用深度学习、机器学习和其他高级数据分析技术来识别和应对复杂的网络攻击模式。

（2）电力系统的优化与管理。

电力系统的优化与管理关注电力系统中的能源交易、资源分配和系统鲁棒性评估，包括点对点能源交易优化、多能源网络中资源的实时管理和含可再生能源电网的鲁棒性评估。主要是利用优化算法、实时数据处理和系统动态分析来提高电力系统的效率和稳定性。

（3）新兴技术在电力系统中的应用。

新兴技术在电力系统中的应用主题主要关注探索区块链、物联网和自动化技术在智能电网中的应用，包括区块链在智能电网中的应用、事件触发的安全控制策略等。技术集中于区块链在增强数据安全和透明度方面的潜力，以及自动化控制系统在提高电网抵抗网络攻击方面的作用。

2.4.3 新型电力系统的网络与信息安全专利分析

在该领域相关文献调研的基础上，构建新型电力系统网络与信息安全专利检索式。在德温特创新索引（DII）全球专利数据库中进行专利检索。专利数据清洗后，共获得 1533 项专利数据。本次专利检索日期为 2024 年 1 月 8 日，本报告对检索日之后 DII 数据库中新增的专利数据不负责。利用科睿唯安 DDA 专利分析工具，对检索得到的 1533 项专利数据进行专利计量学分析和深度信息挖掘。

专利检索式构建如下：

(TS＝(CPS OR "cyber physical system* ") OR TS＝("POWER system* " OR " POWER GRID* " OR " ELECTRIC* grid* " OR " ELECTRIC* system* " OR " ENERGY grid* " OR " ENERGY system* " OR " SMART grid* " OR " POWER NETWORK" OR " ELECTRIC* NETWORK")) AND (TI＝(cyber* OR INFORMAT* OR NETWORK*)) AND (TS＝((cyber* OR INFORMAT* OR NETWORK*) near/2 (attack* OR RISK* OR THREAT* OR SECURITY orsafty OR resili* or defens*)) OR TS＝(cyberattack* OR cybersecurity OR cyberTHREAT* OR CYBERRISK* OR cyberdefens*))

1. 专利申请趋势分析

根据技术专利申请量随时间的变化情况分析该技术领域的专利发展态势，揭示出技术的发展时间和历程，反映目前技术所处的发展阶段。

如图 2.25 所示，总体来看，全球新型电力系统网络与信息安全领域的专利数量呈持续增长趋势，该领域的首项专利出现于 1995 年，在二十多年的发展过程中，该领域的专利申请经历了较为明显的三个发展阶段，分别是：① 萌芽期（1995—2009 年），该阶段每年的专利数量较少，年专利数量不足 10 项；② 缓慢发展期

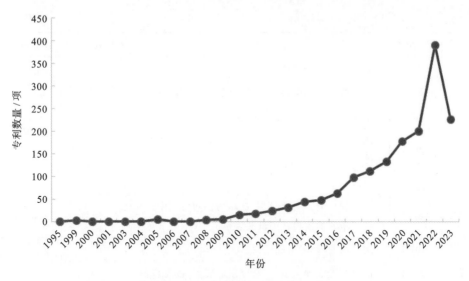

图 2.25 全球新型电力系统网络与信息安全领域的专利年代分布

(2010—2016 年),该阶段专利数量增长趋势明显,专利数量总体呈缓慢发展态势;
③ 快速增长期(2017 年至今),专利数量呈快速增长趋势,2018 年专利数量首次突
破 100 项,2022 年较 2017 年专利数量增加了 292 项。

2. 专利技术布局分析

基于全球公认的 IPC 分类法看全球新型电力系统网络与信息安全领域的专
利技术分布。通过技术分布分析来揭示该领域全球新型电力系统网络与信息安全
领域的重点方向和最近几年的新兴创新技术。

从表 2.54 可以看出,"数字信息的传输"领域的专利数量最多,专利数量为
632 项,占比达到 41.23%;"专门适用于行政、商业、金融、管理或监督目的的信息
和通信技术""电数字数据处理技术"和"供电或配电的电路装置或系统;电能存储
系统"这三个领域的专利数量占比也较大,达到 20% 以上。表明新型电力系统网
络与信息安全领域的技术分布较为分散,技术聚焦的主题较多,整体以数字信息的
传输为主,重视对电力系统中数字的处理。

表 2.54 专利数量较多的前 10 个 IPC 小类分析

序号	IPC 小类	技术内容	专利数量/项	数量占比
1	H04L	数字信息的传输,例如电报通信	632	41.23%
2	G06Q	专门适用于行政、商业、金融、管理或监督目的的信息和通信技术	569	37.12%

续表

序号	IPC 小类	技术内容	专利数量/项	数量占比
3	G06F	电数字数据处理技术	419	27.33%
4	H02J	供电或配电的电路装置或系统;电能存储系统	365	23.81%
5	G06N	基于特定计算模型的计算机系统	200	13.05%
6	G06K	图形数据读取;数据表达;记录载体;处理记录载体	83	5.41%
7	H04W	无线通信网络	61	3.98%
8	G05B	一般的控制或调节系统及其功能单元;用于该系统或单元的监视或测试装置	51	3.33%
9	G01R	测量电变量;测量磁变量	45	2.94%
10	G08B	信号装置或呼叫装置;指令发信装置;报警装置	33	2.15%

对专利数量较多的前 20 个完整的 IPC 分类号进行分析,如表 2.55 所示。从技术的整体分布来看,全球新型电力系统网络与信息安全领域的专利主要分布在"适用于电力供应的信息和通信技术""用于数字信息的传输的网络安全协议",表明电力系统的数字化和网络化正在迅速发展,对信息和通信技术的依赖增强;网络安全协议在新型电力系统中具有重要作用,能够确保电力供应系统的稳定和安全,反映了电力系统对保护关键基础设施免受网络攻击和其他安全威胁的重视。

表 2.55 专利数量较多的前 20 位 IPC 分类号分析

技术领域	IPC 分类号	技术内容	专利数量/项	时间跨度/年	近三年申请量占比
专门适用于行政、商业、金融、管理或监督目的的信息和通信技术	G06Q-050/06	适用于电力供应的信息和通信技术	527	2011—2023	55.41%
数字信息的传输	H04L-009/40	用于数字信息的传输的网络安全协议	316	2016—2023	86.71%
专门适用于行政、商业、金融、管理或监督目的的信息和通信技术	G06Q-010/06	资源、工作流程、人员或项目管理	290	2010—2023	44.14%
数字信息的传输	H04L-029/06	以协议为特征的数字信息的传输	269	2008—2023	16.73%

续表

技术领域	IPC 分类号	技术内容	专利数量/项	时间跨度/年	近三年申请量占比
供电或配电的电路装置或系统;电能存储系统	H02J-003/00	交流干线或交流配电网络的电路装置	175	2009—2023	57.14%
供电或配电的电路装置或系统;电能存储系统	H02J-013/00	对网络情况提供远距离指示的电路装置;对配电网络中的开关装置进行远距离控制的电路装置	166	2010—2023	57.23%
专门适用于行政、商业、金融、管理或监督目的的信息和通信技术	G06Q-010/0635	企业或组织活动的风险分析	98	2017—2023	85.71%
专门适用于行政、商业、金融、管理或监督目的的信息和通信技术	G06Q-010/04	专门适用于行政或管理目的的预测或优化	90	2013—2023	56.67%
数字信息的传输	H04L-012/24	用于维护或管理的装置	87	2010—2022	26.44%
基于生物学模型的计算机系统	G06N-003/08	神经网络学习方法	74	2013—2023	78.38%
用于支持网络服务或应用程序的网络布置或协议	H04L-067/12	适用于专有或专用联网环境的网络布置或协议	72	2018—2023	90.28%
数字信息的传输	H04L-029/08	传输控制规程	69	2010—2023	17.39%
用于阅读或识别印刷或书写字符或者用于识别图形	G06K-009/62	应用电子设备进行识别的方法或装置	67	2018—2023	64.18%
供电或配电的电路装置或系统;电能存储系统	H02J-003/38	由两个或两个以上发电机、变换器或变压器对一个网络并联馈电的装置	61	2008—2023	52.46%

续表

技术领域	IPC 分类号	技术内容	专利数量/项	时间跨度/年	近三年申请量占比
基于特定计算模型的计算机系统	G06N-003/04	体系结构	60	2016—2023	70.00%
防止未授权行为的保护计算机及其部件、程序或数据的安全装置	G06F-021/55	检测本地入侵或实施对策	56	2014—2023	48.21%
数字信息的传输	H04L-041/14	网络分析或设计	49	2017—2023	75.51%
电数字数据处理	G06F-030/20	设计优化、验证或模拟	43	2019—2023	72.09%
专门适用于行政、商业、金融、管理、监督或预测目的的数据处理系统或方法	G06Q-010/00	行政;管理	42	2010—2023	73.81%
数字信息的传输	H04L-009/32	包括用于检验系统用户的身份或凭据的装置	41	2009—2023	63.41%

从技术 IPC 分布的时间跨度来看,专利数量最多的 IPC 为"适用于电力供应的信息和通信技术",专利申请时间跨度相对较大,且近三年的申请量占比达到一半以上,表明与电力供应相关的信息通信技术是保障新型电力系统网络与信息安全的重要技术,且该类技术近三年的活跃度较高。随着电力系统的现代化和数字化,该类技术在保护系统免受网络攻击和数据泄露方面发挥重要作用。在专利 IPC 分布中,有 15 种 IPC 领域的专利在近三年的申请量达到 50% 以上,说明该领域的创新技术迅速增长,对新的安全技术的需求也在不断上升。这些专利集中于新的解决方案和技术以解决网络安全威胁,尤其是保护关键能源基础设施。

根据近三年来专利申请的占比情况可以发现,"适用于专有或专用联网环境的网络布置或协议"(90.28%)、"用于数字信息的传输的网络安全协议"(86.71%)、"企业或组织活动的风险分析"(85.71%)、"神经网络学习方法"(78.38%)等技术方向在最近三年的专利申请活动非常活跃,近三年的专利数量占全部专利的 70% 以上。"用于数字信息的传输的网络安全协议"专利数量较多,且近三年的专利申请量占比大,说明该类技术在近三年得到重视和布局,在新型电力系统网络信息安全方面占有重要地位。"适用于专有或专用联网环境的网络布置或协议"的专利时间跨度较小,说明该类技术在近年来得到关注和发展,该类专利通常涉及为电力系统设计的特定网络安全解决方案,如加强的加密协议、安全认证机制和数据完整性保障,确保电力系统网络通信安全、有效,特别是在控制关键基础设施和传输敏感数据方面。在新型电力网络和信息安全中,神经网络学习方法的专利也发挥重要作用,该方法可以利用人工智能和机器学习技术,提高电力系统的数据分析和安全监测能力,从大量数据中识别复杂模式和潜在威胁,帮助电力系统更有效地预测和应对网络攻击。此外,神经网络相关的专利也能优化电网的运行效率,提高能源分配的智能化水平。

3. 主要专利权人及其重点技术

基于专利数量分析全球新型电力系统网络与信息安全领域的主要专利权人,如图 2.26 所示,TOP10 专利权人分别为国家电网有限公司、中国南方电网公司、华北电力大学、浙江大学、通用电气公司、东南大学、武汉大学、南京邮电大学、湖南大学、北京邮电大学。国家电网有限公司的专利数量远高于其他的专利权人,表明国家电网有限公司在新型电力系统网络和信息安全领域具有领先地位,在相关技术方面具有重要布局;中国南方电网公司的专利数量排名第二,表明新型电力系统网络和信息安全领域的主要技术由我的两个电网公司研发布局,技术具有较强的实用性和可应用性。除了企业以外,高校是专利布局的主力,华北电力大学、浙江大学、东南大学、武汉大学等高等院校在新型电力系统网络与信息安全领域的研

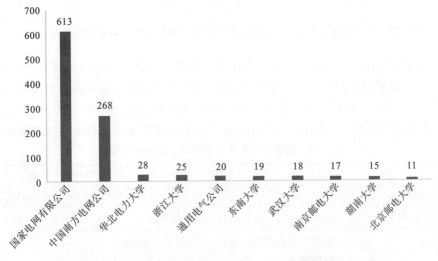

图 2.26　全球新型电力系统网络与信息安全领域的主要专利权人

究方面也取得了一些成果,但高校的专利数量相对较少。

1) 国家电网有限公司

国家电网有限公司在新型电力系统网络与信息安全领域的专利数量为 613 项,专利数量年份分布如图 2.27 所示。国家电网有限公司的专利申请时间始于 2009 年,2009—2013 年专利数量呈缓慢增长趋势,专利数量不超过 10 项;2014—2021 年该机构的专利在波动中呈波浪式增长;2022 年专利数量急剧增长,达到专利数量的最高峰,为 168 项。

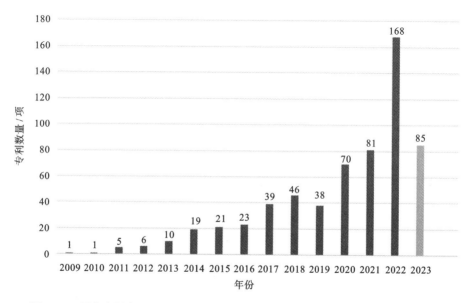

图 2.27 国家电网有限公司新型电力系统网络和信息安全领域专利数量年份分布

国家电网有限公司的重点专利技术分析如表 2.56 所示,该机构的重点专利技术领域主要为"适用于电力供应的信息和通信技术""适用于电力供应的资源、工作流程、人员或项目管理""数字信息传输的网络安全协议"。表明国家电网有限公司不仅重视电力系统的信息化和数字化,还着重于提高网络安全和优化管理效率。

表 2.56 国家电网有限公司的重点专利技术分析

序号	IPC 分类号	技术领域	专利数量/项	在该机构专利总量占比
1	G06Q-050/06	适用于电力供应的信息和通信技术	260	42.41%
2	G06Q-010/06	适用于电力供应的资源、工作流程、人员或项目管理	140	22.84%

续表

序号	IPC 分类号	技术领域	专利数量/项	在该机构专利总量占比
3	H04L-009/40	数字信息传输的网络安全协议	101	16.48%
4	H04L-029/06	以协议为特征的数字信息的传输	85	13.87%
5	H02J-003/00	交流干线或交流配电网络的电路装置	81	13.21%
6	H02J-013/00	对网络情况提供远距离指示的电路装置;对配电网络中的开关装置进行远距离控制的电路装置	62	10.11%
7	G06Q-010/0635	专门适用于电力供应的企业或组织活动的风险分析	52	8.48%
8	G06Q-010/04	专门适用于行政或管理目的的预测或优化	45	7.34%
9	G06N-003/08	神经网络学习方法	33	5.38%
10	H04L-012/24	数字信息传输的用于维护或管理的装置	33	5.38%

2) 中国南方电网公司

中国南方电网公司在新型电力系统安全稳定机理领域拥有专利数量为 268 项,专利数量年份分布如图 2.28 所示,该机构专利申请始于 2008 年,2011 年前,该机构的专利数量少且不连续;2012—2016 年专利数量开始缓慢增长,年均专利

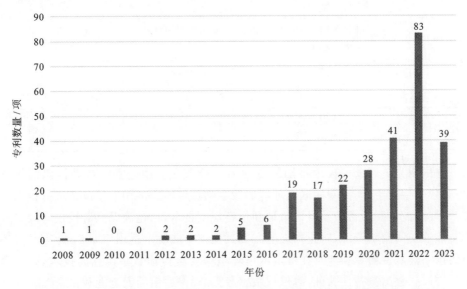

图 2.28　中国南方电网公司新型电力系统网络与信息安全领域专利数量年份分布

不超过 10 项;2017—2023 年专利数量呈快速增长趋势,2022 年专利数量最多,为 83 项,表明 2016 年后该机构开始重视新型电力系统网络与信息安全领域的技术研发和专利保护。

对中国南方电网公司的重点专利技术进行分析,如表 2.57 所示,该机构的重点专利的 IPC 分布与国家电网有限公司的相似,重点专利技术领域同样是"专门适用于电力供应的信息和通信技术",表明适用于电力供应的信息和通信技术是新型电力系统网络和通信安全领域的重点技术。

表 2.57 中国南方电网公司的重点专利技术分析

序号	IPC 分类号	技术领域	专利数量/项	在该机构专利总量占比
1	G06Q-050/06	专门适用于电力供应的信息和通信技术	130	48.51%
2	G06Q-010/06	专门适用于电力供应的资源、工作流程、人员或项目管理	76	28.36%
3	H04L-009/40	数字信息传输的网络安全协议	57	21.27%
4	H04L-029/06	以协议为特征的数字信息的传输	35	13.06%
5	H02J-003/00	交流干线或交流配电网络的电路装置	32	11.94%
6	H02J-013/00	对网络情况提供远距离指示的电路装置;对配电网络中的开关装置进行远距离控制的电路装置	27	10.07%
7	G06Q-010/0635	专门适用于电力供应的企业或组织活动的风险分析	24	8.96%
8	G06Q-010/04	专门适用于行政或管理目的的预测或优化	20	7.46%
9	G06K-009/62	应用电子设备进行识别的方法或装置	16	5.97%
10	H04L-067/12	适用于专有或专用联网环境的数字信息传输	16	5.97%

中国南方电网公司较为特别的专利 IPC 分布在应用电子设备进行识别的方法/装置和适用于专有/专用联网环境的数字信息传输。应用电子设备进行识别的方法/装置类专利通常涉及身份验证和设备识别技术,通过确保只有授权的用户和设备能够访问网络资源,防止数据泄露和其他安全威胁。适用于专有/专用联网环境的数字信息传输专利涉及在特定网络环境中安全传输数字信息的技术,如加密通信协议和数据完整性验证,对保护敏感数据、确保通信的安全性和保密性较为重要,特别是在关键基础设施和企业数据中心中。

4. 技术最新发展动向

近三年来,全球新型电力系统网络和信息安全领域的专利涉及多个新的 IPC 技术分类。为揭示该领域的最新专利技术,对包含专利数量相对较多的新 IPC 技术领域进行分析,如表 2.58 所示。新的 IPC 包括基于特定指标的监测或测试、电数字数据模式识别的分类技术、基于模拟的虚拟个体或集体生命形式(如社会模拟或粒子群优化)、神经网络的反向传播学习方法等。神经网络中的组合网络、利用计算机系统推理方法或设备以及同相分量分配的控制也是关注的热点,反映了专利权人对提高电力系统网络和信息安全能力的持续研究,以及在该过程中人工智能和机器学习技术的重要作用。

表 2.58　近三年全球新型电力系统网络和信息安全领域专利新涉及的技术领域

序号	IPC 分类号	技 术 领 域	专利数量/项
1	H04L-043/08	基于特定指标的监测或测试	11
2	G06F-018/24	电数字数据模式识别的分类技术	10
3	G06N-003/006	基于模拟的虚拟个体或集体生命形式,例如社会模拟或粒子群优化	10
4	G06N-003/084	神经网络的反向传播学习方法	10
5	G06V-010/82	使用神经网络理解图像或视频	10
6	H04L-041/142	使用统计或数学方法的电通信技术	10
7	H04L-041/16	利用机器学习或人工智能的数字信息传输	10
8	G06N-003/045	神经网络中的组合网络	9
9	G06N-005/04	利用计算机系统推理方法或设备	9
10	H02J-003/48	同相分量分配的控制	9

2.5　小　　结

造成电网失稳的因素众多,从不同的环节来看,发电端引发的电网失稳是由可再生能源的特征引起的,输配电环节的电网失稳是由软、硬件故障直接引起的。电力系统作为重要的基础设施,保障电网稳定不仅关系着电力系统安全、社会稳定、经济发展,更是国家能源安全的保障。

本章选择四个保障电网稳定的技术方案研判新型电力系统电网安全的发展动态,这四个技术方案分别是新型电力系统安全稳定机理及优化运行研究、多时间尺度新能源发电功率预测技术、新型储能技术以及新型电力系统的网络与信息安全技术。

在可再生能源大规模并网、智能电网和数字化技术发展的背景下,新型电力系统安全稳定机理的研究在电力系统领域呈增长趋势。新型电力系统中可再生能源集成与优化、电力系统动态稳定性与控制技术、电力系统规划与调度、电力系统数字化与模拟技术是前沿研究问题,也是保障新型电力系统安全稳定的重要突破点。新型电力系统安全稳定机理的相关专利以供电或配电的电路装置或系统、电能存储系统为主,我国的国家电网有限公司、中国南方电网公司和华北电力大学是主要专利申请机构,它们的专利重点均为供电或配电的装置类技术,例如并联馈电的装置、防止或减少功率振荡的装置、交流干线或交流配电网络的电路装置等。

风、光等新能源的间歇性、波动性是造成新型电力系统电网安全的主要因素,做好这些新能源发电功率的预测是保障电网安全的有效方案。短期和超短期发电功率预测是该领域的发展趋势,也是研究难点。借助人工智能等前沿信息技术是提高预测工作效率的主流方法。在功率预测专利上,我国的国家电网有限公司、中国南方电网公司、中国华能集团是主要专利申请机构,它们的专利布局相差不大,都是聚焦计算机相关的领域,如模式识别、基于生物学的计算模型等。

新型储能是稳定新能源发电波动的另一项有效技术。新型储能形式多样,分为电化学储能、机械储能、化学储能等。电化学储能以锂离子电池为代表,研究重点包括电池制造材料(如电解质、电极等)和电池的能源管理(包括电池健康、电池寿命和电池安全等在内的领域)。锂离子电池领域布局较多的机构是国家电网有限公司,布局领域主要是电池的检测和测试。机械储能中的压缩空气储能研究较少,研究重点在其应用的经济性上,包括嵌入其他工业系统实现废热回收、热物理研究等方面的研究。中国华能集团在压缩空气储能布局较多,主要是零件、发动机和能量转换装置等方面的专利。化学储能以氢气储能为代表,其主要研究方向是制氢和氢的运输、储存。国家电网有限公司在氢气储能方面的专利申请较多,主要是产氢方面的专利,特别是与电解槽相关的。

新型电力系统依赖于先进的信息和通信技术优化电力的生成、分配和使用,网络和信息安全是确保电网可靠和高效运行的关键。新型电力系统安全稳定机理领域的前沿研究重点关注网络安全攻击与防御策略、电力系统的优化与管理、新兴技术(如区块链、物联网、自动化技术等)在电力系统中的应用。我国的国家电网有限公司和中国南方电网公司是主要专利权人,它们不仅重视电力系统的信息化和数字化,还着重于提高网络安全和优化管理效率,主要专利布局在适用于电力供应的信息和通信技术、适用于电力供应的管理技术、数字信息传输的网络安全协议等。

第 3 章 极端气候条件下电网技术发展及科技创新发展分析

极端气候一般指的是一定地区在一定时间内出现的历史上罕见的气象事件，其发生概率通常小于 5%。当前，随着全球气候变化越加频繁，极端气候的发生频率越来越快，破坏规模越来越大，对电力生产、运输和供应的安全风险影响也在加剧，因此从保障电网安全的角度，本章重点调研了不同的极端气候条件对电网安全带来的影响及主要国家保障电网安全的应对措施，全面分析了全球范围内保障电网安全的科技创新研究成果及最新研发进展，从而为在极端气候条件下保障电网安全方法和技术提供参考咨询。

3.1 典型极端气候对新型电力系统电网安全的影响

3.1.1 极端气候的概念和特点

极端气候总体可以分为极端高温、极端低温、极端干旱、极端降水等几类，具体表现为高温、干旱、雷电、冰雹、霜冻、大雾、暴雨(雪)、寒潮、台风、龙卷风等气象类型，极端气候往往造成严重的自然气象灾害。极端气候事件通常具有发生概率小、偶发性强、破坏性严重、社会影响大等特点。

气候变化正在导致全球极端气候事件更加频繁、更加严重。据不完全统计，2021 年全球极端天气事件多达 432 次，远超 2001—2020 年间的极端天气事件总数。政府间气候变化委员会(IPCC)气候科学报告《气候变化 2021：自然科学基础》指出，人类活动引起的气候变化已经影响了全球各个地区的极端天气与气候事件，未来任何的持续增暖都会引起愈加频繁和严重的极端事件。2021 年 8 月，世界气象组织(WMO)发布综合报告《天气、气候和水极端事件造成的死亡人数和经济损失图集(1970—2019)》，对 1970—2019 年天气、气候和水等极端事件造成灾害的死亡人数和经济损失进行了全面的总结，结果表明：气候和水的危害占所有灾害的50%，死亡人数占比 45%，经济损失占比 74%。受极端气候事件频发的影响，在过去 50 年间，灾害数量增加了 5 倍，灾害损失增加 7 倍多。2021 年，北美多地出现罕见高温天气,欧洲遭遇了创纪录的暴雨袭击和洪涝灾害。2023 年夏天,异常高温天气袭击北半球,欧洲遭遇 500 年来最严重干旱,上千人因热浪死亡,英国发布有史以来首个"极端高温"红色预警。随着未来全球气候进一步增暖,极端气候的发生概率和强度都将有所增加。

3.1.2 极端气候对新型电力系统电网安全的影响

构建新型电力系统是我国"双碳"目标下电力结构转型发展的路径选择。新型电力系统以新能源为主体,鼓励绿电消费,减少对煤炭发电的依赖。而风电、光伏、水电等绿电都是典型的气候依赖型和环境约束型电源,其发电出力完全是"看天吃饭",随天气变化而波动,极端气候条件下出力更是"大起大落",这严重威胁新型电力系统的安全稳定运行。相对于传统电力系统,新型电力系统受到气候因素的驱动作用日趋显著,更加容易受到极端气候的威胁和影响。从电源侧来看,新型电力系统主要以新能源发电为主体,突然造访的极端天气会造成风电、光伏、水电出力骤降;从电网侧来看,极端气候会对输电线路、杆塔、变电站、配电站等电力基础设施造成严重损毁;从负荷侧来看,极端天气会引起负荷在短时间内激增,导致供需失衡;在储能侧,像抽水储能等设施与项目也会受到极端干旱等的威胁。因此,构建以安全为前提的新型电力系统,需要更加重视气候变化"新常态",更加关注极端气候对其的影响,亟需探讨如何增强新型电力系统应对极端气候的能力。

新型电力系统"源网荷储"协调互动示意图如图 3.1 所示。

3.1.2.1 全球极端气候影响电网安全的典型案例

电力系统作为重要的能源基础设施,其安全稳定运行极易受极端气候影响。近年来,在全球范围内发生了多起因极端气候引发的影响力大、破坏性强的大规模电网安全事件。这些事件造成了电力基础设施的严重破坏,带来电网故障,大范围、长时间的停电还造成了大量的人员伤亡和财产经济损失(见表 3.1)。

根据几个典型案例做详细分析,具体如下。

1. 美国发电侧安全保障措施——得州 2021 年 2 月极寒天气导致大停电事故

1)事故的发生及影响

2021 年 2 月 8~20 日,美国南部得克萨斯州(简称得州)遭遇极寒天气(降雪、冰冻等)诱发的大面积停电事故。得州和周边地区共有 1045 台发电机组(装机量19.3 万兆瓦)遭遇故障停运和无法开机(发生了 4124 次停电、减额或无法启动事件)。事故最严重的 2 月 15 日早上 7 点至 2 月 17 日下午 1 点,总计 3400 万千瓦(约等于冬季峰值负荷的一半)的机组因各种故障无法正常工作。事故造成共

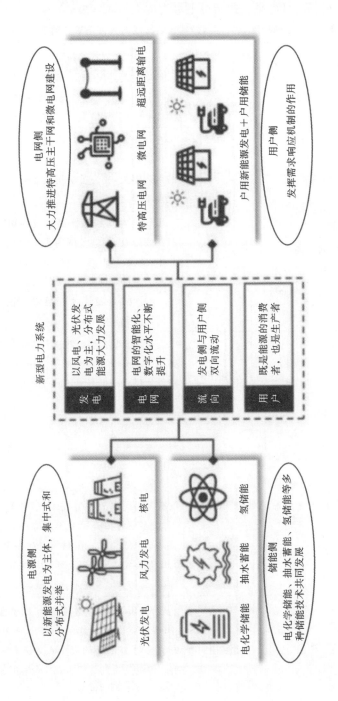

图 3.1　新型电力系统 "源网荷储" 协调互动示意图

2341.8 万千瓦的负荷轮停,是美国历史上最大的人工轮停事件。

表 3.1　全球影响较大的因极端气候造成的大停电事件列表

时间	地点	停电直接原因	影响
1977 年 7 月 13 日	美国纽约	输电线路遭雷击	停电时间持续 25 h,影响波及全纽约市,停电期间出现了暴力和抢劫商铺事件,造成大约 3000 万美元损失
2005 年 8 月	美国南部和东部多个州	飓风"卡特里娜"	在新奥尔良登陆,并在美国南部和东部多个州造成 1800 多人死亡,以及 3200 亿美元的财产损失,成为美国历史上最严重的飓风灾害事件之一
2009 年 11 月 10 日	巴西里约热内卢和圣保罗以及周边地区	雷暴和强风	里约热内卢和圣保罗以及周边地区突然遭遇大停电,停电范围约占巴西国土面积的一半,波及全国 18 个州,电力供应几乎完全中断。总停电时间在 4 h 左右,电力至 2009 年 11 月 11 日凌晨才开始慢慢恢复,50000 万居民受到影响
2016 年 9 月 28 日	澳大利亚南部地区	台风和暴雨	当天,台风和暴雨袭击了新能源发电占比高达 48.36% 的澳大利亚南部地区电网,最终导致供电中断长达 50 h,澳大利亚州南部地区大停电
2017 年 9 月 20 日	美国波多黎各	飓风"玛利亚"	飓风使整个岛屿变成了一片废墟。强风将树木连根拔起,大部分树木连树叶全部被扒光,强风损坏了 95% 的手机信号塔,严重摧毁了波多黎各电网的运作,使岛上完全没有电力。事故共造成 3000 名美国居民死亡,波多黎各和美属维尔京群岛的经济损失总计 900 亿美元。在飓风过后一个月内,岛上仅有不到 8% 的道路开放。飓风过后五个月,该岛四分之一的居民仍缺电
2019 年 8 月 9 日	英国	雷暴雨	当天,雷击导致英国发生大规模停电事故,造成英格兰与威尔士部分地区停电,损失负荷约 3.2%,约有 100 万人受到停电影响。停电发生约 1.5 h 后,英国国家电网宣布电力基本得到恢复

时间	地点	停电直接原因	影响
2021 年 2 月	美国得克萨斯州	极端严寒	超过 450 万得州居民遭遇停电,造成得州直接/间接经济损失达 800～1300 亿美元,2021 年 2 月得州总产值相较于 1 月下滑近 50%
2021 年 8 月 28 日至 9 月 2 日	美国路易斯安那州、纽约、密西西比等 8 个州	四级飓风"艾达"及带来的强降雨	飓风登陆时风速高达每小时 240 km,并带来强降雨,导致房屋树木和电力基础设施大量破坏,城市被淹。此次事故导致至少 82 人死亡,超过 100 万户居民断电。截至 2021 年 9 月 8 日,路易斯安那州仍有 27 万人的供电没有恢复,25 万名学生仍然无法正常上课
2021 年 12 月 15 日	美国密歇根州、威斯康星州、艾奥瓦州、堪萨斯州等多个州	强风暴	强风暴摧毁输电线路,致 1 人死亡、51 万户家庭停电(密歇根州超过 24 万户家庭断电,威斯康星州 15 万户家庭断电,艾奥瓦州 4.7 万户家庭断电,堪萨斯州 4.3 万户家庭断电)。美国中部能源公司花费了 3 天时间才逐步恢复电力供应
2022 年 5 月 21 日	加拿大安大略省和魁北克省	暴风雨	当地许多电线杆被强风刮倒,造成当地近 90 万户居民断电。截至当地时间 5 月 22 日早上,仍有超 40 万户家庭的供电未恢复
2022 年 9 月 28 日	美国佛罗里达州	四级飓风"伊恩"	此次飓风是该州有史以来经历的最严重的风暴,最大持续风速达到每小时 240 km,造成 180 万户家庭和企业遭遇断电,其中多个县超过 90% 的人口失去电力供应,造成了超过 670 亿美元的损失
2022 年 12 月下旬	美国密歇根州、纽约州等多州(纽约市、布法罗市等地为重灾区)	极端低温暴雪	导致 180 万居民和企业断电。截至 12 月 29 日,此轮冬季暴风雪天气已导致美国境内超过 60 人丧生
2022 年 12 月 17～25 日	日本北海道、九州等地	极端暴风雪	截至 2022 年 12 月 25 日,暴雪已造成 14 人死亡,80 余人受伤,超过一万户家庭断电

续表

时间	地点	停电直接原因	影响
2023 年 1 月 10 日	美国加州	极端风暴及强降水	风暴引发了洪水和泥石流,加州大部分地区的降雨总量比平均水平高出 4~6 倍,共造成 21 人死亡,20 万户家庭遭遇断电,15 万户家庭被迫疏散。预计暴风雨造成的经济损失为 310~340 亿美元
2023 年 3 月 31 日	美国阿肯色州、田纳西州等多州	龙卷风	龙卷风造成美国多个州大规模停电。根据美国电力追踪网站 poweroutage. us 数据,截至美国东部时间 4 月 2 日下午 3 时,宾夕法尼亚州仍有超过 89000 用户断电、俄亥俄州超过 48000 用户断电、阿肯色州和西弗吉尼亚州均超过 20000 用户断电

在此次事故中,超过 450 万得州居民遭遇停电,有些居民甚至在极寒中遭连续停电长达 4 天。至少 210 人因受冻失温、一氧化碳中毒等不幸遇难。此外,据达拉斯联邦储备银行统计,此次停电事故造成得州直接/间接经济损失达 800 亿~1300亿美元,2021 年 2 月得州总产值相较于 1 月下滑近 50%。

2) 事故原因调查

事故发生后,美国联邦能源管理委员会(FERC)、北美电力可靠性委员会(NERC)及其 6 家下属区域公司组成联合调查组,就此次停电事故展开调查,并于 2011 年 11 月发布此次停电事故分析报告。该调查报告指出,由极端低温与冻雨天气导致的机组非计划停运、降功率运行及无法开机等发电侧故障是事故的首要原因,44% 的故障由该原因导致。例如,风机叶片结冰(风电机组缺乏加热元件和抗冻剂)可能导致风电机组非计划停运或降功率运行,发电厂控制和信号装置内测压水柱冻结可能引发装置误动,发电厂给水系统、通风系统、润滑系统等内部液体冻结可能导致设备无法正常工作。极寒天气下发电机组燃料问题导致的发电侧故障是事故的第二个重要原因,31% 的故障是由这个原因导致的。从电力来源来看,上述 1045 台发电机组 58% 为天然气,27% 为风能,6% 为煤炭,2% 为太阳能,不到 1% 为核能,7% 为其他燃料。在全部因机组燃料问题引起的发电侧故障中,以天然气为燃料的机组故障占比最大,为 87%,其他燃料导致的故障仅占 13%。一方面,极端低温、冻雨天气使得天然气井井口发生冻结,大量天然气管道出现冰堵导致气源供应中断,道路交通运输条件也随之恶化,天然气设施的维修无法正常进行,为了防止冰冻带来的影响,部分天然气设施提前关停,这使得天然气产量大幅下降;

另一方面,天然气设施的供电也因极寒天气导致的电厂故障与负荷轮停而面临严重不足,这进一步限制了天然气的生产。此外,还有 21% 的事故是与低温相关的机组内部机械系统、电气系统故障,如系统零部件在低温下发生的脆裂,仅有 2% 的故障是与输配电系统相关的电网侧故障。

尽管 FERC 和 NERC 事前提出了多项建议,但涉事地区的多台发电机组仍未制定任何过冬计划,其中 81% 与冻结相关的发电机组停电发生在温度超过设备规定的设计环境温度。

3) 应对建议

报告提出了包括围绕发电机过冬和气电协调的标准修订等在内的 28 项建议。与此同时,该报告还建议对得克萨斯州电力可靠性委员会(ERCOT)系统的可靠性问题进行进一步研究,对天然气基础设施进行检查以防止轮流停电,并通过其他方法解决在极端寒冷天气事件期间天然气燃料供应短缺的问题。

该报告提出了以下针对极寒天气下保障发电侧安全的建议。

(1) 发电机所有者应负责辨识容易受寒冷天气影响的发电设备或系统。

(2) 发电机所有者应对易受严寒影响的设备或系统明确并执行防冻保护措施,并每隔一段时间分析设备系统是否变化,是否需要额外的防冻措施。

(3) 发电机所有者在提供运行温度数据时需同时考虑降雨及冷风对机组运行的影响。

(4) 发电机所有者应审查出现故障的机组并制定维修行动方案,进一步修订寒冷天气应对计划。

(5) 发电机所有者与发电机运行人员每年对每台机组都应开展针对寒冷天气的预防性性能测试。

(6) 发电机所有者应改造现有机组,使其在规定温度与天气条件下(参考该地区的历史极端温度与天气)能够正常运行。

(7) 在计算寒冷天气下的可信容量并用于紧急运行调度时,发电机所有者应综合天然气的供应情况向功率平衡责任主体(balancing authorities,BA)提供可靠的可信容量预测,功率平衡责任主体应进一步综合自身判断向可靠性协调机构(reliability coordinators,RC)提供可靠预测,并据此制定应急管理计划。

(8) 发电机所有者应至少在入冬前、冬季中、收到极端天气预报等时点,定期检查并维护机组的防冻措施。

(9) 为了向功率平衡责任主体提供准确信息,发电机所有者及发电机运行人员应明确所有与发电机组使用的天然气的购买和运输相关的可靠性风险。

(10) 发电机所有者应综合考虑极寒天气下机械压力、热循环疲劳、热压力等对过滤器、锅炉、管道、布线等部件与系统的影响,并制定措施预防极寒天气下的机械与电气故障。

（11）发电机所有者在极寒天气来临前应考虑天气预测,制定发电机组的运行计划,尽可能降低严寒天气对机组出力及可靠性的影响。

（12）发电机所有者应检查发电机低频继电器、机组平衡继电器以及与控制系统相关的调节参数的设置是否匹配,避免发电机组在低频或频率变化过快的情况下跳闸。

2. 美国应对飓风来袭的策略——佛罗里达 2022 年 9 月底至 10 月初飓风"伊恩"导致的大停电事件

1）事故的发生及影响

2022 年 9 月 28 日下午,飓风"伊恩"以四级强度登陆美国佛罗里达州西南部。此次飓风是该州有史以来经历的最严重的风暴,最大持续风速达到每小时 240 km,造成 180 万户家庭和企业遭遇断电,其中多个县超过 90％的家庭和企业失去电力供应,造成了超过 670 亿美元的损失。"伊恩"带来的大范围降水为佛罗里达州 500 年一遇的洪水事件,多个县的许多房屋和建筑物被洪水淹没或摧毁。据 2023 年 2 月的统计数据,飓风"伊恩"造成至少 149 人死亡。

2）电力抢修与恢复

2022 年 9 月 29 日,美国总统拜登宣布佛罗里达州面临重大灾害,并下令对受飓风"伊恩"影响的地区提供联邦援助。来自美国 33 个州和哥伦比亚特区的近4.4 万名电力工人参与电力系统的抢修与重建。截至 2022 年 10 月 3 日,佛罗里达州仍有超过 74 万用户断电。

根据飓风幸存者的迫切需求,拜登要求联邦应急管理局重点关注幸存者的住房需求,以及从"伊恩"飓风中恢复面临的其他紧迫挑战。联邦应急管理局署长克里斯韦尔建立了一个机构间恢复领导小组,以积极、主动地满足个别幸存者的恢复需求,并加快向迫切需要帮助的人提供援助。

3）事前预警

飓风"伊恩"登陆前,美国国家飓风中心和佛罗里达州最大的电力公司佛罗里达电力照明公司(Florida Power & Light)发出预警,指出 4 级飓风"伊恩"预计会对电网造成严重破坏,停电可能会持续数周,要求民众为即将到来的大范围停电做好准备。

3. 澳大利亚台风带来的电网安全问题——2016 年 9 月 28 日澳大利亚南部地区大停电事件

1）事故的发生

2016 年 9 月 28 日,台风和暴雨等极端天气袭击了新能源发电占比高达 48.36％

的澳大利亚南部地区电网,最终导致供电中断长达 50 h,全南澳大利亚州大停电。这是世界上第一次由极端天气诱发新能源大规模脱网导致的局部电网大停电事件。

南澳大利亚州简称南澳,位于澳大利亚中南部,总面积为 98.3 万平方千米,占澳大利亚大陆总面积的 1/8,略大于中国东北三省与河北省面积之和。南澳总人口 170 万人,约 70.3% 的居民居住在环绕首府阿德莱德的沿海卫星城市,负荷相对集中。南澳装机总量为 4675 MW,主要由天然气发电(约占 53.8%)和风力发电(约占 29%),年发电总量约 125 亿千瓦时。南澳州是澳大利亚可再生能源发电占比最高的地区,其中风力发电提供全州电力供应的 37%。南澳民营输电公司 ElectraNet 是州内唯一的输电公司,输电线路总长度为 5529 km。

事故发生前,南澳全州用电负荷为 1895 MW,其中风力发电 883 MW,燃气发电 330 MW,维州通过两条电力联络线 Heywood 送入 613 MW,一起为南澳 85 万用户提供电力供应。事故发生当天,受极端天气影响,南澳州大部地区连续出现强降雨并伴有暴风、冰雹、闪电,局部地区瞬时风力达到 180~260 km/h。大停电前 90 s 有 14 个风电场和 5 台燃气机组并网。极端恶劣天气使南澳电网在 88 s 之内遭受 5 次系统故障,导致州内 275 kV、132 kV 线路倒塌 20 座,共 4 条 275 kV 输电线路和 1 条 132 kV 输电线路跳闸停运,共发生大幅度电压扰动 6 次(6 次线路故障),引发 9 座风电厂共计 445 MW 的风力发电脱网。风电场出力突然大幅度损失使得与维州相连的一条联络线 Heywood 严重过载跳闸。南澳洲此时剩余发电容量不足以应对瞬间 900 MW 电力供应减少,突然大规模的出力损失超出低频减载装置反应速度,低频减载保护未及时启动切负荷,在首次输电线路故障发生仅 2 min 后,系统频率崩溃,南澳电网全停。

事故发生后,两套黑启动预案均启动失败。经过十几个小时的抢修后,80%~90% 的用户恢复供电。如果黑启动严格按照预案进行,预计停电时间可缩减至 1~3 小时。

2) 事故原因分析

(1) 未启动自然灾害预警。当天天气预报预测最大风速均未超出相应地区线路及塔杆可承受的最大风速。例如,Brinkworth 至 Davenport 275 kV 线路及塔杆设计可承受最大风速 106 km/h,仅比预测区风速 104 km/h 多 2 km/h,风速安全裕度极低。澳大利亚能源管理局(AEMO)没有对南澳风电场发出任何预警或进行任何减出力调整,事故发生前没有进行任何紧急干预措施。

(2) 能源结构调整带来挑战。近年来,南澳大力发展可再生能源(主要是风电和光伏发电)替代传统的化石能源发电,这对维持全州电力安全稳定供应提出了很大挑战。可再生能源具有间断性、波动性的特点,因此电网中的常规电源不仅需要为负荷波动留出足够备用,还需要在可再生能源产生较大波动时及时调节出力,以平衡可再生能源的变化。但大规模可再生能源的并网接入并没有充分考虑电网安全问题,或者即使已经意识到了安全隐患,也没有足够的机制或者有效的措施来解决问题。一旦遇到恶劣天气,电网发生多重故障时,很难保证电网安全、稳定运行。此次南澳全州停电,再次证明了这一点。

其实,早在2014年,AEMO的报告就指出,依靠大量风电来代替传统燃煤机组维持整个州的电力供应存在系统崩溃的风险。事故发生的前一个月,AEMO再次警告,现有的应急频率调控方案已经不足以应对停电风险,但当地政府和电力部门过多依赖可再生能源所带来的经济效益,因此并未采取及时、有效的措施避免大停电事故的发生。

(3)网架结构薄弱,电网孤网运行。南澳电网是典型的受端电网,州内用电主要靠可再生能源和天然气发电,其中风力发电占比更是高达40%。其外部输送电力仅靠单一通道上的两条275 kV线路,两条线路经常处于重载运行状态。此次事故中,风电的大规模脱网造成南澳对外联络线路过载而引发连锁跳闸,直接导致整个供电系统崩溃。

(4)电网基础设施老化严重。另外,当地监管机构为不推高电价上升,严格核算输配电公司的基建投资、运行维护和投资回报,致使电网建设严重滞后,80%的输电线路运行超过40年,输变设备严重老化,很难承受重大自然灾害的袭击。

3)后续举措

(1)受南澳州政府委托,南澳输电公司开展了新建输电线路和非电网加强方案(如需求侧管理、故障时快速切除负荷、建设大容量储能装置等)的可行性研究,并发布了以南澳能源改革为题的技术规范咨询报告。该报告针对南澳发生的大停电事故,明确了新建输电线路项目的必要性,提出了新建洲际输电线、非电网储能等5项方案。

(2)南澳政府投资储能项目。南澳政府投资4亿2300万美元,旨在推动智能电网解决方案的研发,研究公用事业公司新商业模式,发展新能源,减少能源进口,恢复电网安全,降低电价压力。该投资包括建设价值2亿2700万美元的100 MW·h燃气发电场和储能系统,用来储存风能和太阳能等清洁能源。

4. 巴西电网应对雷暴的措施——2009年11月10日由雷暴和大风导致的大停电事故

1)事故的发生

2009年11月10日,巴西全国范围内发生大面积停电,损失电负荷24.436

GW，约占巴西全部电负荷的 40%，受影响人口约 5000 万，约占巴西总人口的 26%，是近年来世界上影响较大的大停电事故之一。

巴西水利资源丰富，发电主要以水电为主，国内共有 12 个水电站向全国供电，其中以伊泰普水电站最大。2008 年，巴西电网总装机容量为 89 GW，12 个水电站占装机总量的 87%，此外还有少量的核电、天然气、火电等。巴西全国已形成南部、东南部、中西部、北部和东北部大区互联电网，交流电压等级繁多。

事故当天，伊泰普水电站输电网所在区域雷电频繁，并伴随暴雨和大风，导致 765 kV 主要输电线路发生故障，造成伊泰普水电站 60Hz 交流系统的 5564 MW 功率无法送出，致使东南地区多个等级的联络线相继断开，造成负荷中心（圣保罗和里约热内卢）地区 2950 MW 的功率缺额，系统电压跌落，导致伊泰普水电站 HVDC 直流送出系统双极闭锁。随着一系列故障的发生，造成了巴西国家互联系统总计 28833 MW（47%）的功率缺额。此次大停电事故是一个典型的暂态功角失稳事故，系统大约在 8 s 崩溃（以伊泰普直流全部闭锁，受端电网大量负荷损失为标志）。

2）事故原因分析

（1）极端天气引发的多重故障。

（2）继电保护缺陷。

（3）安稳控制系统策略不当。

3）电力系统恢复

巴西多个城市在经历 4 h 断电后陆续恢复供电，整个电网负荷平均恢复时间为 222 min，其中东北电网负荷恢复速度较快，大约 20 min 后恢复。本次停电事故恢复速度较快的主要原因是巴西水电厂分布广泛，有较多的黑启动电源可供选择；并且由于事故频发，调度部门积累了较为丰富的黑启动和负荷恢复经验。另外，巴西电网部门也比较重视黑启动工作，定期安排事故演练。

5. 我国电力系统应对极端暴雪的举措——2008 年冬季暴雪导致南方地区大面积停电事件

1）事故发生及影响

2008 年 1 月，我国长江中下游大部地区经历了历史罕见的特大雨雪冰冻灾害。这次低温雨雪冰冻范围广、强度大、持续时间长、灾害影响重，很多地区为 50 年一遇，部分地区百年一遇。持续低温雨雪冰冻天气给湖南、湖北、安徽、江西、广西、贵州等 20 个省（区、市）造成重大灾害，特别是给交通运输、能源供应、电力传输、通信设施、农业生产、群众生活造成严重影响和损失，受灾人口达 1 亿多人，直接经济损失达 400 多亿元,农作物受灾面积和直接经济损失均已经超过前一年全年低温雨雪冰冻灾害造成的损失。

这场灾害造成浙江、安徽、福建、河南、湖南、湖北、江西、四川、重庆、广东、广西、云南和贵州共 13 个省份的电力系统受到影响,多片电网解列。全国因灾害停运电力线路 36740 条,停运变电站 2018 座,110 kV 及以上电力线路因灾倒塌 8381 基。全国停电县(市)多达 170 个,部分地区停电时间长达 10 多天。

2)事故后电网公司提高电网安全的举措

灾害过后,中国南方电网公司吸取极端寒冷天气应急处理的经验和教训,在电网优化设计、电网运行控制、抗灾预防体制等方面进行全面提升,研发防冰有效、除冰迅速的科学技术手段,研制了世界领先的线路融冰装置和融冰技术,积累了丰富的电网防冰抗冰生产调度运行经验,并构建体系化、常态化的防冰管理和应急保障体系,大幅提升了电网应对长时间、大范围、高强度雨雪冰冻灾害的能力。

具体举措如下。

(1)积极开展电网网架建设与探索。

① 中国南方电网公司自"十三五"开始已建成 8 条交流、11 条直流的跨省送电通道,不仅能够常态化确保南方五省区安全可靠供电,而且在极端气候条件下不同地区能够相互提供紧急备用支援,切实提升极端气候下供需大幅波动时的应急保障能力。

② 中国南方电网公司于 2021 年基本建成了安全可靠的保底电网,覆盖了供电区域的所有地市,将最大程度保障极端气候等灾害下重要城市的重要负荷和民生用电,全力保障城市核心区域和关键用户不停电、少停电。

③ "十四五"期间,中国南方电网公司计划投入资金 72 亿元,规划防冰抗冰项目 4543 项,预计 2025 年全面建成冰区城市保底电网,最大程度保障在极端气候条件下不发生 110 kV 及以上重要线路倒塌,保障涉及民生的重要用户及县城安全供电,最大程度降低冰灾对电网安全和电力供应的影响。

(2)在重灾区加强气象监测和预警设施建设。例如,鉴于贵州省冬季极易发生凝冻灾害,中国南方电网公司(以下简称南网)在贵州省六盘水市梅花山地区建造了高 200 m 的永固型气象监测塔,这为南网公司开展输电线路覆冰和融冰机理和技术研发与试验提供了第一手数据支撑。另外,南网广东电网公司建有 4 座气象卫星接收站和超算服务器,实现了气象遥感卫星的数据实时接收运行,支持气象卫星数据接收、处理、分析等全流程作业。目前南网广东电网已实现将台风中心定位定强频次缩短至 30 min,且具备向全网五省区提供台风、山火、雷电等灾害监测预警服务的能力。

（3）高科技防灾抗灾技术研发与应用。

① 中国南方电网公司共建成 141 套直流融冰装置，220 kV 及以上变电站融冰刀闸全覆盖，可对 1416 条的 110 kV 及以上输电线路开展高效直流融冰。另外，融冰小车、地线融冰自动接线装置、融冰故障监测装置、全桥 MMC 型直流融冰装置等智能装备也陆续被部署应用。

② 2021 年 10 月中上旬，面对第 17 号台风"狮子山"和第 18 号台风"圆规"先后登陆的"双台风"袭击，中国南方电网公司超前发布台风预警，及时启动应急响应，应急机制高效运转，将台风造成的影响降至最小、恢复得最快。

③ 中国南方电网公司积极探索北斗技术在电网的应用，并将成果试点应用于电力运检、智慧安监、灾害监测等领域。中国南方电网公司在北斗系统上开发了相应的短报文通信管理功能模块，可在台风等自然灾害的应急抢修过程中实现人员的安全定位和无网络通信，保障现场勘灾和抢修作业情况的可知可控。北斗数据处理系统可以实时监测到变电站和输电杆塔地基的毫米级位移变化，对暴雨带来的沉降风险进行全天候预警。

6. 我国电力系统应对突发特大暴雨的举措——2021 年 7 月河南特大暴雨导致的大停电事件

1）事故的发生和影响

2021 年 7 月 17~23 日，我国河南省多地发生极端强降水。这次特大暴雨累计雨量大、强降水范围广、降水极端性强、短时强降水时段集中、持续时间长。河南 19 个市（县）日降水量突破历史极值。

此次暴雨导致河南省郑州、洛阳、许昌、焦作、南阳、平顶山等多地市电力设施受损，其中 359 座变电站、9356 台配电变压器、1919 个 10 kV 开关设施、800 多条城市配电线路、32 万只电能表不同程度受损，超过 98 万户用电受到影响。

2）电网的抢修和恢复

极端强降水发生后，国家电网有限公司快速反应、周密部署，从 25 个省级电力公司调集 1.57 万名业务骨干人员，累计投入抢修人员 3.7 万人、车辆 9849 辆、16 亿元的防汛抢修物资，全力以赴做好防汛抢险保供电工作。国网河南省电力公司紧急启动 I 级防汛应急响应。截至 2021 年 7 月 21 日，已累计组织保电人员 6874 人、车辆 615 台、发电车 80 台、发电机 184 台，全力开展应急抢修、重点保电等工作。此外，国网河南省电力公司各级调度加强电网实时运行监控，针对汛情及时调整运行方式；加强供电设施的巡视、监测，重点开展变电站内涝及线路受灾隐患排除；在应急处置过程中积极预防次生灾害发生。2021 年 7 月 30 日，除蓄滞洪区和新乡卫辉未退水区域外,河南省全面恢复供电。

3)电力防洪保障措施

特大暴雨灾害过后,国网河南省电力公司及时吸取经验教训,制定了"防大汛、抢大险、救大灾,以防为先为要,以抢为后为重"的电力防洪保障策略。

主要措施如下。

(1)输电线路和杆塔防汛隐患排查。开展特高压线路及密集通道、湿陷性黄土区、采空区等地质灾害易发区域巡视排查和地质灾害防范工作,充分运用可视化、无人机传感器等先进智能巡视监测设备,动态轮巡监控岩体松动、排水沟不畅、杆塔基础开裂等隐患。2022年5月,国网河南省电力公司直流中心全面完成特高压中州站、豫南站、南阳站及灵宝换流站防汛设施检查加固工作,共计密封2216处室外箱体,加固9161 m围墙基础,清理48 km排水沟道,储备排水方舱、应急照明等26类防汛物资。

(2)变电站防汛隐患治理。国网河南省电力公司自2021年底以来共排查出372座防汛重点变电站,采取改建防洪墙、增设防洪挡板、电缆沟道封堵、排水管道加装逆止阀等18项提升措施,并把有防汛风险的城市中心站、户内站水位超限报警信号接入监控系统或辅控系统。

(3)地下配电站防汛隐患治理。2022年4月,国网河南省电力公司以提高地下配电站抗涝水平为重点,完成298条35 kV以下易受灾输电线路的防汛隐患治理工作,在823座地下开关站、5797座地下配电站实施"一站一策"备汛举措。

(4)加强与气象部门的联动。国网河南省电力公司加强与省气象局协作联动,及时掌握密集通道、枢纽变电站等区域精准气象信息,充分利用公众号、短信、视频等平台,实现预警、通告等防汛信息快速发送,精准到单位、到站、到人,增强预报的准确性、预判的敏锐性和预警的权威性。

(5)优化防汛抢险抢修队伍配置。国网河南省电力公司在组建1223支共计1.8万余人防汛抢修队伍、配足配齐各类物资装备的基础上,将主业、产业和社会力量纳入应急抢险队伍,编制抢险救援力量花名册,成建制配置抢险人员和装备,根据各地实际针对性提升抢修技能。

(6)强化防汛实战演练。信阳供电公司强化防汛队伍水上应急抢险实战演练和冲锋舟驾驶技能培训,提升水上抢险救援能力;安阳供电公司为所有生产运维车辆加装涉水器,车辆有效涉水深度提升至0.8 m,提高了被淹区域抢修机动效率;洛阳供电公司以抢为重,开展防汛实战应急演练252场次,优化124支三级应急保障抢修队"网格化"部署,布置应急装备及物资50000余件。河南省内各个特高压站每周开展一次防汛演练。

（7）将防汛应急工作纳入地方政府应急体系。国网河南省电力公司加强与全省各级发改委、应急管理等部门沟通，将防汛应急工作纳入地方政府应急体系，加快建设新一代应急指挥系统，实现灾损恢复全实时、地图展示全方位，提升抗洪抢险、保供电、灾情研判、应急指挥和资源调配能力。

3.1.2.2　极端气候对电网安全的影响和特点

过去二十年来，随着气候变化引发更多的破坏性极端天气，全球的停电次数逐渐增多。根据美联的数据分析，全美有 40 个州因极端天气而不得不忍受更长的断电时间。与恶劣天气有关的停电次数从 2000 年初的每年约 50 起增加到过去五年的每年 100 多起。不断发生的极端天气事件也对欧洲的新能源和传统能源的储备和供应造成了巨大冲击，导致欧洲能源储备和电力供应严重不足。2021 年底的严寒以及 2022 年夏季的高温天气都对欧洲的能源安全产生了严重的负面影响。我国国家能源局和中国电力企业联合会发布的《2021 年全国电力可靠性年度报告》指出，气候因素是引起我国电力系统非计划停运的前三位责任原因之一。因此，从全球范围来看，极端气候对电力系统安全稳定运行造成日益严峻的威胁和挑战。

极端气候对电网安全的影响具有以下几个特点。

（1）从气候类型来看，所有极端气候类型中，干旱、高温、暴雨（雪）、洪水、台风（飓风）、低温、寒潮、冰冻、雷击等气象灾害对电力安全的影响最大。

（2）从电力系统全链条来看，极端气候对电力系统的发电、输电、配电和用电都具有显著的负面影响。可再生能源发电与天气高度耦合，突然恶化的气象条件会造成风电、光伏、水电出力骤降，导致发电供应不足。台风、暴雨及其引发的洪涝灾害极易导致倒塌断线、设备故障，从而引起用户停电。极端天气的频繁出现使得用电需求猛增、电力负荷特性不断恶化，电力供需严重失衡。

（3）从电力系统结构来看，无论是新能源占比较高的新型电力系统，还是新能源和传统能源共存的混合电力系统，在极端气候面前，都暴露出了其脆弱性。不管是发达国家，还是发展中国家，都需要加强电网保护和提高电网的弹性，以抵御极端气候对电网的威胁。

（4）从破坏性来看，极端气候下的电网安全问题不仅涉及供电安全，还涉及对经济、社会和人类健康等多方面影响。大范围、长时间的停电不仅严重影响人类的生产和生活，而且造成大量人员伤亡和财产经济损失。美国国家海洋和大气管理局发布的报告显示，2021 年以来极端天气已导致美国超过 500 人丧生，造成的财产和基础设施损失高达 1048 亿美元，这项数据在 2020 年为 1002 亿美元。而在中国，2000 年以前极端气候灾害造成的直接经济损失平均每年约 1200 亿元，而 2000

年以后,平均每年达到了 2900 多亿元,增加了 1.4 倍以上。长时间的停电还可能带来偷盗、抢劫等社会治安问题。另外,在极端低温电力供应不足或中断的情况下,居民极易因取暖不当而造成一氧化碳中毒。

(5)从应对结果来看,事先制定充分的预案以及适宜的应对措施不仅能够有效增强电网的弹性和韧性,而且能够最大限度地加快恢复速度,从而最大限度地减少因停电带来的经济损失。

3.1.3 主要国家增强极端气候条件下电网安全的实践

3.1.3.1 美国极端气候下增强电网弹性的举措

美国电网的运营架构比较复杂,全美共有 500 多家电力公司,这些电力公司各自运营,造成美国电网采用多种不同的方式运营。美国电网运营管理可分为四个层级。第一级是北美电力可靠性公司(NERC),它负责协调全美电网的联网运行。第二级是美国联邦能源管理委员会(FERC)。第三级是 8 个区域电力可靠性组织,它们是区域输电组织(RTO)和独立系统运营商(ISO),包括得克萨斯州电力可靠性委员会(ERCOT)、佛罗里达可靠性协会(FRCC)、中西部可靠性协调组织(MRO)、东北电力协调协会(NPCC)、第一可靠性合作组织(RFC)、东南电力可靠性协会(SERC)、西南联合电力系统(SPP)和西部电力系统协会(WECC)。这些组织负责本地区的可靠性、经济性评估,并审批其下级电力公司的建设计划。第四级为地区电力公司,主要负责上报电网建设计划供其上级可靠性监管机构审批,并开展电网建设工作。

在美国经常导致停电的极端气候类型主要为飓风和冬季风暴。极端气候的发生可能导致大容量电力系统的严重中断,所有这些可能涉及电力系统恢复过程的电力公司和组织都需要准备好应对潜在大范围停电的场景。

NERC 总体上负责电网的安全运行和调度,包括制定和强制实施电网可靠性标准、监测电网的运行状况、进行可靠性年度评估和季节性预测、进行电力需求侧管理,以节约能源并减少峰值需求。NERC 每年会在夏季初和冬季初发布美国电网可靠性评估报告。在电网可靠性评估报告中,NERC 指出预计夏天和冬天可能的气温变化及峰值负荷情况,以及可能发生电力紧急情况风险较高的地区。

1. 极端气候下电网安全的预防性措施

1)紧急情况的培训和演习

电网系统操作员必须接受培训,以识别并采取有效行动应对因极端气候导致电网中断的紧急情况。培训内容包括使用黑启动发电机的程序和能力、与其他实体机构的协调、恢复优先事项、建立启动路径和同步互连、手动或自动卸载负载的能力等。区域电力可靠性组织还经常组织开展定期的电力系统恢复训练演习。演习内容涉及输电运营商在其足迹范围内识别黑启动机组，并与可靠性协调员协调，通过指定的传输路径向核电机组输送电力；协调来自输电运营商之外的电力供应等。

2）架空线路周围树木的管理

当树木生长或倒在架空电力线路上时，就可能发生停电。大风等极端天气很容易造成树木对线路的影响。对线路附近的树木及时进行管理，可以减轻或防止一些电力故障或线路中断情况的发生。电力公司应根据需要修剪沿线的植被，以提供安全可靠的电力。

3）提前制定电力恢复计划

每个输电运营商必须有一个系统恢复计划，能够在电力系统部分或全部关闭的情况下，以稳定和有序的方式重建电力系统。拥有黑启动资源的发电运营商必须在需要时建立与使用这些发电机组相关的程序。每个传输运营商所在区域必须有黑启动能力计划，以确保系统黑启动发电机的数量和位置足够并可执行。所有电力运营商的恢复计划都围绕最坏情况和完全停电场景设计。

2. 极端气候下电网抢修恢复措施

极端气候发生后的电网恢复工作由各级电力运营商和经 NERC 认证的电力系统操作员共同完成。电力运营商首先基于电网数据采集与监视控制系统（SCADA）、能量管理系统（EMS）等系统监测到的电网数据详细地评估电网受损状况，根据评估情况提出电网恢复计划、确定恢复负荷的优先级、确定恢复策略和电网恢复所需的时间等。电力运营商向操作员和可靠性协调员传达电力中断和受影响设施的程度。这些初始状态评估最终决定了恢复电力系统所采用的策略。

电力运营商和操作员通常采用"由内而外"的电力恢复策略，即不依赖于其他地区或州的外部电力来源进行恢复，除非有预先安排的外部黑启动资源。大多数的电力运营商和操作员在系统恢复中使用多个黑启动系统，同时构建多个电力岛，以避免一个正在恢复的地区在恢复过程中因为遇到问题而影响另一个区域，从而降低恢复期间电力中断的影响。

电力恢复的策略包括"核心岛"方法和"骨干岛"方法。"核心岛"方法包括启动黑启动发电机，然后用于启动传动启动路径，并为附近的发电机和优先负载提供启动动力。随着发电机和负荷的增加，运营商可以构建一个核心电力岛，同时保持备用发电机的能力以保持岛屿的稳定性。"骨干岛"方法包括启动一个更大的黑启动发电机，并为更高的标称电压和更长的输电线路供电（例如 230 kV，345 kV），以开发一个跨系统骨干架构。每种恢复策略都有其优点。"核心岛"方法在恢复的早期阶段提供了更多的岛屿稳定性,它还允许低频率继电器控制负载更快地恢复,但它可能会延迟传输变电站的站点服务电力,这可能会导致由于备用电源(如电池)耗尽而使这些变电站的 SCADA 丢失。"骨干岛"方法可以更快地恢复发电机和输电变电站的辅助电力,包括 SCADA 功能。

另外,在电力恢复的过程中还涉及电力恢复所需的通信资源、控制中心、抢修人员、车辆、设备(发电机等)等抢修资源的分配、调度和部署。

3. 增强电网抵御极端气候的弹性措施

1)电力系统加固措施

为应对极端气候的威胁,美国许多电力公司开展了电力系统加固计划,包括采用更加坚固的杆塔,将一些电线埋在地下,实施防洪、加固措施等。

2)广泛使用智能电力设备

智能电网技术允许电力系统的各个部分相互之间以及与电网运营商进行远程通信。智能电表、智能脉冲式重合器、智能开关等技术可以通过快速识别受风暴影响的电网区域并将其隔离,从而防止大面积停电,提高恢复力。智能电网技术还可以在风暴来临前提前切断一小块区域的电力,以防止整个系统的破坏。事实证明,这些智能电力设备的使用在暴风季节能够有效缩减停电时间,帮助电力运营商节约运营成本。

3)通过分布式能源提供备用电源

分布式能源(DER)一般很少受到极端气候的影响,它们包括微电网、热电联产(CHP)系统、屋顶太阳能装置、备用发电机和电池存储系统等。美国地方政府考虑在关键建筑中增加 DER 部署,以确保停电期间的稳定供电。

4. 极端气候下增强电网弹性的未来计划

2022 年 9 月,美国能源部宣布投资 105 亿美元提高美国电网的恢复力和可靠性。其中 25 亿美元将用于研发输电和配电技术解决方法,以增强电网恢复力,减少极端天气和自然灾害的影响,包括野火、洪水、飓风、极热、极冷、风暴和任何其他可能导致电力系统中断的事件;30 亿美元用于提高电力系统的灵活性、效率和可靠性,特别侧重于增加输电系统的容量,防止可能导致野火或其他系统干扰的故障,在输电和配电层面整合可再生能源,促进越来越多的电动汽车、建筑和其他电网边缘设备的集成;50 亿美元用于电网创新,计划部署使用创新方法的传输、存储和配电基础设施的项目,以提高电网的恢复力和可靠性。

3.1.3.2　欧盟极端气候下增强电网弹性的举措

2009 年,欧洲将所有地区联合起来形成了一个泛欧互联网络,即欧洲输电系统运营商网络(ENTSO-E),简称欧洲互联电网。该电网覆盖了欧洲 40 多个国家(6 亿多人口),是全球最大跨境电力市场的互联电网。

虽然参与国家众多,各国输电系统运营商的运营规则也不尽相同,跨境需要相互间达成协议,根据协议进行规划和实施。欧盟要求相互关联的国家在发电、输电和配电方面遵循相同的框架和政策。

欧盟电力系统的监管主体如下。

(1) 欧盟委员会能源部下设的能源监管合作机构(ACER)。该机构监督能源批发市场的合规性和透明度。

(2) 欧洲能源监管委员会:欧盟各国都有自己的能源监管机构,大多数下设于各国能源部。各国能源监管机构的目标有很多一致之处,如保障消费者权益、供应安全、市场高效、可持续发展等。

(3) 欧洲能源监管机构委员会(CEER)。它是一个非营利组织,旨在配合ACER。ACER 专注于制定并完善规则,而 CEER 协调各国监管机构、推动规则执行以及保护能源消费者权益。

欧盟电力系统的运营主体如下。

(1) 输电系统运营商(TSO)。各国输电网络的开发和运营仍由各国输电系统运营商负责,但跨境互联需要在相关各国 TSO 之间达成协议。通常每个国家都有一个 TSO,少数国家有多个 TSO。一般而言,TSO 拥有输电资产的所有权,维护、运营输电网络,兼电力调度。欧洲所有 TSO 组成欧洲互联电网组织,它负责协调欧洲电力系统的安全运营、技术合作、规则制定、绿色发展等。

(2) 配电系统运营商(DSO)。它负责管理电压低于 220 kV 的配电网络。与TSO 管理的输电网络不同,配电网络之间互联较少。大多数情况下,配电网络覆盖城市负荷中心周围的电力系统,更接近终端用户、可再生能源发电端和需求侧管理。欧洲配电网络覆盖程度高、运营商多而分散。

2022 年 12 月,欧洲电力联合会发布报告《建立电力抵御极端天气的能力》(The Coming Storm—Building electricity resilience to extreme weather),强调需要关注欧洲配电网络的弹性,并提出了增强电力系统抵御极端气候能力的措施,具体如下。

(1) 大量部署和增加分布式能源、移动和灵活的能源资源(如光伏电站、风电场和储能),在电网恢复正常运行之前为电网提供一定的能源,利用其灵活性限制极端气候事件的影响。

(2) 硬化电力基础设施,包括电网的物理加固、升级以及实施物理保护措施。

(3) 将配电线路安装在地下,使其免受树木、雷击和洪水的伤害。

（4）创新线杆设计，使其不易受到树木和掉落的树枝的损坏。

（5）架空线路附近的植被管理，及时修剪树木能有效降低配电中断的风险。

（6）创新变电站设计。在洪水风险高的地区，对变电站进行土建保护，采用技术使变电站更防水。

（7）推动远程控制、电网自动化和数字化，以减少受影响的客户数量和极端条件下的现场操作量。

3.1.3.3　意大利极端气候下增强电网弹性的举措

2017 年 3 月，意大利国家电网公司（TERNA）发布报告《2017 年意大利国家弹性/可恢复力计划：为了更可靠的电网》（Italian National Resilience Plan 2017：For a more reliable grid），提出了提高电网弹性的主要解决方案，具体如下。

（1）对电网基础设施进行彻底结构翻新。

① 加固老旧架空线路，保留其路径和项目总体布局，但改善其机械特性。

② 将架空输电线路部分或全部转入地下，使其不受极端冰雪事件的影响。

③ 建设新的输电线路，以增加电网冗余。

（2）采用及时缓解和预测解决方案，有助于将严重气象事件的影响降至最低。

① "WOLF Trasm"预测系统。"WOLF"全名为"湿雪过载预警预报"（Wet-Snow Overload aLert and Forecasting），它是一种湿雪过载预警预报软件。该工具能够预测意大利电力线上湿雪的机械过载，计算防冰所需的最小电流，并生成不同的警报报告给区域控制中心。

② 远程监控和报警系统。这项工作设想在最易受严重气象事件影响的架空输电线路上安装用于测量天气条件和监测导线热状态的装置。该系统与 TERNA 区域控制中心远程连接，通过分析导线上的过载预测冰套的成因，通过与调度中心的实时通信允许运营商实施最适当的应对措施（如拓扑修改、发电和负载模式的改变等，以提高线路的电力流量）。

③ 防旋转装置。导线的扭转刚度有限是导致导线周围形成圆柱形冰套的主要原因。当雪黏附在导线表面上时，往往会促进偏心载荷的上升，从而导致其轴线旋转，以及冰套进一步巩固。防旋转装置的部署大大增加了其所安装导线的扭转刚度，从而抑制了冰套的形成和旋转。

④ 稳定器、隔离器。冰套突然从导体上脱落会产生摆动效应，然后导致相之间的非自恢复接触。稳定器、隔离器保持相位之间的适当相间隔离，并确保即使在非常关键的动态情况下也能保持安全距离。

⑤ 直流抗冰装置。它利用直流电加热电线来防止和去除电线结冰，需要安装

"压载负载",通过注入电流加热电线。

⑥ 修剪树木。在冰雪严重期间,线路上方的冰造成的机械过载使导线接触到下面最高的树,从而导致杆塔破坏。必须持续监测和控制线路走廊内和周围的树木生长。

3.1.3.4　加拿大极端气候下增强电网弹性的举措

2016 年 12 月,加拿大自然资源部(NRCan)和公共安全部(PS)联合发布报告《国家电网安全和可恢复力行动计划》(National Electric Grid Security and Resilience Action Plan),提出了加拿大国家电网安全和弹性计划的三个战略目标及相应的措施,具体如下。

1. 目标一:保护电网并加强准备工作

子目标如下。

(1) 增强信息共享。

(2) 协调和提高司法、执法和保护能力。

(3) 防止重大孤立和级联事件。

(4) 使标准、激励措施和投资与安全目标保持一致。

(5) 从与其他关键基础设施的相互依赖中了解并缓解漏洞。

具体措施如下。

(1) 开发工具,在漏洞影响电网之前检测、避免、阻止和缓解漏洞,从而防止电力系统的中断或故障。

(2) 了解加拿大能源部门和其他关键基础设施部门的相互关联性,从而帮助规划管理可能造成系统故障或影响多个司法管辖区的重大孤立或级联事件。

(3) 与能源部门所有者/运营商、监管机构、政府部门和机构共享可操作的威胁信息,并共享最佳做法。

(4) 加拿大安全部门和加拿大警方作为能源相关举措的合作伙伴,向具有所需安全许可并需要了解的利益相关者提供服务。

(5) 协助利益相关者就电网现代化和审慎的安全投资做出决策。

(6) 共享特定行业的网络安全/威胁信息,并提出缓解措施建议。

(7) 与加拿大十大关键基础设施部门的代表合作,提高认识,为应急准备、响应和恢复提供信息。

NRCan 和 PS 的行动计划如下。

(1) NRCan 将与 PS 合作,建立一个用户社区门户,利用公共安全的关键基础设施网关,在能源和公用事业部门网络(EUSN)成员之间共享信息。

（2）NRCan将与能源部门行业协会合作，组织年度高级政府和行业会议，讨论新出现的安全问题，并制定解决这些问题的具体措施。

（3）NRCan将进行分析并制作特定部门的安全公告，以与EUSN成员共享信息。

（4）NRCan将促进与加拿大各省、地区和电力监管机构就电网安全、弹性投资和现代化进行讨论。

（5）PS将与NRCan合作，提高加拿大电力部门利益相关者对加拿大网络事件响应中心（CCIRC）社区门户的认识并鼓励使用。

（6）PS将与NRCan合作，与能源、金融、信息和通信技术等部门的政府和私营部门代表合作，解决关键的依赖性/相互依赖性。

（7）PS将与NRCan合作（地理分析和紧急地理信息服务），探索利用能源基础设施地图的可行性，以帮助预测和减轻电网中断的级联影响，并确定与其他关键基础设施部门的相互依赖性，以评估风险和增强韧性。

（8）PS将继续努力增加和加强与电力部门的合作，包括分发，旨在保护电力系统并提高其恢复力。

（9）NRCan和PS将制定一个框架，以增强事件期间的态势感知，并确定政府和行业的关键角色和责任，以便在紧急情况下向电力部门所有者和运营商提供可信、及时和可操作的信息。

（10）PS将与NRCan和美国能源部合作，根据基础设施所有者和运营商的协议，与美国国土安全部合作，对跨境地区内的电力设施进行一系列现场评估，以衡量韧性和解决脆弱性问题。

2. 目标二：管理突发事件并加强应对和恢复工作

子目标如下。

（1）改进应急响应和连续性。

（2）支持互助，以从物理和网络威胁造成的中断中恢复。

（3）确定紧急情况下的依赖性和供应链需求。

（4）恢复和重建。

具体措施如下。

（1）设计并开展桌面演习，提高人员和组织应对和从电网事件中恢复的能力，并利用所学知识调整流程和程序。

（2）与能源部门合作，交流与电网安全相关的信息和专业知识，从而帮助行业和政府提高电网弹性、提高技术能力和促进创新。

NRCan和PS的行动计划如下。

（1）寻求专家利益相关者对关键基础设施恢复力（包括电网）关键问题的看法，并就加拿大政府的电网安全未来议程征求专家意见，该议程分为三个行动领域：电网韧性、网络能力以及电网安全创新。

（2）NRCan 和 PS 将与加拿大电力协会合作，澄清及总结联邦和部门特定的资源和能力，以应对网络安全威胁和事件。

3. 目标三：建设更安全和具有可恢复力的未来电网

子目标如下。

（1）了解和管理与电网技术和电网设计相关的风险。

（2）开发和部署安全和弹性的工具和技术。

（3）将安全性和韧性融入规划、投资和政策决策，协调美国和加拿大之间的跨境电网整合。

（4）了解和缓解气候变化带来的风险。

（5）培养高技能劳动力。

具体措施如下。

（1）为能源设施所有者/运营商、高级 IT 专业人员、控制室运营商和决策者提供与电网安全相关的实践技能培训和知识传授。

（2）进行创新研究和开发，以开发和测试工业控制系统的新技术。

（3）提供安全设施评估和管理级别的分类简报，以帮助能源部门所有者/运营商解决缺陷，并进行改进，以提高资产和运营的安全性和弹性。

（4）在开发新技术时，一开始就将安全和复原力因素纳入清洁能源倡议。

（5）提供指导行业运营和应急响应活动的工具和标准。

（6）与跨境能源基础设施相关的跨境举措合作，以管理气候变化风险和不断演变的电网安全问题。

NRCan 和 PS 的行动计划如下。

（1）PS 将与 NRCan 和电力行业利益相关者（如加拿大电力协会）合作，探索利用区域韧性评估计划的机会，以帮助识别脆弱性和依赖性，并探索未来加强该计划的机会。

（2）在基础设施所有者和运营商的同意下，NRCan 将进行电网物理安全设施审查；工业控制系统设备和软件技术测试；定向研发；为能源基础设施控制室操作员、IT 工程师和电网安全专家提供专门的电网安全实践培训和模拟演习。将开展研究和开发活动，以增强电网物理工业控制系统的关键基础设施弹性和安全性。

（3）NRCan 将加强信息共享，促进国内和国际研究组织之间的合作，以解决能源安全和恢复力问题。

（4）NRCan 将寻求机会将安全考虑纳入内部和联邦资助的能源创新研发（如智能电网、电动汽车）。

（5）NRCan 将进行研究、分析并共享信息，以帮助减轻所有危害的影响，从而为应急管理举措提供信息，并改进响应，为规范和标准制定提供信息。

（6）NRCan 将编制一份加拿大能源部门气候变化适应的现状报告。该报告将分析加拿大能源部门受气候变化影响的风险、应对能力以及机遇。

（7）NRCan 将与美国能源部分享有关管理气候变化风险的工具和信息、成本效益以及提高抗灾能力行动措施的信息。

（8）NRCan 将与加拿大利益相关者、美国能源部和其他相关组织协商，以确定活动，更好地理解和评估气候变化对跨境基础设施造成的风险以及所需的行动，减少风险，并在有共同利益的地方实施有针对性的活动。

（9）PS 将促进公共安全投资组合机构、CCIRC 和私营部门所有者/运营商之间建立强有力的伙伴关系，以确保快速发现电网异常，并广泛分享缓解措施。

3.2　极端气候下电网安全研究论文分析

研究论文是科研创新成果的重要载体形式，通过对极端气候下电网安全研究论文的分析可以全面了解电网安全技术相关研究创新进展。

3.2.1　文献检索与分析方法

在科技文献调研和专家咨询的基础上，首先明确几种与电网安全紧密相关的极端气候类型和自然灾害类型，包括极端低温、极端降雨、雷击、强风（飓风）、地震和泥石流，再据此确定全球极端气候下电网安全研究涉及的主要关键词（中英文），如表 3.2 所示。

表 3.2　文献检索中英文关键词列表

分类	中文	英文
极端气候	极端/罕见气候	extreme climate; extreme weather; rare climate; rare weather
	极端/罕见气象灾害	extreme meteorological disaster; rare meteorological disaster

分类	中文	英文
极端低温	极端/罕见低温	extreme low temperature； rare low temperature
	极端/罕见冰冻	extreme freezing； extreme frost； rare freezing； rare frost
	极端/罕见严寒	extreme cold； rare cold； rare severe cold
极端降雪	极端/罕见降雪	extreme snowfall； rare snowfall
	极端/罕见暴雪	snowstorm； blizzard
极端降雨	极端/罕见降雨	extreme rainfall； extreme precipitation； rare rainfall
	雷暴/暴雨	thunderstorm； rainstorm； torrential rain
雷击	雷击	lightning strike； thunderstrike； lightning stroke
强风	台风/飓风/龙卷风	hurricane； typhoon； tornado
	强风暴	strong storm； severe storm
地质灾害	地震	earthquake
	泥石流	mud-rock flow； debris flow

续表

分类	中文	英文
电力系统	电力系统	power system; electric utility system
	电网	power grid; power network; electricity grid; electricity network; electric network; power supply network; power transmission network
	智能电网/微电网	smart grid; microgrid
	电力基础设施	power infrastructure; power facilities
	电力设备	power equipment
	发电站、发电厂	power plant; power station
	输电线路	power transmission line
	架空线路	overhead power line; overhead line; overhead transmission line
	高压线路	high voltage line; high voltage transmission line; HV line; HV transmission line; UHV line; UHV transmission line; EHV line; EHV transmission line
	输电杆塔	transmission tower; transmission pole; pole-tower
	变电站	substation

分类	中文	英文
电力系统	配电网	power distribution system; power distribution network
	配电线路	power distribution line
	配电站	distribution station; distribution room
电网安全	电网安全	grid security
	供电安全	power supply security; power supply safety
	供电中断	power supply interruption; power interruption
	停电	power outage; power cut; power failure; black out
	电网弹性	gird elasticity; grid resilience
	电力恢复	power recovery; gird recovery

根据关键词构建一系列的检索式,在 WOS、EI、中国知网等国内外权威文献数据库中进行检索,共获得相关文献 3715 篇。检索时间为 2022 年 11 月 7 日。

3.2.2　极端气候下电网安全技术研究与应用

本节基于全球极端气候下电网安全领域的科技文献,运用文献调研、文献计量学、统计分析和文本挖掘等分析方法揭示该领域的研究与应用情况。总体上来看,全球极端气候下电网安全技术研究主要关注强风、雷击和地震三大极端气候和地质灾害类型(见图 3.2)。

3.2.2.1　极端气候下电网安全技术研究的重点领域

基于全球极端气候下电网安全领域文献的全面、细致分析,本节总结和分析台风、雷击、地震、冰冻等极端气候下电网安全技术研究的重点领域,包括极端气候类型、技术类别、技术名称、技术特点、技术发展阶段、应用效果等(见表 3.3)。

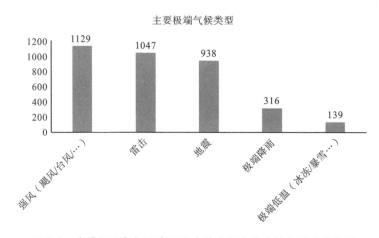

图 3.2 全球极端气候下电网安全技术研究关注的主要灾害类型

表 3.3 极端气候下电网安全技术研究创新进展

极端气候类型	技术类别	技术名称	技术特点	技术发展阶段	应用效果
台风/飓风	监测技术	利用光纤传感系统实时监测高压输电塔的风振	光学传感探头由一根薄芯光纤同轴拼接而成,光纤芯中刻有倾斜光纤光栅,并与一根引入单模光纤相连	研究阶段	—
		结合 YanMeng 风场和输电线路气象监测系统的台风反演方法	该方法的监测精度较高	应用于 110 kV 双回路输电线路	—
		高寒地区输电线路在线监测装置	高寒地区大跨度导丝风振评价标准和基于旋转运动效应指标的疲劳损伤预警模型	研究阶段	—
	预警技术	台风天气下考虑塑性疲劳损伤的输电塔预警方法	选择台风预警起点,确定受台风影响的风险塔,计算台风在风险塔上的持续时间和变化风速,将低周疲劳损伤数学模型与改进的泊松公式结合得到输电塔的失效概率	研究阶段	—

极端气候类型	技术类别	技术名称	技术特点	技术发展阶段	应用效果
台风/飓风	预警技术	台风灾害下输电线路损伤预警的混合预测	基于极值Ⅰ型概率分布、蒙特卡罗方法和随机森林的混合预测模型，量化台风灾害下输电线路的损坏概率	研究阶段	—
		基于风预报的架空输电线路摆动流量概率预警方法	短期风预测架空输电线路的风摆动放电概率预警	研究阶段	—
		台风和暴雨下电网故障的时空预警	将停电防御系统的数据采集范围扩展到宏观气象预报信息和本地气象数据	研究阶段	—
		输配电线路台风灾害气象监测预警平台	该平台基于 SOA 服务体系，采用分层设计方法，并在监控平台与电网系统之间建立数据接口	应用	有效
		通过整合台风信息扩展电力系统预警防御方案	根据输电线路的地理特征和环境特征评估其动态变量，包括输电线路在风圈中的长度、持续时间、平均降雨量等，利用模糊数学建立概率模型，获得整个输电线路的故障概率	研究阶段	—
		基于电网气象监测数据的输电线路台风事故预警	提高台风灾害局部地形空间的预警精度和可信度	应用	有效
	预测技术	输电线路的启发式故障预测	基于小气候分析的启发式输电线路故障模型	研究阶段	—
		风暴引起电网损害预测方法	一种基于机器学习的损伤预测方法，结合加权极值学习机（ELM）和长短期记忆模型（LSTM）的应用来预测风暴事件引起的电网损坏	研究阶段	—

续表

极端气候类型	技术类别	技术名称	技术特点	技术发展阶段	应用效果
台风/飓风	预测技术	台风下低压线路损伤预测方法	通过灰色关联分析,选取 18 个相关度大于 0.75 的影响因素,并通过因子分析将其转化为 6 个共同因素。建立一个通过改进的重力搜索算法优化的极限学习机,以预测台风对低压线路造成的损坏	研究阶段	—
		高压架空输电线路台风灾害预测方法	分析阵风与平均风速之间的关系,提出确定跳线摆动和塔架结构损坏风险等级的标准	在浙江省应用	有效
		基于生成对抗网络的电网脆弱性分析学习方案	该方法检测台风下电网故障发生的概率大大提高,在极端事件中预测电网故障的概率提高了 8.9%	研究阶段	—
		基于数据驱动模型的配电网 10 kV 铁塔台风灾害损伤预测	考虑气象、电网和地理信息	研究阶段	—
		基于多因素修正的台风灾害输电线路故障预测方法	结合传统的风荷载模型和多因素分析数据挖掘技术	研究阶段	—
		基于堆叠集成结构的台风灾害停电空间预测方法	选择算法,利用堆叠集成技术构建中断空间预测模型	研究阶段	—
		基于多算法叠加集成的台风灾害下用户中断预测	基于机器学习中的堆栈集成思想,构建台风灾害下用户中断的预测模型。预测模型包括基础学习层和元学习层	研究阶段	—
		数据驱动预测遭遇台风停电的配电网用户数量	考虑来自气象因素、地理因素和电网因素的 26 个解释变量,可以在现有基础上通过连续学习提高预测精度	研究阶段	—
		台风灾害下用户停电面积预测	基于随机森林算法的台风灾害下用户停电面积预测与评估方法	研究阶段	—

续表

极端气候类型	技术类别	技术名称	技术特点	技术发展阶段	应用效果
台风/飓风	预测技术	台风灾害下停电的空间分布预测	预测算法使用多种信息源,包括气象、地理、电网数据,考虑 14 个特征,将停电面积预测与停电概率预测结合	研究阶段	—
		基于多层感知器的塔架风场力学响应预测	利用机器学习原理,建立不同天气下塔架响应模型,利用 MLP 多层感知器模型预测风场中的塔架应力值。预测的准确率为 96.5%	研究阶段	—
		基于天气信息粒子缩减的台风周期短期电力负荷预测	将台风期间的电网负荷水平趋势作为分段函数,通过拟合关键因素的多元线性回归,建立负荷变化模型	研究阶段	—
	台风下电网应急和恢复技术	基于风险的电力系统优化调度策略	该模型考虑电力系统运行成本和风险,定义实时线路故障率和支路过载值	研究阶段	—
		一种灵活、可靠和智能的电能输送系统	在恶劣天气期间提供近乎不间断的服务,并对关键电力基础设施进行实时监控		—
		利用光伏能源的救灾管理和抗灾能力	通过太阳能发电为遭受飓风灾害的家庭和社区提供电力,增强社区的恢复能力		—
		新型冷、热、电、水联合循环系统	该系统为分布式能源系统,适用于容易因飓风而导致电网严重中断的地区。该系统支持隔离服务岛内的大部分或所有服务,从而降低停电带来的影响		—
		采用和实施应急备用电源	适用于易遭飓风袭击的学校、医院、养老院等机构		实用、有效
		考虑风电强制切断的配电系统恢复,用 MESS 和 RC 的弹性调度	通过移动储能系统(MESS)、维修人员、网络重构和分布式发电机的弹性调度来恢复供电	研究阶段	—

续表

极端气候类型	技术类别	技术名称	技术特点	技术发展阶段	应用效果
台风/飓风	台风下电网应急和恢复技术	考虑交通状况和配电网信息集成的配电网台风后抢修方法	建立考虑交通中断的两层抢修策略优化模型,协调和优化抢修人员、抢修材料、移动电源、网络重构和其他资源,以减少经济损失	研究阶段	—
		基于软开关点(SOP)的城市配电网和天然气管网在台风天气下的负荷恢复方法	计算台风下配电网的线路故障率,将燃气轮机和电动压缩机视为集成电-气能源系统的耦合单元,并建立相关模型,采用 V/f 控制模式安装在配电网中的 SOP 来恢复电气负载,并为故障侧的负载提供电压支持	研究阶段	—
		台风灾害下电力抢修路径优化模型	使用随机森林算法预测中断用户的数量,利用遗传算法根据损伤程度优化修复路径	研究阶段	—
		使用天然气热电联产系统确保关键市政服务的应急电力	抢先安装新的热电联产(CHP)发电技术,以确保飓风多发地区关键市政服务的长期可靠电力供应	研究阶段	—
		配电系统弹性恢复中电动客车的路由与调度	电动公共汽车充电临时移动电源,其合理调度能够增强配电网的恢复能力	研究阶段	—
		弹性综合电力和天然气分配系统的多阶段随机规划	采用三阶段建模来量化系统对台风动态过程的弹性	研究阶段	—
		台风灾害下区域综合能源系统的优化运行	该系统具有多能源设备和需求响应负载。仿真结果表明,该系统在台风天气下可以提高电网的恢复能力	研究阶段	—
		台风来临前配电系统中的资源分配策略	将分配问题转化为混合整数随机非线性规划,通过求解混合整数线性规划来获得分配方案	研究阶段	—

极端气候类型	技术类别	技术名称	技术特点	技术发展阶段	应用效果
台风/飓风	台风下电网弹性增强技术	考虑电动客车配电系统中面向抗灾能力的台风前资源分配	考虑分配柴油和电池等发电资源,以及电动公共汽车	研究阶段	—
		大型海上风电有序削减策略	减轻风电爬坡影响的框架		—
		利用分散的人工智能增强能源网络的弹性	为使用分布式存储和需求响应资源的弹性管理系统提出一种去中心化策略		—
		用于电力系统弹性的智能家庭能源管理系统	一种智能控制系统。在2017年飓风伊尔玛期间进行了为期一周的模拟。该系统可以将PV＋电池系统的成本减半,以提供一定的弹性性能		—
		通过优化分布式能源托管和放置增强电网弹性	该算法结合一种独特的关键基础设施排序方案,在确保最大限度地托管分布式能源的同时,优先考虑用于分布式能源放置的CI节点		—
		生物激励鲁棒电网设计	在输电网络设计中最大化生态鲁棒性的方法通过建立具有电力系统约束的混合整数非线性规划优化问题来实现。优化后的电力系统在意外情况下提高了鲁棒性和可靠性		—
		基于鲁棒优化的抗灾配电网规划	两阶段鲁棒优化模型,配电网规划中考虑硬化和分布式发电资源配置		—
		多个储能系统均衡配置策略	考虑配电网的弹性和经济效益之间的平衡	研究阶段	—

续表

极端气候类型	技术类别	技术名称	技术特点	技术发展阶段	应用效果
台风/飓风	台风下电网弹性增强技术	考虑弹性与经济平衡的配电网移动储能优化配置策略	综合考虑弹性与经济性	研究阶段	—
		基于深度学习算法的输电塔自动检测技术	从无人机拍摄的视频帧中快速、准确地检测输电塔	研究阶段	—
雷电/雷击	雷电监测预警技术	基于大气电场和雷电位置数据的雷电预警方法	实现针对目标区域的小尺度、短时雷电预警	应用	有效、实用
		集成多传感器的输电通道雷电接近预警系统	采用由基站、中心站和应用终端组成的三部分结构,结合多传感器数据,包括大气电场、雷电探测数据、雷达回波和卫星云图	已覆盖我国16家省级电力公司和300多个基站	有效、实用
		输电线路雷电监测预警网络建设方案	评估输电线路的雷电风险水平,考虑雷电移动趋势,结合雷电预警装置的运行特点和选址特点	研究阶段	—
		基于弱光纤布拉格光栅阵列的光纤复合架空线雷电监测技术	监测雷击引起的温度变化,实现了雷击等级识别和雷击定位	研究阶段	—
		整合广域气象信息的电力系统预警防御方案	考虑实时信息的雷击故障年平均概率模型,该模型不仅与时间有关,而且与空间有关	研究阶段	—
		山区输电线路雷击跳闸预警	结合蒙特卡罗方法和雷电分形模型的输电线路雷电跳闸预警算法	在云南电网应用,2021雷暴季节的预警准确率为87%	有效、实用

极端气候类型	技术类别	技术名称	技术特点	技术发展阶段	应用效果
雷电/雷击	雷电监测预警技术	电网雷暴分区预测响应监测预警	雷雨天气下配电线路的可靠模型量化了雷雨天气对配电网供电可靠性的影响,形成了一套合理的灾害预处理方案	研究阶段	—
		基于云平台的接地网腐蚀监测系统	将电化学技术、自动检测技术和云计算技术结合,实现接地网腐蚀的远程监测	研究阶段	—
		基于贝叶斯网络的输电线路雷电概率预警	基于贝叶斯网络建立温度、降水、气压、风向、风速和湿度等气象信息与雷电属性之间的非线性相关模型	研究阶段	—
		使用分布式光纤传感器监测光纤地线的健康状况	采用布里渊光时域反射(BOT-DR)法	研究阶段	—
		输电线路无源广域多状态参数监测	多参数相干分布式光纤传感装置	研究阶段	—
		基于雷电定位系统的电力系统故障预警	利用雷电定位系统(LLS)和调度自动化平台 D5000 提供的信息生成电力系统预期事故的方法	应用于四川电网调度自动化系统	有效、实用
		基于雷电位置数据的紧凑型电力走廊连续雷击预警	充分挖掘大量历史闪电位置数据,并基于雷暴云移动轨迹的预测结果	研究阶段	—
		架空配电网在线状态监测与故障定位系统	该系统在电网的许多监测点监测每相上的电压和电流的变化。发现可疑情况后,系统将从相关点收集波形。通过瞬态电压和电流信号来定位故障	在南网应用	有效、实用
		根据闪电定位系统收集的数据预测雷暴趋势	包含了相关地区云对地(CG)闪电密度和 CG 频率随雷暴演变和消亡的变化	研究阶段	—

续表

极端气候类型	技术类别	技术名称	技术特点	技术发展阶段	应用效果
雷电/雷击	电网主动防雷技术	基于 LPM 的 +/−1500 kV 特高压直流架空输电线路的防雷技术	给出了雷电屏蔽失效和雷击回闪率的计算方法,估算了 +/−1500 kV 杆塔和线路参数,计算了雷电屏蔽失效和击穿闪络率,给出了接地电阻的要求和接地线保护角的推荐值	研究阶段	—
		基于实时雷电跟踪的电网动态控制方法	基于实时雷电检测结果,结合智能电网的动态雷电保护主终端,实现潮流调整和电力负荷转移	研究阶段	—
		防止雷击导致 10 kV 架空绝缘包覆导线断裂的夹柱复合绝缘子	可夹持绝缘包覆导体的工频电势,雷电脉冲闪络路径位于高压电极和低压电极之间,从而使工频电弧的弧根脱离绝缘包覆导体,到达高压电极的负载侧并燃烧	研究阶段	—
		风机叶片尖端覆导体防雷设计	一种在叶片尖端外侧前缘和后缘上覆盖导体的设计方案,导线的覆盖长度为风力涡轮机叶片总长度的 12%,可将雷电伤害降低 90% 或以上	研究阶段	—
		基于雷电预警的重要输电线路潮流优化策略	通过控制关键电源的输出来调整受到雷击威胁的输电线路的功率流	研究阶段	—
		500 kV 高空线路避雷器配置方法	对串联纯空气间隙避雷器和串联绝缘子支承间隙避雷器的结构设计和技术参数提出了初步建议值	研究阶段	—
		新型带刺电弧保护硬件	该硬件可以定位雷电闪络的路径,并使工频电弧的根部离开绝缘覆盖导体。因此可以避免雷击引起的绝缘覆盖导体断裂	研究阶段	—

续表

极端气候类型	技术类别	技术名称	技术特点	技术发展阶段	应用效果
雷电/雷击	电网主动防雷技术	基于多短路间隙原理的新型配电网防雷装置	该装置允许通过雷击建立电弧，利用电弧产生的高温和高压延伸电弧，直到电弧熄灭。该过程持续时间短,不会发生由继电保护装置引起的动作跳闸	研究阶段	—
		分布式预防控制提高短期电压稳定性	基于需求响应的分布式预防控制提高短期电压稳定性	研究阶段	—
		基于自适应控制律的电力系统暂态稳定	使用反馈线性化技术和自适应控制方法来提高电力系统的暂态稳定性和电压调节	研究阶段	—
		雷击触发塔阵列	强雷击区域输电线路区域防雷,塔区输电线路的雷击跳闸次数明显减少	研究阶段	—
		重冰区输电线路防雷方法	安装双面屏蔽地线,并且在侧屏蔽地线系统和输电线路系统之间进行电气连接,雷电耐受水平更高	研究阶段	—
		可再生能源输电用直流避雷器现场直流测试系统	该系统由锂离子电池供电,采用分体式设计和现场集成组装,采用蓝牙遥控模块,无需现场拆除线路避雷器即可完成直流参考电压测试	研究阶段	—
		电网主动防雷系统	根据实时雷电探测或追踪信息,提前采取预防措施	研究阶段	—
		基于雷电预警的特高压直流系统主动防雷策略	利用 PSASP 软件建立四川电网汛期多个特高压直流系统的仿真模型	研究阶段	—
	雷击故障抢修与电网恢复技术	输电线路雷电故障自动诊断技术	利用雷电定位系统的相关信息、GIS 信息、故障记录仪数据、调度自动化数据和多终端故障定位信息等信息,实现铁塔的准确定位和输电线路故障的自动故障诊断功能	研究阶段	—

续表

极端气候类型	技术类别	技术名称	技术特点	技术发展阶段	应用效果
雷电/雷击	雷击故障抢修与电网恢复技术	输电线路雷电故障定位与可视化技术	实时故障信息通过故障视觉通知系统发送给相关工作人员,减少因雷击引起的输电线路故障停机时间	研究阶段	—
地震	监测预警技术	基于动态潮流模型的有源配电网故障预警	模拟配电网对地震等极端事件的恢复能力,演示动态潮流模式与负载损失的关系,实现配电网故障的早期预警	研究阶段	—
		基于光纤传感网的山区变电站地质安全监测技术	—	研究阶段	—
		基于深度学习算法的输电塔自动检测技术	从无人机拍摄的视频帧中快速、准确地检测输电塔	研究阶段	—
地震	电网抗震弹性增强技术	变电站设施抗震性能提升技术	基于非线性准零刚度理论的变电站机柜隔离装置设计方法	研究阶段	—
		特高压瓷套管避雷器标准化抗震安全性能优化	提出了避雷器抗震性能的优化设计原则,通过数值模拟确定更合理的瓷套结构参数	研究阶段	—
		震后对工业、商业和住宅部门的供电需求侧管理	可以调节电力消耗,以提高社区韧性	研究阶段	—
	震后电力恢复技术	震后电力恢复任务的优化调度方法	一个随机整数程序,用于确定如何安排检查、损害评估和修复任务,从而优化电力系统的震后恢复	研究阶段	—
暴雨/洪水	电网弹性增强技术	考虑弹性与经济平衡的配电网移动储能优化配置策略	综合考虑了弹性与经济性	研究阶段	—

续表

极端气候类型	技术类别	技术名称	技术特点	技术发展阶段	应用效果
暴雨/洪水	电网弹性增强技术	考虑弹性与经济平衡的配电网移动储能优化配置策略	综合考虑了弹性与经济性	研究阶段	—
		生物激励鲁棒电网设计	在输电网络设计中最大化生态鲁棒性的方法,通过建立具有电力系统约束的混合整数非线性规划优化方法实现。优化后的电力系统在意外情况下提高了鲁棒性和可靠性		—
	预警技术	暴雨下电网故障的时空预警	将停电防御系统的数据采集范围扩展到宏观气象预报信息和本地气象数据	研究阶段	—
冰冻/冬季风暴	监测技术	使用分布式光纤传感器监测光纤地线的健康状况	采用布里渊光时域反射(BOT-DR)法	研究阶段	—
		输电线路无源广域多状态参数监测	多参数相干分布式光纤传感装置	研究阶段	—
冰冻/冬季风暴	预警预测技术	新能源电力预测与气象灾害预警平台	新能源发电量的准确预测以及风机结冰预警	研究阶段	—
		基于人工智能的导线舞动预测器	使用分类和回归树(CART)处理不平衡的数据集,用于导体舞动预测	研究阶段	—
		输电线路分段结冰预测方法	基于结冰周期和改进极值学习机的输电线路分段结冰预测	研究阶段	—
	电网应急和恢复技术	部署液化天然气管式拖车增强应急供热和供电	提出了液化天然气管式拖车的最佳预分配策略	研究阶段	—
泥石流	监测技术	基于光纤传感网的山区变电站地质安全监测技术	—	研究阶段	—

续表

极端气候类型	技术类别	技术名称	技术特点	技术发展阶段	应用效果
所有极端气候类型	监测预警技术	考虑极端气候条件的配电网智能预警	用于智能网关中配电网运行故障预警的智能挖掘算法,可以有效地挖掘和分析台风、冰灾、雷暴和极端高温等气候数据	研究阶段	—
		架空配电线路故障预警	使用天气数据和梯度增强的位置、规模和形状模型预测架空配电线路故障	研究阶段	—
		基于物联网的变压器故障预警	利用物联网技术收集高压变压器周围的环境信息,利用 BP 神经网络建立安全预警模型,并利用国家电网统计数据对模型进行训练	研究阶段	—
		电力安全预警可视化平台	采用了新的分层可视化技术,从采集系统中获取信息,结合了安全、稳定和控制的电气技术,很好地显示了雷电、台风、结冰和山火对电气安全运行的影响	研究阶段	—
		基于大数据技术的电网气象灾害预警系统	通过对电网数据和气象数据的分析,结合 GIS 和可视化技术,实现气象数据监测与显示、气象分析与预报、灾害动态模拟、转移路线绘制、应急预案生成、人员和物资调度、应急信息发布等功能,实现多部门应急指挥业务的无缝集合,资源共享	研究阶段	—
		考虑极端天气影响的 BP 神经网络配电变压器预警	利用 BP 神经网络,考虑极端天气等非线性因素,更准确地实现配电变压器故障预警	研究阶段	—
		基于地理信息和外部环境的电网地图设计	通过地理位置组织电力信息、天气和气象灾害等多源相关信息,帮助监管机构预测、预研和预控电网风险	研究阶段	—

极端气候类型	技术类别	技术名称	技术特点	技术发展阶段	应用效果
所有极端气候类型	电网主动预防技术	电力系统骨架网络关键线路的识别和加固	基于改进 VIKOR 方法的极端天气条件下电力系统骨架网络临界线识别		较好
		基于机会约束的风险感知最优潮流级联故障预防	考虑级联故障影响的基于机会约束的最优潮流模型,它可以将级联故障的威胁降低到可接受的水平	研究阶段	所有极端气候类型
		提高电力系统弹性的极端天气连续故障预防控制	基于泊松过程理论对连续故障传播进行建模,量化了电网调节能力和行动,提出了连续故障的系统预控框架,以检测潜在风险,预测停电	研究阶段	所有极端气候类型
	电网弹性增强技术	极端天气条件下的电力经济调度	使用主动网络约束经济调度(NCED)策略增强电网弹性		—
		智能配电网自愈控制技术	该技术包括基础层、支持层和应用层,在智能配电网中应用该技术可以及时发现已经发生或即将发生的故障,并采取适当的纠正措施,将极端气候的影响降至最低	研究阶段	—
		极端天气下配电网的全时段弹性改进策略	包含灾前、灾中、灾后增强抗灾能力的框架。在灾前阶段,使用预防策略来避免严重损失。灾害发生后,可以优化故障部件的维护措施,以尽可能有效恢复配电网的弹性	应用于 2008 年中国北方冰雪灾害	有效
		耦合配电和运输系统弹性扩展和加固的三级规划方法	利用投资＋运营结合的方法增强耦合配电和运输系统的弹性。投资方法包括电力线、道路和充电站的扩容,以及道路和电力线的硬化。提出一个三级问题,以适应随机自然灾害	研究阶段	—

续表

极端气候类型	技术类别	技术名称	技术特点	技术发展阶段	应用效果
所有极端气候类型	电网弹性增强技术	弹性配电系统负载恢复的精确微电网形成模型	新的微电网形成模型考虑了功率平衡和运行可行性中的功率损耗和电压约束	研究阶段	—
		增强电力系统弹性的电网和电动汽车充电基础设施综合规划策略	该协调规划框架是一个稳健的三级混合整数优化模型,包括第一级的施工计划、第二级的最坏情况识别以及最后一级的运行成本和甩负荷优化	研究阶段	—
		用于增强配电系统弹性的移动电源的路由和调度	通过两阶段框架实现了移动电源的弹性路由和调度。事件发生前,将移动电源预先放置在配电系统中,以实现快速预恢复,提高关键负载供电能力。事件发生后,在配电系统中动态调度移动电源,以与常规恢复工作协调,从而增强系统恢复	研究阶段	—
		海岛100％可再生能源系统	该系统集成了电转气、制冷、供暖以及海水淡化技术,为当地居民提供电力、加热、冷却、天然气和淡水	研究阶段	—
		采用顺序主动操作策略增强弹性	将由极端事件演化驱动的系统状态的不确定顺序转换建模为马尔可夫过程,根据极端事件导致的故障率评估过渡概率,通过优化递归模型来建立最优策略。该策略可以减少由于极端事件的发展而造成的负荷损失	研究阶段	—
		面向弹性的广义储能城市多能源系统规划	确定多能源系统(如城市能源供应系统)的优化配置,同时考虑多能源系统中供应、网络和需求方的综合影响	研究阶段	—

极端气候类型	技术类别	技术名称	技术特点	技术发展阶段	应用效果
所有极端气候类型	电网应急与恢复技术	灾害后电动出租车的调度方法	使用电动出租车为配电网的事后恢复建立一个优化模型	研究阶段	—
		利用 AdaRank 学习排序方法对灾后电力系统的修复进行调度	利用 AdaRank 学习排序方法,通过组合从动态修复调度模型中导出的弱学习者来训练修复规则,通过迭代聚类训练案例并重新训练每个聚类的修复规则来构建修复规则集(RRS)	研究阶段	—
		灾后输电线路可用性评估方法	利用保护系统信息进行灾后输电线路可用性在线评估,以获得输电线路的损坏概率	研究阶段	—
		配电系统灾后服务恢复所需的维修和调度资源的协调	协调和优化维修人员、移动电源(MPS)、可再生能源(RES)、储能系统(ESS)等来恢复供电	研究阶段	—
		适应极端天气条件下电网恢复的方法	基于时序恢复决策的思想,避免极端天气对输电线路和发电机选择的影响,最大限度地降低系统恢复中二次故障的风险	在广东电网应用	有效、实用
		损毁变电站快速定位技术	基于谷歌地球图像自动验证变电站位置信息的深度转移学习方法	研究阶段	—
		基于多源数据的电网故障跳闸智能定位	基于各种业务系统的数据融合,实现故障跳闸装置的原因分析和自动分析,自动生成故障跳闸分析报告,自动推送监控系统故障报警并发送实时报警消息	研究阶段	—
		基于飞艇的电力系统应急通信	灾害发生时满足电力系统的通信需求	研究阶段	—
		基于图形分析的孤岛微电网恢复	一种黑启动恢复方法,在停电后形成孤岛微电网	研究阶段	—

续表

极端气候类型	技术类别	技术名称	技术特点	技术发展阶段	应用效果
所有极端气候类型	电网应急与恢复技术	岛状下垂控制微电网的黑启动恢复	一种新的微电网黑启动顺序恢复方法	研究阶段	—
		微电网发电资源的调度	具有多个本地代理的 Q 学习方法,能够有效地调度微电网发电资源,以应对天气相关的紧急事件	研究阶段	—
		考虑后续随机突发事件的风电穿透配电系统混合随机鲁棒服务恢复	一种基于微电网的服务恢复方法,用于恢复风电穿透配电系统中的临界负载,并考虑后续随机突发事件的影响	研究阶段	—

3.2.2.2 极端气候下电网安全技术研究进展

1. 台风灾害下电网安全技术研究进展

作为极端天气中最典型的高影响、低概率事件之一,强风危害具有持续时间长、影响范围广和破坏强度高等特点。目前,全球针对强风下电网安全的预警和预测研究主要聚焦于灾前风速感知、强风引发输电系统部件故障预测和配电系统中建筑物的停电预测三个方面。

1)灾前风速感知

灾前风速感知研究中最常应用的方法是利用风场模型来分析和捕捉强风的风速特性。20 世纪末,随着观测工具的进步,各种经验或理论模型被提出来,用来分析受风危害地区的梯度风。梯度风是指自由大气中空气质量上的平衡力及其弯曲运动产生的风涡旋,不考虑阻力。梯度风风速由梯度风速方程计算得出。R. Russell Larry 首先使用有限的飓风数据统计获得了美国沿海地区关键飓风参数的概率模型;然后,使用蒙特卡洛方法在研究区域内生成更长时间内的随机飓风个例,以确定风况。随后,M. E. Batts 完善并发展了该方法,提出的 Batts 模型主要由风场模型和风衰减模型组成。这些模型基于经验代数关系。它们在估计海上和内陆风速时存在不同程度的偏差,因此存在一些局限性。为了更好地反映地理因素对风场的影响,广泛使用梯度风方程与经验参数模型结合的模型。其中,最常使用的两种风速感知模型是循环风速模型和平移风速模型。这两种模型都考虑了风速的地理、时间和不确定性因素。

2）强风引发输电系统部件故障预测

在输电系统的故障分析研究中，主要针对电力系统部件的强风袭击进行建模，以分析极端强风下的电力部件故障风险。有两种方法可用于建模风致部件故障：一种是基于风荷载计算的概率故障模型，另一种是根据脆弱性曲线的经验模型。这两种模型都分析了风速作用于组件的内在机制。

风致电力系统元件故障分析模型的分析步骤如下。

① 获得架空导线和塔的设计强度，或其能够承受的最大风荷载。

② 获取架空导线和塔的使用年限，并确定其是否处于稳定运行状态或是否需要加固。如果处于稳定运行状态，则取第一步设计强度的原始值；如果没有处于稳定运行状态，则需要修正强度分布函数。

③ 获取风参数并计算线路上的风荷载，然后根据极值风荷载计算施加的应力。

④ 计算导线和塔承受大于其设计强度的外加应力的概率。

（1）基于风荷载计算的失效概率模型。风吹在导线和塔的表面时会产生风荷载。它的值与风速的平方成正比，取决于风吹到建筑物上的角度和结构形状。计算输电线路风荷载的标准如下。

① 国际标准《架空输电线路的设计标准》（IEC 60826—2003）。

② 美国标准《输电线路结构荷载指南》（ASCE 74—2009）。

③ 欧盟标准《超过 AC 1 kV 的架空电线—第 1 部分：一般要求—通用规范》（EN 50341—1：2012）。

④ 中国标准《110 kV～750 kV 架空输电线路设计规范》（GB 50545—2010）。

不同的标准在风荷载计算方面存在显著差异。

（2）基于脆弱性曲线的经验模型。为了确定电力系统中不同组件对潜在极端风暴威胁的脆弱性，输电导线和塔的故障概率表示为风速的函数，以获得组件脆弱性曲线。如果每小时风速分布可用，则可以从脆弱性曲线映射中获得每个模拟步骤中每个组件的故障概率。有四种方法用于绘制脆弱性曲线，即判断法、经验法、分析法和混合法。判断法基于专家意见，但通常受限于专家评估的主观性质。经验法基于观察、测量和可用数据，而经验法通常受到观察数据可用性的限制。分析法基于表征结构性能极限状态的结构模型，通常受到模型缺陷、限制性假设或计算负担等的限制。混合法使用两种或多种方法的组合来克服各种限制。

3）配电系统中建筑物的停电预测

极端强风下配电网的停电预测研究通常采用配电系统数据驱动停电预测模型。预训练或动态自适应实时数据驱动的配电系统停电预测模型比输电系统单个部件故障预测模型具有更好的预测精度。学者通常采用的停电预测模型主要有统计学习方法中的回归模型和机器学习（ML）方法中的基于树的模型。前者的代表为广义线性模型（GLM），后者的代表为随机森林模型（RF）。

GLM 是典型的非线性回归模型，是线性统计模型中多元线性回归模型的扩展。GLM 由指数族的特定概率分布、线性预测器和与响应变量和线性预测器相关的链接函数组成。Liu 等使用对数链接函数 $g = \ln(\mu)$ 构建泊松回归模型，其中 μ 是泊松回归模型的参数向量。然后将负二项回归模型结合起来，以消除由于模型难以捕捉的某些特征变量中的估计误差而导致的数据过度分散问题。最后，训练了一个广义线性混合模型（GLMM），以使用来自三场飓风的数据预测每 1 km ×1 km 电网区域的停电，降低了停电位置的不确定性。Guikema 等研究了植被管理策略对正常运行条件下停电的影响，并比较了负二项 GLM 和泊松 GLMM 的统计拟合。结果表明，Poisson GLMM 更好地为管理者提供树木修剪计划的指导。

基于树的模型包括分类和回归树（CART）、贝叶斯加性回归树（BART）等。S. D. Guikema 等使用基于树的数据挖掘技术来估计在即将到来的飓风期间需要更换的线杆数量。Li 等基于随机森林算法和重要变量建立了一个全局变量模型来预测配电网用户的停电量，得到了较好的预测精度。Nateghi 等使用具有较少特征变量的公开可用数据集开发了具有高预测精度的随机森林模型，以估计配电网中停电用户的数量，并使用部分依赖图（PDP）技术估计不同变量对预测飓风引起的停电影响。Yuan 等使用两阶段随机森林分类和回归模型预测了中国广东省徐闻县 10 kV 配电网停电用户数量和受损塔数量，并通过静态和动态解释变量（如最大阵风风速）对台风进行了表征。

4）台风灾害后的电网抢修恢复

目前，学者针对台风灾害后电力系统恢复的研究主要侧重于灾后配电网的抢修与恢复，讨论的主题涉及抢修地点和位置确定、抢修的顺序、配电网恢复策略和方法等。

Wu 等针对风电场因风速过大切断后可能导致突然的电力短缺问题，提出了一种考虑风电切断的恢复方法，以增强配电系统的恢复能力。该方法为弹性协调方法，即利用移动储能系统（MESS）、风力发电和维修人员（RC）、网络重构和分布式发电机（DG）来恢复停电配电系统。该方法被表述为两个时间尺度上的两阶段模型。在长时间尺度上，MESS、RC、DG 和线路开关进行了稳健优化，以减少考虑风力切断的临界负载损失。在短时间尺度上，MESS 和 DG 的输出决策被重新调度，以补偿不确定性实现后的第一阶段策略。模拟结果表明，该方法可以将负载恢复量提高 24.1%。

Yu 等提出了考虑交通网与配电网信息集成的配电网台风后抢修策略优化。作者在构建信息集成框架的基础上,建立了考虑交通网络中断的两层抢修策略优化模型,协调和优化抢修人员、抢修材料、移动电源、网络重构和其他资源,以减少经济损失。

Wang 等提出了基于软开放点(SOP)的城市配电网和天然气管网在台风天气下的负荷恢复方法。第一,基于台风风速模型,计算了台风下配电网的线路故障率。第二,将燃气轮机和电动压缩机视为集成电-气能源系统的耦合单元,并建立了相关模型。考虑到台风导致的配电网故障,提出了天然气管网故障分析方法。第三,采用 V/f 控制模式安装在配电网中的 SOP 来恢复电气负载。

Y. Ming-Jong 等认为确定紧急维修策略的关键是快速定位抢修单元站。根据抢修单元站的位置和数量是否固定,使用三种模型来帮助电力公司定位和调度维修。Zhang 等和 Zhu 等认为找到故障点的最短路径是紧急修复的关键,他们使用粒子群优化(PSO)和蚁群算法(ACO)来优化电力紧急修复路径。Shi 等在寻找最短路径时考虑了实时交通信息。卢等和张等讨论了停电负荷的修复顺序,以减少灾难后的负荷损失。Arab 等描述了台风前、台风期间和台风后的机组调度,并开发了用于台风下电力系统紧急维修的混合整数线性规划(MILP)。然而,电力抢修中存在着故障反馈不准确、资源利用效率低等问题。为了解决这些问题,越来越多的研究人员将地理信息系统(GIS)、个人数字助理(PDA)和全球定位系统(GPS)应用于电力抢修过程。

2. 雷暴灾害下电网安全技术研究进展

雷暴是对电网安全造成严重威胁的另一种常见气象灾害类型。雷暴发生时通常伴随雷击、闪电、强风和强降水,可能引发洪水、滑坡、泥石流等一些自然灾害。目前,围绕雷暴对电网安全的研究主要集中在雷暴引发的极端强降水和雷击对电网安全的影响,以下分别探讨。

1) 洪水灾害下电网安全技术研究进展

通过文献调研发现,当前学者开展的洪水灾害下电力安全技术研究较多。就整个电力系统而言,针对发电端的研究最多,其次是输配电端和负荷端。就电网而言,针对输电环节的研究最多,其次为变电和配电。从研究主题来看,洪水灾害下电网安全技术研究工作主要涵盖电网洪灾与故障的感知与预测、暴雨致电网破坏的机理研究、电网洪水致灾风险评估、电网洪灾恢复力评估、电网洪灾恢复力增强等几个方面。

(1) 电网洪灾与故障的感知与预测研究。

当前学者开展电网洪灾与故障的感知与预测研究所使用的方法主要有模型分析法、指标分析法、实证法等。

M. Movahednia 等提出了洪灾发生前一天主动式变电站加固的洪水感知最优

潮流模型,用于在洪水发生前一天使用老虎坝保护关键的变电站。E. Kabir 等提出了一种将混合模型与重采样和成本敏感学习结合的新方法,用于预测雷暴引发的停电次数的概率分布。J. Leandro 等针对德国慕尼黑洪灾下配电网的脆弱性,开展了洪水引发配电网故障的弹性建模研究。针对未来可能发生的洪水事件,计算了因洪水和受影响人员断电而导致的网络组件故障的时间和位置。Liu 等开展了基于合成孔径雷达图像的输电线路杆塔洪水测距算法及故障隐患识别研究,将水体与塔架的距离、搜索区域的洪水比和高程定义为塔架洪水危险性的评估指标,提出了基于塔架中心距离和塔架网格距离的输电塔架洪水识别算法。Nurul Na-jwa Anuar 等基于人工神经网络模型,根据水电站前池高程、进水流量进行预测,进而预测了水电站的洪水风险。Seongmun 等提出了一种基于机器学习的方法来预测遭受暴雨危害的电网状态,通过将成本敏感的学习算法应用于支持向量机模型,提高了模型的准确性。Oliveira Filho Orsino 等开展了基于实验室试验的 800 kV 多芯瓷绝缘子在大雨下的性能评价研究,指出在 5 mm/min 的降雨条件下,绝缘子闪络强度降低了 30%。陈笑等开展了电网致灾性强降水短时临近预报评估方法研究,指出移动路径和降水强度的预报效果略优于落区的预报效果,预报时效越短,强降水事件及其空间特征的预报能力越好。

(2)暴雨致电网破坏的机理研究。

当前暴雨对电网破坏的研究主要围绕暴雨对绝缘设备、绝缘子、输电塔基、电网通信的影响等方面。Yang Lin 等研究了大直径复合支柱绝缘子在强降雨条件下引起绝缘破坏的棚缘水滴全时域变形特性,表明水滴的初始直径、初始质量流量和直流电压对水滴在棚边缘的变形有显著影响。Liao 等基于电场模拟手段开展了特大暴雨对电力系统绝缘设备影响研究,结果表明,雨幕和雨滴都会引起电场畸变。随着雨幕长度的增加,棚面平均场强增大,棚气隙场畸变增大。Zhou 等以巴东燕子滑坡 500 kV 输电塔基为例,研究了强降雨下滑坡上输电塔基的破坏模式。S. Miraee Ashtiani 等认为洪水导致电网性能退化,并提出了一个方法论框架来评估受堤坝保护的电力网络在气候变化中对洪水的抵御能力。该框架量化了气候变化对防洪堤保护区洪水危险等级的影响,以及随后电网恢复力的变化。Li 等研究了洪水攻击对智能电网中时间关键通信的影响,结果表明,即使是低速率的洪泛攻击也会显著增加消息传递延迟,尤其是在使用无线网络时。张磊等提出了电力工程中溃堤洪水冲刷影响的简化判断方法,通过简化相关计算条件,以工程中常见的堤高及土壤粒径组合,计算了相应的冲刷影响值,有助于工程技术人员现场踏勘时根据堤高及土壤粒径条件快速、定性判断溃堤洪水对线路工程的影响范围及深度。常康等结合典型灾害案例,从雨闪、内涝、次生地质灾害三个方面归纳了暴雨灾害

影响电网安全的机理、途径及特点。吴颖晖等开展了基于 FloodArea 的台州 10
kV 配电网设施暴雨灾害临界雨量研究,结合 10 kV 配电网承灾体的信息分布情
况,确定研究区域内配电网设备不同致灾等级下的临界面雨量。

(3) 电网洪水致灾风险评估研究。

当前学者对电网洪水致灾风险评估研究主要采用概率统计分析、算法模型、基
于 GIS 法、指标分析等方法。

Sanchez-Munoz 等开展了巴塞罗那和布里斯托尔城市电网防洪风险评估研
究,使用概率方法分析了洪水危险图,量化了电气资产的故障风险概率及其潜在影
响。D. S. Munoz 等开发了一种基于地理信息系统(GIS)的电力行业洪水影响评
估工具,该工具提供了电网资产的统一和全局视图,并考虑了它们在故障情况下的
相互关系。该工具被应用于巴塞罗那城市实际洪水情景下,证明了通过该工具的
应用显著提高了电网的安全性,洪水极端事件引发的后果减轻了 60%,电网故障
概率降低了 50%。王峰渊等基于 GIS 对我国台州临海电网的暴雨灾害孕灾环境、
承灾体暴露性和防灾减灾能力进行了评估。Chen Mingwei 等根据输电塔的几何
形状和地形,提出了受洪泛影响的输电塔的综合风险评估框架。该框架由一系列
新的点云分割和拟合算法组成,包括现有的洪水风险指数(地形控制指数,TCI)和
输电塔的新风险指数(输电塔风险指数,TTRI)。该研究结果表明,高 TTRI 通常
与高洪水风险有关。Espada R. 等利用空间建模制定洪水风险和气候适应能力指
标,提出了 22 个指示变量,评估了关键电力基础设施的脆弱性。常康等构建了暴
雨引发电网故障的风险评估框架,提出了降雨强度、降雨量、有效降雨量三个关键
指标,并设计了实施暴雨预测、信息融合、关键指标计算、风险评估的基本流程。方
丽华等基于电网故障与气象因果关联分析,对线路的故障风险进行了评估,并以此
为依据选择电网运行方式以降低系统风险、提高系统抵御恶劣自然灾害的能力。
梁振峰等通过混合蒙特卡罗方法对配电网的运行状态和故障持续时间进行模拟,
基于配电网的拓扑结构,从可靠性、安全性和经济性三方面实现极端暴雨灾害下配
电网风险评估。

(4) 电网洪灾恢复力评估研究。

当前学者大多采用模型分析法和指标分析法评估电网在洪灾下的恢复能力。

Espinoza Sebastian 等评估了未来潜在的风暴和洪水对英国电网的影响,提出
了一个多阶段恢复力评估框架,用于分析任何可能对电力系统产生严重、多重和持
续影响的自然威胁。S. M. Ashtiani 等开展了气候变化下堤防保护区电网抗洪能
力研究,提出了一个弹性指数来量化防洪堤保护区电力网络抵御洪水的弹性。所
提出的恢复指数可用于评估自然灾害和极端气候对堤防保护区电网的影响。

Afzal S. 等开展了考虑相互依赖的临界负载山洪暴发对配电系统的时空影响建模和可再生发电机的动态服务恢复研究。该研究使用基于网格的流体动力学模型对山洪配电系统的时空影响进行建模,考虑了动态负荷需求、与可再生能源发电相关的严重不确定性以及关键负荷之间的相互依赖性。Yang 等基于超高效 DEA 和 SBM-DEA 方法开展了中国洪水脆弱性和恢复力评估研究,从投入产出角度建立了中国省级洪水脆弱性和抗洪能力评估模型,考虑了社会经济、洪水破坏、洪水驱动和环境因素,指出中国许多省份的相对抗洪能力仍有待提高,尤其是电力基础设施的恢复能力需要加强。T. Bragatto 等提出了一种评估配电网抵御洪水威胁的弹性程序。该程序从对电网每个资产的弹性进行详细分析开始,评估特定威胁造成的电力供应中断的影响,并计算了整个系统的弹性指标。结果表明,该程序确定的补救措施能够提高网络的弹性。Souto Laiz 等提出的受洪水影响地区的电力系统弹性评估方法考虑了水文模型的洪水预报和电气设备的位置,在现实的洪水场景中进行影响评估,并采用弹性规划策略。田甜等提出了洪涝灾害下配电网三维韧性指标评估体系,该体系包含状态、架构、时间维度的 12 个单项指标,可反映出暴雨量、分布式电源配置、重构开关操作次数等因素对配电网韧性评估的影响。

(5)电网洪灾恢复力增强研究。

Maedeh Mahzarnia 等认为洪水灾害下增强电网恢复能力的举措按时间可分为三类:基于恢复力的规划、基于恢复能力的响应和基于恢复性的恢复手段。M. H. Amirioun 等提出了面向极端洪水的用于增强微电网弹性的主动调度方法。该方法强调首先识别易受攻击的组件,将所有易受影响的部件跳闸,采取积极措施,最大限度地减少预防性削负荷。R. McMaster 等对 2007 年沃尔哈姆变电站成功抵御洪水的军民联合防御事件进行了研究,指出洪水灾害下多机构联合应急响应中的有效协调和高度信任问题。M. Khederzadeh 等针对洪水等自然灾害导致配电系统大面积中断问题,提出了一种基于微电网重构和应用结合的复杂解决方案,以使用生成树搜索策略来提高配电系统的恢复能力。M. Movahednia 等提出了保护变电站免受洪水灾害增强电网弹性的随机框架模型,通过随机资源分配方法,保护变电站免受洪水事件的影响。H. Tavakol Davani 等开发了增强电网防洪抗灾能力的决策支持系统,通过嵌入混合整数线性规划优化框架的传统水文、静水压和岩土工程计算,评估并最大限度地降低电线杆失效的概率。在美国几个流域内实施最低成本网络流量优化模型的结果表明,可以将大量洪水从电线杆处输送出去,以防止洪水造成的故障。L. Souto 等提出了结合硬化策略和定量指标的方法来提高潜在受洪水影响地区输电变电站的中期电力系统弹性。H. Hamidpour 等针对洪水等自然灾害,提出了一个包含双目标函数的弹性约束发电和输电扩建规划。数值模拟结果证实该方法能够同时提高电力系统的经济性、运行性、角稳定性和弹性。

2）雷电灾害下电网安全技术研究进展

当前,电网雷电防护研究主要涉及电网雷电监测预警、电网防雷评估和雷电防护措施。

（1）电网雷电定位监测技术研究进展。

电网雷电定位监测主要通过雷电定位系统、分布式雷击故障监测技术（DL-FOMS）、高速光学观测技术、直击雷测量技术等来实现近距离观测或直接测量雷电特征参数。

雷电定位系统（LLS）可实时获取记录包括云闪（IC）、地闪（CG）在内的雷电过程的时空分布、强度、极性等特征,在雷电参数与特性分析、雷电物理研究、雷电预警、风险评估与雷电防护等多领域有重要的应用。雷电定位系统也是当前电力系统研究雷电活动的最主要手段之一。当前,雷电定位系统的开发及其应用研究较多,包括雷电定位技术的研发和改进、雷电定位系统的评估、基于雷电定位系统的雷电活动与特性观测等。Sun 等利用短基线 TOA 技术对甚高频信号进行探测,结合基于小波分析的互相关时延估计算法,实现了对雷电活动的二维高时空分辨定位;Stock 等利用多基线干涉技术,改进了甚高频宽带干涉技术对弱辐射源的定位精度。

高速光学观测技术主要有两种手段:高速摄像技术和光电阵列观测技术。近年来,随着 CMOS 高速摄像技术的发展,高速摄像机被广泛应用于雷电观测中,其时间分辨率可达 μs 量级,在直窜先导、梯级先导、雷电连接过程、高空暂态发光、输电线路雷击模拟试验和实验室长空气间隙放电的观测中发挥了重要作用。光电阵列观测技术的典型系统包括自动雷电发展特征观测系统（ALPS）和雷电连接过程观测系统（LAPOS）。相对于高速摄像技术,光电阵列观测技术具有较高的时间分辨率。近年来,多名学者利用 ALPS 和 LAPOS 对雷电过程进行了大量观测。Chen 等利用 ALPS 对两次自然雷电的梯级先导特性进行了观测;Wang 等利用 ALPS 和 LAPOS 对回击起始过程的上下行先导发展速度、回击点高度等参数和回击光信号的高度衰减特性等进行了观测;Zhou 等利用 LAPOS 与电流测量系统对火箭引雷试验中回击过程的雷电流和发光强度进行分析,得到两者的幅值关系与时延规律。

（2）电网防雷评估研究进展。

电网防雷评估包括雷电参数选取和利用分析模型进行雷害风险评估两个方面。根据评估结果,可针对性地进行电网防雷改造。

雷电参数有两种来源:一种是间接计算,另一种是直接获取。间接计算是指采用线路走廊的雷电监测参数间接计算得到雷击参数,然后输入风险评估模型得到评估结果。这种方法的缺点是无法完全、客观地反映线路的实际雷击风险。得益于雷电/雷击监测技术的提高与数据的积累,学者与工程师们提出了直接获取雷击参数的分析方法,即基于雷击在线监测系统对线路本体雷击情况的长期监测数据,统计分析线路本体的雷击频度、雷电流幅值概率分布,获得比雷电定位系统更直接、准确的雷击参数。用于防雷评估的雷电参数包括雷电活动分布、输电线路结构及绝缘水平、地形地貌、气候条件、地面海拔高度和纬度等。

用于风险评估的防雷分析模型可分为两类:雷电反击分析模型和雷电绕击分析模型。输电线路反击分析模型经历了等值电感模型、波阻抗模型、全场域计算模型三个发展阶段。在我国规程中推荐输电线路反击耐雷水平计算时,将杆塔等值为一段等值电感,建立模型为集中参数模型,忽略了雷电流注入塔顶后在塔身的波过程,与实际情况差距较大。单一波阻抗模型将杆塔作为均匀参数,参数取值由杆塔的结构决定,虽然精度高,但模型无法输出杆塔横担电流及杆塔不同位置的电压。多波阻抗模型将杆塔不同位置用不同波阻抗等效,杆塔不同部位波速也取不同值。随着计算电磁学的发展,基于电磁场数值分析的方法避免了过多的假设和近似求取,在精度上具有很大优势。学者们将时域有限差分(FDTD)法和矩量法(MOM)用于雷击杆塔暂态过程的建模分析。前人建立的全场域三维时域有限差分计算模型,可方便接入集中参数的单元设备,但是未考虑火花效应的影响,有待进一步完善。精细化评估杆塔反击风险水平需要对逐个杆塔进行计算,求解工作任务量巨大、耗时较长,不利于工程应用。此外,采用黑盒建模的思想等效出关键位置电压响应传递函数构建等值电路模型,此方法可以大幅减少计算工作量。将全场域计算方法和黑盒建模的优势结合,从而建立适用于工程应用的精细化计算模型,具有重要的工程实践价值。

学者们从缩小尺寸模拟试验、模型计算和线路行波在线监测等方面分析了杆塔高度变化对绕击的影响,并取得了丰富的成果。例如,日本东京电力公司在对特高双回输电线路和 500 kV 线路进行数年观测后发现,雷击杆塔与雷击导线比例分别为 1∶3 和 1∶5,实际观测杆塔和避雷线遭受雷击次数之和分别是电气几何模型计算结果的 5 倍和 2.7 倍。特高压双回线路在负保护情况下,线路雷击闪络率达 0.9 次/100 km·a,且保护角最小的上相导线遭受雷击次数最多,利用长间隙放电试验观测数据修正了线路击距公式和对地击距系数,改进后的电气模型计算结果与观测数据仍存在明显差异。这说明计算模型对线路高度呈现出不同的适应性,未考虑地表目标物雷电迎面先导的电气几何模型仅适用于小尺度目标物的雷电屏蔽性能分析。前人提出了考虑复杂地形和输电线路开域电场计算方法,建立了计算空间电荷屏蔽作用的输电线路雷电先导三维模型,实现了输电线路雷击接闪过程精细化模拟,已应用于我国多个交直流超/特高压输电线路的绕击性能评估,并且取得较好的设计效果。地表目标物迎面先导和下行先导的特征物理参量和关键判据依赖于自然雷击放电观测和实验室长间隙放电观测数据,长间隙放电试验中空间电场的时空等效性需要重点关注,同时对简单间隙结构放电试验观测试验数据应用于分析复杂地面目标物防雷性能的适用性也应进行深入研究。

(3) 电网防雷措施研究进展。

① 输电线路防雷措施。

传统防雷措施主要如下。

(a) 选择合理的输电线路路径和架设避雷线。避雷线的主要作用是防止雷电直击导线,还具有以下辅助作用:对雷电流起分流作用,减小流过杆塔的雷电流,降低塔顶电位;对导线具有耦合作用,降低雷击杆塔时绝缘子串上的电压;对导线具有屏蔽作用,降低导线上的感应过电压。

(b) 降低杆塔接地电阻。在预防反击雷事故的措施中,减小杆塔接地电阻是最有效、最直接的办法。

(c) 安装线路避雷器。线路避雷器分为串联间隙型和无间隙型两种。安装线路避雷器能够极大地提高架空输电线路防雷能力,尤其是对绕击雷和反击雷的防护效果十分显著,并且可以避免绝缘子发生闪络,降低雷击引起线路跳闸的频率。

(d) 架设耦合地线。耦合地线的防雷机理有两方面:一方面增强导线和地的耦合作用,在塔顶遭受雷电袭击时可以在导线上产生更高的感应电压,有效降低绝缘子串两端承受的冲击电压和反击电压;另一方面增加塔顶间分流作用,使塔顶在遭受雷电袭击时通过附近杆塔的接地装置散流,降低杆塔顶部电位。

(e) 加强线路绝缘。为了降低跳闸率,可采用在特高杆塔上增加绝缘子片数、增大跨越挡导线与地线间的距离和改用大爬距悬式绝缘子等措施加强线路绝缘。

(f) 装设自动重合闸装置。据统计,我国 110 kV 及以上电压等级的高压输电线路重合闸成功率在 75%～95%,35 kV 及以下电压等级的线路成功率约为 50%～80%。

(g) 采用不平衡绝缘方式。不平衡绝缘方式主要用于现代高压和超高压线路中日益增多的双回线路,此类线路如果采用通常的防雷措施不能满足要求,可以采用不平衡绝缘方式来降低双回路雷击同时跳闸率。

新型防雷措施主要如下。

(a) 设计新型输电线路结构。新结构能够增加对雷电流的分流作用,削弱雷电过电压的强度,改善输电线路的防雷性能。

（b）防雷保护间隙。220 kV 以下的线路可使用保护间隙，但目前国内还没有大范围使用的先例，只在个别地理位置特殊、防雷困难的输电线路上使用，如江苏省镇江市的 220 kV 谏泰线的跨江段，南京大胜关跨越先期运行的 220 kV 线路和广东 132 kV 输电线路。

（c）可控放电避雷针。它是一种主动引发上行雷（即产生向上放电）来减少绕击和增大保护角的避雷装置。可控放电避雷针直接安装在线路杆塔的顶部，接地电阻只要最大值小于 30 Ω 即可，适合高压输电线路的防雷，具有广泛应用前景。在湖北、湖南、广西、福建等省高压输电线路使用后，雷击跳闸率明显降低。

（d）线路型头部分裂均压式避雷针。它由头部中心针、头部分裂均压针、头部均压环、接地引下线等组成，安装于杆塔顶部（单杆安装 1 支、双杆安装 2 支），通过接地引下线（水泥杆塔）或铁塔的塔身与多层短针散流式集中接地装置连接。

（e）塔顶安装多短针避雷装置。

（f）加装地线侧向避雷针。

（g）负角保护针。负角保护针呈圆棒形，针尖、主管和底座三部分采用铆钉连为一体。负保护针必须装在导线上方横担头部，若安装在地线支架的挂线点上方，则无法达到负角保护的效果。

（h）减小地线保护角。对于某些缓山坡、地形开阔处，当避雷线保护角较大时可考虑升高避雷线以减小保护角，目的是降低绕击率。具体是在杆塔处用弓子线，但要求杆塔有合格的接地装置。

（i）改进导线布置、减小中间导线绕击率。特高压输电线路防雷，可将三相导线按倒三角形排列以降低中间导线的高度，减小绕击率。

② 变电站防雷措施。

变电站遭受的雷击主要有两个方面：一是雷直击在变电站的电气设备上；二是架空线路的感应雷过电压和直击雷过电压形成的雷电波沿线路侵入变电站。

变电站直击雷防护。对直击雷的防护一般采用避雷针或避雷线。避雷针（线）比被保护物高，能将雷电从被保护物上方吸引到自身并安全泄入大地，从而保护设备；应采取措施防止避雷针（线）引流体对配电装置在空间间隙中反击和地中高电位在土壤中反击。

变电站侵入雷防护如下。

（a）变电站内避雷器的保护作用。合理配置避雷器的数量和位置，将侵入变电站的雷电波降低到电气装置绝缘强度允许值以内。根据我国水利电力部颁发的 SDJ 7-1979《电力设备过电压保护设计技术规程》的要求，变电站的每组母线上都应安装避雷器。避雷器的安装位置要尽可能靠近变压器，也要兼顾其他的设备。

（b）变电站的进线段防护。进线段防护是指在临近变电站 1～2 km 的一段线路架设避雷线，限制流经变电站内避雷器的雷电流的幅值和陡度，保护电气设备不受损坏。

（c）进线断路器的防护。在雷雨季节，进线断路器或隔离开关可能经常开断。在断路器跳闸后、重合前，雷电波沿线路入侵，会在断口产生过电压，引起断路器绝缘闪络甚至爆炸。建议在变电站内所有线路进线端加装线路避雷器或间隙保护断路器。间隙放电分散性大，动作时相当于线路短路，对系统有一定冲击，保护效果不如线路避雷器，但间隙较廉价，并且维护方便。

（d）变压器的防护。变压器是变电站的重要设备，其防雷除了在各侧绕组装设避雷器保护，还必须考虑其中性点的保护。

（e）电抗器的防护。对于敞开式 500 kV 以上变电站，需要对电抗器有特别的保护。有研究资料计算结果表明，效果最好的是进线、电抗器均装设避雷器；其次是在电抗器侧装设避雷器，进线不装设避雷器；仅在进线装设避雷器则很难保护到电抗器。

3. 地震灾害下电网安全技术研究进展

目前，学术界对地震灾害下电网安全的研究主要涉及电力设施设备的抗震性能评估、电力设施设备抗震性能提升、电力设施地质安全监测、震后电力恢复等方面。其中既涉及变电站设施设备，也涉及输电杆塔和塔线、输电走廊等设施。

1）输电杆塔和塔线应对地震灾害的研究进展

田利等发现地震引起的多点激励增加了输电塔的侧向地震反应，放大程度与行波波速关系较大。李鹏飞建立了基于输电铁塔结构模型的自抗扰控制仿真模型，分析了杆塔受力的控制因素和变化规律，并根据控制位置的差异，详细比较了地震作用下多种情况的控制效果。徐震等将塔线体系简化为节点质量，对地震过程中输电杆塔连续性倒塌进行详细分析，研究了连续性倒塌全过程的薄弱部位。李钢等设计了塔线体系缩尺试验模型的振动台试验，研究了地震震动过程中质量效应和非线性振动效应对输电塔线体系的影响。白杰等针对国际首条特高压双回输电线路的抗震结构特点开展了系列研究，发现了输电杆塔地线支架的结构薄弱点，并提出了相应的加固措施。沈国辉等采用振型分解反应谱法和时程分析法分别研究了大跨越输电塔线体系的地震响应效应，并进行了对比。张行等探讨了地震激励下干字形大跨越输电塔的弹性动力稳定性，发现水平地震为动力稳定性能的主要影响，而纵向地震的影响很小。熊国辉等分析了地震作用下大跨越钢管混凝土型的输电塔线体系的弹塑性力学性能，发现钢管混凝土单元相对稳定，结构极限荷载由薄壁钢管单元决定。

2）输电走廊应对地震及次生灾害的研究进展

曹永兴等考虑汶川地震导致的地质脆弱性，采用 InSAR 对输电走廊地表形变进行定量，包括单体滑坡的整体滑移、地表微形变、走廊土壤含水量等内容，以获取汶川地震引起区域性大规模群体滑坡成灾信息，以及群体滑坡对输电走廊的影响。

地震的次生灾害中，山体滑坡对输电走廊影响的研究相对较多。李伟基于易损性评估基础理论，深入分析了在滑坡灾害下架空输电线路的危险性及其影响因素，从架空输电线路危险性和易损性两方面构建了滑坡灾害下架空输电线路受损评估模型。程永锋等在研究滑坡引起的地质灾害风险性评价模型时，考虑了岩土环境的地域性、时间空间变异性和滑坡灾害主导因素的差异性。

3）变电站设施设备应对地震及次生灾害的研究进展

（1）变电站设施设备抗震性能评估方面。Cui 等开发了一种最大熵法（MEM）、多变量、相关分析和可靠性理论的组合方法，用于电力设施的地震易损性分析，并评估了 +/−1100 kV 干式平滑电抗器（UHVDTSR）的抗震性能。结果表明，所提出的方法不仅提供了基于向量（IM1，IM2）的 UHVDTSR 地震损伤状态概率，而且比经典方法更有效和准确。Liu 等开展了基于威布尔分布的陶瓷电力设备地震易损性分析。He 等运用震害统计分析方法，对变电站主设备和输电线路杆塔结构的易损性进行了分析，确定了主要电力设备的易损性曲线。Chen 等开展了变电站钢结构主控楼抗震稳定性研究，建议将轴压比控制在 0.4 以下，并采取较小的翼缘宽厚比，以保证构件的承载力，有效提高结构的抗震安全性，从而确保地震期间设备的结构安全和正常运行。Liu 等提出了一种变电站设备参数化建模方法，可以有效地进行地震建模，对新疆 220 kV 变电站高压设备进行了参数建模和抗震分析，验证了该方法的有效性和适用性。

（2）变电站设施抗震性能提升方面。Cheng 等针对变电站机柜设施在地震中损坏导致电力系统监测失效的问题，提出了一种基于非线性准零刚度理论的变电站机柜隔离装置设计方法，结果验证了非线性准零刚度理论在隔震设计中的有效性。Lee 等基于系统动力学方法对地震灾害背景下的电力供应和需求进行了建模，并用 2016 年韩国发生的地震灾害对该模型进行了测试。结果表明，当商业和住宅部门积极协助参与强制性或自愿需求控制，或两者兼而有之时，停电减少了案例地区每日用电量的 6.7%。这一发现表明了需求侧管理的关键作用，它可以调节电力消耗，以提高社区韧性。

（3）变电站地质安全监测方面。Wang 等开展了基于光纤传感网的山区变电站地质安全监测技术研究，通过仿真试验验证了该方法的可行性和有效性。

（4）电力震后恢复方面。Xu 等提出了一个随机整数程序，用于确定如何安排检查、损害评估和修复任务，从而优化电力系统的震后恢复。Cagnan 等介绍了一种新的离散事件模拟模型在洛杉矶震后电力恢复过程中的应用，该方法可用于其他地震活跃城市。

3.2.2.3　极端气候下电网安全关键典型技术应用

当前已有一些比较成熟的技术被部署和实施，用于应对和保障台风、冰冻、山洪、山火等自然灾害下的电网安全，如雷电监测预警技术等，也有一些近年来陆续部署实施的新型技术（如配电网状态监测和故障定位技术、电网台风灾害监测预警技术、电网防冰技术等），如表 3.4 所示。

表 3.4　极端气候下电网安全关键典型技术应用情况

技术名称	技术功能	应对的极端气候类型	应用情况	研发机构
电力气象监测预警技术	具备电网气象信息的收集、存储、查询和监测，电网运行状态采集和气象分析，电网气象灾害的预警、应急处理、气象灾害会商、地理信息系统（GIS）及可视化平台等多项功能	台风、雷击、覆冰、山火、暴雨等	在上海、江苏、山西、浙江电网得到推广应用	—
湖南省电力气象预报预警关键技术	对区域自动气象站资料进行质量控制，计算面雨量，并在 GIS 地图上结合电力线网和电力设施进行分析展示。通过研究电网冰冻、台风、山火、山洪气象灾害预警指标与阈值，结合电力电网安全做出指导	冰冻、台风、山火、山洪等	在湖南省电力公司和湖南省专业气象台投入业务运行	湖南省气象服务中心
输电线路台风灾害预警技术	电力和气象的联动，针对电网的台风监测和预警，预警准确度提高了 50%	台风	广泛应用于浙江、福建等省市线路和杆塔的台风防范	国网浙江省电力公司、国网电力科学研究院武汉南瑞有限责任公司、浙江省气象科学研究所等

续表

技术名称	技术功能	应对的极端气候类型	应用情况	研发机构
架空输电线路覆冰舞动预测及融冰技术	实现线路覆冰舞动的提前预警预测和快速融冰	冰冻	在全国应用200余套,在全国27个省市电网中得到应用	国网湖南省电力公司防灾减灾中心
电网大范围山火灾害防治关键技术与装备	实现电网山火定量预报准确率95%、精准监测与定位准确率90%、山火带电灭火及防复燃	高温、干旱	在我国多个易发山火省获得广泛应用	国网湖南省电力公司、湖南省湘电试研技术有限公司等
云贵高原地区电网抵御冰雪灾害关键技术与交直流融冰装置	实现云贵高原高海拔地区电网覆冰监测、冰情评估及应急处置、主干网架型直流融冰和配电网型交流融冰	冰冻	在中国南方电网公司和国家电网有限公司得到广泛应用	南方电网科学研究院有限责任公司、贵州电网有限责任公司、重庆大学等
配电网状态监测和故障定位技术	中压配电网的故障类型识别、线路工况分析、线路健康状态评估和故障预测	冰冻、冬季风暴、台风、地震等	在北京、辽宁、上海等电网公司得到应用	北京映翰通网络技术股份有限公司

1. 电力气象监测预警技术

电力气象监测预警技术是具备电网气象信息收集、存储、查询和监测,电网运行状态采集和气象分析,电网气象灾害预警、应急处理、气象灾害会商、地理信息系统(GIS)及可视化平台等多项应用功能的一项综合管理应用技术。它贯穿于气象信息监视、气象灾害预警及处理、气象辅助决策支持、气象信息电网应用全过程。

电力气象监测预警技术结合了电网、气象两个领域的技术,提供了整个电网公司共享的气象服务系统,为国家电网有限公司的多个部门提供了实用化的电网气象服务,建立了多项电网气象相关标准,整体技术达到国际领先水平。电网气象监测预警技术按照国家电网有限公司总(分)部、省公司、市公司三级共享架构设计,各级电网公司电网气象监测预警功能上下贯通,可以高效实现电网气象灾害信息共享,减少电网灾害的经济损失,提高电网公司的经济效益和社会效益。

电力气象监测预警技术已在上海、江苏、山西、浙江电网得到推广应用,系统运行稳定,多次在台风、雷击、覆冰、山火、暴雨、污闪灾害发生前发出准确预警并指出受灾害影响的设备,为电网的防灾减灾工作做出重大贡献。

2. 电力气象预报预警关键技术

该技术由湖南省气象服务中心研发,通过研究区域自动气象站数据在电力气象服务中应用,根据气象学、大气学及气候学原理,依据《地面气象观测规范》和数据文件格式的规定,对区域自动气象站资料进行质量控制,计算面雨量,并在 GIS 地图上结合电力线网和电力设施进行分析展示。通过研究提炼电网冰冻、大风、山火、山洪气象灾害预警指标与阈值,结合电力电网安全做出指导。通过研究电力气象服务效益评估方法,并采用该方法对湖南省 2011 年电力生产、电力调度、电网运行、电网维护、电力建设等五个典型环节进行效益评估,得出湖南省电力调度通信局电力调度环节气象服务贡献率为 0.77%,比 2010 年增长了 0.13%。利用该技术开发的湖南省电力专业气象服务平台获得了软件著作权登记证书。湖南省电力气象预报预警关键技术与应用项目组开发的电力气象服务平台已经在湖南省电力公司和湖南省专业气象台投入业务运行。

3. 输电线路台风灾害监测预警技术

浙江地处东南沿海地区,台风是对浙江电网造成事故最多、损失最大、范围最广的极端气候类型之一。为增强台风精准预报能力,国网浙江省电力公司、国网浙江省电力科学研究院、浙江省气象科学研究所、国网电科院武汉南瑞有限责任公司等联合研发了输电线路台风灾害监测预警技术。

联合研究团队建立了综合输电线路气象监测、台风气象雷达监测及气象卫星监测技术手段为一体的电网多层次灾害监测网,提出了融合精细化格点预报和杆塔抗风特性的线路台风灾害预警方法,预警准确度提高了 50%,建立了国内首套电网台风灾害监测预警系统,研制出 500 kV 防风偏绝缘子并成功应用于电网防台风抗台风中,有效预防 500 kV 线路跳线风偏跳闸。

该技术填补了输电线路"塔材级"台风灾害预警的技术空白,成功孵化了位于浙江省电力科学研究院的国网台风检测预警中心。该技术于 2018 年首次在浙江省台风灾害预警中得到应用。2018 年,影响浙江省的最强台风是"玛丽亚",其登陆时中心速度高达 42 m/s。根据该预测技术,在台风"玛丽亚"登陆期间,浙江省未发生塔架结构损伤预警,塔架结构未发生损伤。"玛丽亚"登陆期间浙江省共发生 6 起跳线摆动故障,其中 4 起故障该技术发出了提前预警。该技术被证明是一种有效的台风灾害预测方法,但其数值天气预报模型还有待改进,以更准确地反映地形效应。

目前该技术已广泛应用于浙江、福建等多省市的输电杆塔防台风抗台风能力提升。

4. 架空输电线路覆冰舞动预测及融冰技术

2008 年,中国南方地区遭遇特大冰雪灾害,湖南省成为当年受冰灾影响最严重的地区。灾害过后,国网湖南省电力防灾减灾中心开展了电网防冰研究,建立了全国首套电网覆冰预测系统,研发了电网大范围冰冻灾害预防与治理关键技术及成套装备。

研究人员通过对覆冰图像特征挖掘,实现了导线覆冰厚度的自动识别,误差小于 10%,精度达 1 mm。采用低功耗电源设计和抗干扰技术,研制了高可靠性的输电线路覆冰自动监测系统,实现了现场覆冰图像、气象、应力等在线监测和导线覆冰厚度的自动辨识。基于这些技术开发了国际首套电网覆冰自动预报系统。利用该系统,可提前 1 个月长期预测,中短期预报分别提前 7 天和 3 天。现在已发展至可以预判未来 7 天某区域 30 m 范围输电线路覆冰的情况。该系统还能根据监测到的情况自动提醒电力公司,帮助电力公司及时做出冰灾防范。另外,研究人员在总结机器人除冰、交流融冰等技术的基础上,研发了占地少、造价低的新型直流融冰装置,可在 1 h 内实现上百千米线路快速融冰。

根据 2022 年数据,电网大范围冰冻灾害预防与治理关键技术及成套装备已在全国应用 200 余套,在 27 个省市电网防冰中发挥重要作用。

5. 电网大范围山火灾害防治关键技术与装备

电网大范围山火灾害防治关键技术与装备由国网湖南省电力公司、湖南省湘电试研技术有限公司、北京华云星地通科技有限公司和国网安徽省电力公司联合研制。

该项技术具有电网山火定量预报、山火广域实时精准监测预警、动态阈值火点辨识与精准定位、电网山火带电灭火、防复燃等多项功能,实现了电网山火密度 3 天预报准确率为 95%,火点精准定位到线路及杆塔,准确率为 90%。研制的超长射程雾化高压灭火水枪,水雾射程 15 m,绝缘性能较水提升 30.4 倍。研制的小流量、高扬程带电灭火装备为国际首创,灭火性能较水提升 9.6 倍,有效灭火扬程为 500 m。

该技术在全国 26 省 100 多家电网企业广泛应用,成功应对 2010 年以来多次电网山火灾害,应用单位山火跳闸率年均下降 30%,同时防止植被大面积被烧毁。

6. 云贵高原地区电网抵御冰雪灾害关键技术与交直流融冰装置

云贵高原地区电网抵御冰雪灾害关键技术与交直流融冰装置由南方电网科学研究院有限责任公司、贵州电网有限责任公司、重庆大学等机构联合研制。

该技术实现了数字化区域冰情评估和应急处置、主干网架型直流融冰和配电网型交流融冰、地线融冰、覆冰绝缘子闪络跳闸抑制等多种功能。所研制的直流融冰装置列入 2011 年国家重点新产品推广目录,成功在中国南方电网公司和国家电网有限公司广泛应用。2009—2015 年在中国南方电网公司 110 kV 及以上线路实施直流融冰 785 次(其中地线 92 次),配电网融冰 79 次,与国内外同类技术相比,其融冰效率提高 300%。

7. 智能化配电网在线状态监测和故障定位系统(IWOS)

在电网中,配电网是最薄弱的环节,极易发生瞬时性故障、高阻故障等。智能化配电网在线状态监测和故障定位系统(IWOS)综合利用智能传感器技术、人工智能技术、信息通信技术、信号处理技术等进行采样录波,根据录波数据实现精准定位、复杂故障过程回溯反演,能够对线路异常提前预警,有效缩短线路故障的恢复时间。

目前市场上应用较多的是北京映翰通网络技术股份有限公司于 2012 年推出的 IWOS。该系统为中压配电网架空线路故障定位和状态监测解决方案,它采用暂态录波方式进行故障监测,具有故障类型识别、线路工况分析、线路健康状态评估和故障预测等功能,解决了困扰电力系统多年的"小电流接地系统单相接地故障检测和定位"这一行业难题。该系统适用于包括雷击、台风、地震、冰冻等极端气候造成的配电网故障监测和定位。

IWOS 让配电网线路实现透明化、可视化、可计算、可预测,帮助电网公司掌握架空线路的运行状态,及时识别线路风险,快速排除线路故障,保障电力输送。该系统通过直接参与国网公司的招标以及通过与合作伙伴合作进行销售,2022 年已经取得北京、辽宁、上海等国网省市公司的招标份额,占市场已公开招标数量的近40%。另外,该系统已在海外近 20 个国家和地区进行了试点工作,并在马来西亚形成了持续的小批量供货。

3.2.3　主要研究机构及关注点

根据发文量,对全球极端气候下电网安全技术主要研发机构进行分析,如图3.3 所示,发文量 TOP10 机构依次为国家电网有限公司、中国南方电网公司、得克萨斯农工大学、佛罗里达州立大学系统、清华大学、武汉理工大学、曼彻斯特大学、武汉大学、得克萨斯大学和约翰斯·霍普金斯大学。

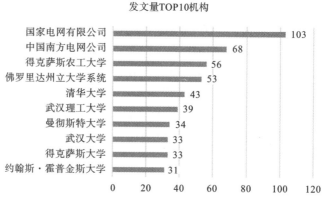

图 3.3　发文量 TOP10 机构分析

3.2.3.1　国家电网有限公司的电网安全研究

国家电网有限公司针对极端气候对电网安全的影响,开展了系统性的研究工作,其研究方向非常全面,覆盖了电网安全全链条重点问题,既涵盖电网安全相关的基础理论研究,也涉及电网安全技术的应用,包括极端气候下增强电网弹性的研究、极端气候下电网故障机理研究、极端气候下电网安全监测预警、极端气候下电网安全风险评估、极端气候下电网恢复技术和策略研究等(见图 3.4)。

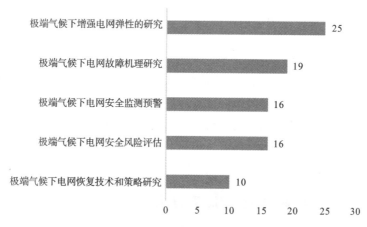

图 3.4　国家电网有限公司重点研究方向分析

国家电网有限公司重点关注雷击对电网安全的影响,其次为强风、地震和极端低温冰冻等极端气候类型(见图 3.5)。

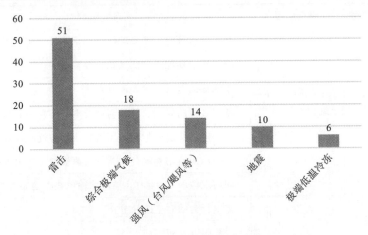

图 3.5　国家电网有限公司关注的极端气候类型

对国家电网有限公司在每种极端气候类型下开展的电网安全研究做具体分析,如表 3.5 所示,分析如下。

(1)雷击方面,国家电网有限公司的研究重点涉及雷击发生前和雷击发生后的电网安全,包括主动预防技术(增强电网弹性技术)、电力系统雷击机理、电力系统雷电监测预警方法和系统、电力系统雷击风险评估(防雷性能评估)、雷暴天气预测、电力系统雷击故障诊断等。

(2)台风方面,国家电网有限公司的研究重点涉及台风发生前和台风发生后的电网安全,包括台风监测预警方法与系统、电网弹性增强研究、台风风险评估、抢修与恢复策略等。

(3)地震方面,国家电网有限公司的研究侧重于地震发生前电网安全研究,包括电力设施抗震性能分析、强震区电力设施地震风险评估和变电站设施抗震性能提升等。

表 3.5　国家电网有限公司主导或参与的研究工作

极端气候类型		研究领域	研究内容
雷击/雷暴	雷击发生前	主动预防技术(增强电网弹性技术)研究	基于实时雷电跟踪的电网动态控制方法
			防止雷击导致架空绝缘包覆导线断裂的夹柱复合绝缘子研发
			特高压瓷套管避雷器标准化抗震安全性能优化研究
			风机叶片尖端覆导体防雷系统性能优化研究

续表

极端气候类型		研究领域	研究内容
雷击/ 雷暴	雷击 发生前	主动预防技术 （增强电网弹性 技术）研究	基于雷电预警的重要输电线路潮流转移优化策略
			线路避雷器配置方法及结构参数研究
			带插棒的电弧保护硬件开发
			基于多短路间隙原理的新型配电网防雷装置研究
			高压电缆传输线护套限压器的改进和优化设计
			特高压换流站直流分压器二次侧浪涌保护研究
			同塔双电压 220/110 kV 四回输电线路防雷性能优化
		电力系统雷击 机理研究	雷电行为的时空统计分析
			云地闪电分布特征
			基于光学传感技术的雷电电流测量方法
			换流变压器绕组雷电瞬态电压分布的数值计算
			架空地线雷击温度变化
			特高压换流站接地网瞬态冲击特性及其影响因素
			雷电侵入过电压对特高压交流变电站氧化锌避雷器 （MOA）电压和电流波形的影响
			避雷针引下线发展过程的仿真
			架空输电线路雷击断线模拟
			电子变压器雷击模型及特性研究
			雷击远程在线观测
		电力系统雷电 监测预警方法 和系统	基于大气电场和雷电位置数据的雷电预警方法
			基于输电线路雷击风险评估等级的雷电监测预警网络 建设方案
			集成多传感器的输电通道雷电接近预警系统
			基于弱光纤布拉格光栅阵列的光纤复合架空线（OPGW） 雷电监测技术
			基于 LPM 的 +/−1500 kV 特高压直流架空输电线路的 防雷技术
			通过整合广域气象信息扩展电力系统预警防御方案

续表

极端气候类型		研究领域	研究内容
雷击/雷暴	雷击发生前	电力系统雷击风险评估（防雷性能评估）	输电线路屏蔽失效雷电性能分析
			500 kV 高空输电线路的防雷等级分析
			多次雷击引起的陆上风电场浪涌分析
			后续雷击对 10 kV 配电线路防雷性能的影响
			智能变电站雷击下电磁干扰评估
		雷暴天气预测	根据闪电定位系统收集的数据预测雷暴趋势
	雷击发生后	电力系统雷击故障诊断	输电线路雷电故障的自动诊断
			输电线路雷电故障定位与可视化
台风	台风发生前	台风监测预警方法与系统	利用工程风场模型的输电线路台风反演方法
			台风天气下考虑塑性疲劳损伤的输电塔预警方法
			台风灾害时空预警方法
			高压架空输电线路台风灾害预测方法
			输配电线路台风灾害气象监测预警平台研究
			高寒地区输电线路在线监测装置研究
		电网弹性增强研究	弹性电力和天然气分配系统的多阶段随机规划
			极端天气条件下海上风电有序削减策略
		台风风险评估	强台风环境下考虑微地形的输电网安全概率评估方法
			大型海上风电可靠性评估技术要求研究
	台风发生后	抢修与恢复策略	台风后考虑风电切断的配电系统恢复策略
			考虑交通网与配电网信息集成的配电网台风后抢修策略优化
			基于软开点的城市综合能源系统负荷恢复
地震	地震发生前	电力设施抗震性能分析	基于最大熵的电力设施多变量地震易损性分析
			基于威布尔分布的陶瓷电力设备地震易损性分析
			基于地震区划的电力系统部件损伤概率分析
			输电线路杆塔地震易损性分析
			变电站钢结构主控楼地震易损性分析
			变电站 220 kV 配电设备参数建模与抗震分析
		强震区电力设施地震风险评估	强震区变电站地震风险评估
		变电站设施抗震性能提升	基于非线性拟零刚度理论设计的变电站机柜隔离装置

3.2.3.2 中国南方电网公司的电网安全研究

中国南方电网公司针对极端气候下的电网安全问题开展了较多研究工作,且更加聚焦于极端气候下电网安全技术的研发与应用以及停电预测研究,具体包括极端气候下增强电网弹性的方法与技术、极端气候下电网故障或停电预测、极端气候下电网风险评估、极端气候下电网应急与恢复、极端气候下电网监测预警、极端气候对电网破坏的机理和极端气候下电网弹性评估(见图3.6)。

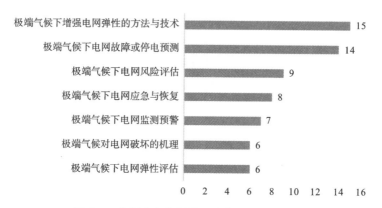

图3.6 中国南方电网公司重点研究方向分析

如图3.7所示,从极端气候类型来看,中国南方电网公司主要关注强风对电网安全的影响(38篇)(占比55%),其次为雷击(18篇)和地震(4篇)。

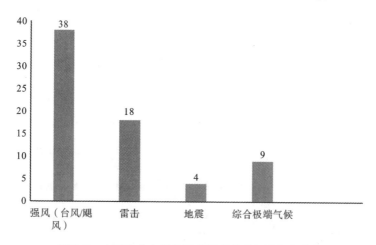

图3.7 中国南方电网公司主要关注的极端气候类型

对中国南方电网公司强风和雷击下开展的电网安全研究工作做具体分析(见表 3.6),如下。

表 3.6　中国南方电网公司主导或参与的研究工作

极端气候类型		研究领域	研究内容
强风(台风/飓风)	强风(台风/飓风)发生前	台风灾害下电力系统监测预警	台风灾害下输电线路损伤预警模型
			基于台风预报的架空输电线路(OHTL)摆动流量概率预警
			输电塔风致振动实时监测预警
			台风灾害下输电线路损伤预警的混合预测
		台风灾害下电力系统风险评估	基于机器学习算法的台风灾害下铁塔风险评估及其可视化
			基于空间多源异构数据的台风输电塔风险评估
			基于模型驱动和数据驱动视图的输电线路铁塔系统在台风灾害下的损伤概率评估
			台风下风偏航引起输电线路跳闸的风险评估
			台风灾害下电网级联故障事故链风险评估
			配电系统台风灾害风险评估
		台风灾害下电网故障与停电预测	台风灾害下电网故障预测
			配电网 10 kV 铁塔台风灾害损伤预测
			基于多因素修正的台风灾害输电线路故障预测
			基于堆叠集成结构的台风灾害停电空间预测
			基于随机森林和重要变量的台风灾害下配电网用户停电量预测
			基于多算法叠加集成的台风灾害下用户中断预测
			台风灾害下配电网用户停运预测的最优数据驱动模型选择
			台风灾害下用户停电面积预测
			基于多层感知器的塔架风场力学响应预测
		台风灾害下电网弹性评估	基于临界负荷的配电网弹性评价
		台风灾害下电网弹性增强	台风灾害下电力系统的优化调度
			台风灾害来临前配电系统资源分配
	强风(台风/飓风)发生后	台风灾害后电力抢修方法与技术	输电塔倾斜度自动检测技术
			台风灾害下电力抢修路径优化

极端气候类型	研究领域	研究内容
雷击	雷击发生前	利用绝缘挡板抑制电网地下冲击散射电流的策略
		基于接地极结构的电网生物雷电安全防护方法
		基于需求响应的分布式预防控制提高短期电压稳定性
		强雷击区域输电线路防雷方法
		重冰区输电线路防雷方法
		可再生能源输电用直流避雷器的优化运行与控制设计
		电网主动防雷系统
		单芯电缆雷电过电压研究
		雷电对架空地线的损伤或破裂机理
		基于超前递进模型的输电线路屏蔽故障闪络仿真
		多塔系统不同类型雷电故障磁场研究
		中国南方电网公司超高压和特高压架空输电线路的雷电性能
		面向弹性的输电线路脆弱性建模与雷暴实时风险评估
		基于电网可靠性的输电线路雷击评估方法
		山区输电线路雷击跳闸预警融合算法研究

其中，"电网防雷方法"对应行1-7，"雷电对电网破坏机理"对应行8-11，"输电线路雷击弹性评估"对应行12-14，"输电线路雷击跳闸预警"对应行15。

（1）强风方面，中国南方电网公司的研究涉及强风发生前和强风发生后的电网安全，包括台风灾害下电力系统监测预警、台风灾害下电力系统风险评估、台风灾害下电网故障与停电预测、台风灾害下电网弹性评估、台风灾害下电网弹性增强、台风灾害后电力抢修方法与技术等。

（2）雷击方面，中国南方电网公司的研究侧重于雷击发生前电网安全研究，包括电网防雷方法、雷电对电网破坏机理、输电线路雷击弹性评估、输电线路雷击跳闸预警等。

3.2.3.3 得克萨斯农工大学的电网安全研究

得克萨斯农工大学的研究工作重点关注飓风情况下电网停电预测以及飓风情况下电网可靠性评估，另外还涉及极端气候下增强电网弹性的措施、飓风引发的停电对家庭福祉和社会的影响、极端气候下电网安全应急与恢复、极端气候下缓解停电的政策及措施评估等方向(见图 3.8)。

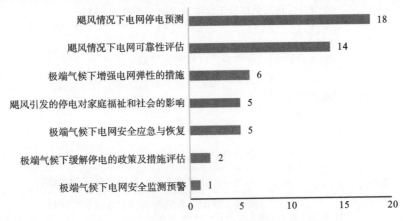

图 3.8　得克萨斯农工大学重点研究方向分析

得克萨斯农工大学主要关注的极端气候类型为飓风,其 70% 的论文涉及飓风对电力系统的影响,其次是地震、冬季风暴和龙卷风等(见图 3.9)。

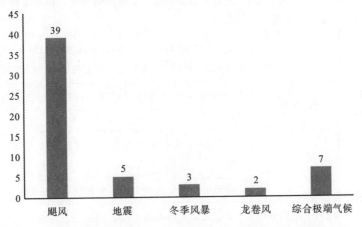

图 3.9　得克萨斯农工大学研究关注的极端气候类型

对得克萨斯农工大学所在极端气候下开展的电网安全研究做具体分析,如表 3.7 所示,分析如下。

(1) 飓风方面,得克萨斯农工大学的研究关注飓风发生前和飓风发生后的电网安全,包括飓风来临前电网停电预测、飓风下电网可靠性评估、飓风下电网安全主动预防措施、飓风停电带来的社会影响分析、飓风下电网安全应急与恢复等。

(2) 地震方面,得克萨斯农工大学的研究涉及地震发生前和发生后的电网安全,包括地震下电网可靠性评估、震后电网恢复技术与策略、震后电网弹性研究等。

表 3.7 得克萨斯农工大学研究的主要关注点分析

极端气候类型		研究领域	研究内容
飓风	飓风发生前	飓风来临前电网停电预测	停电持续时间预测模型的开发、比较与验证
			停电范围和空间分布预测模型的开发、比较与验证
			停电预测模型不确定性的量化
			停电预测模型精度和准确性优化
			停电与风暴条件之间的相关性及停电驱动因素分析
		飓风下电网可靠性评估	飓风对复合电力系统运行可靠性影响的评估
			飓风对输配电系统影响的节点可靠性评估
			飓风对输电线路故障率的影响评估
			飓风对电力系统长期影响的模拟评估
			飓风对电力系统部件故障率的评估
		飓风下电网安全主动预防措施	通过生物激励电力系统网络设计以提高系统可靠性和抗干扰能力
	飓风发生后	飓风停电带来的社会影响分析	飓风引发停电的社会感知(SocialDISC)分析,包括对不同灾难需求的分析以及对人们的主观感受、情绪和意见的分析
			飓风停电和电力恢复时间对社区居民家庭福祉的影响分析
			飓风情况下不同人群对停电容忍程度差异的影响因素分析
			飓风情况下家庭对电力中断的敏感性评估
		飓风下电网安全应急与恢复	使用天然气热电联产(CHP)发电技术确保关键市政服务的应急电力
冬季风暴	—	极端冰冻暴雪下缓解停电的政策及措施评估	停电的开源可扩展模型和纠正措施评估
			冬季风暴停电管理的影响评估
		极端暴雪下增强电网弹性措施	极端暴雪下电力需求灵活性分析及避免停电机制研究

续表

极端气候类型		研究领域	研究内容
地震	地震发生前	地震下电网可靠性评估	基于贝叶斯网络的电力和饮用水供应系统地震损伤评估
	地震发生后	震后电网恢复技术与策略	震后电力恢复任务的优化调度
			电力震后恢复规划
		震后电网弹性研究	地震后电网需求侧响应对电网性能的影响及电网需求侧管理

（3）冬季风暴方面，得克萨斯农工大学的研究侧重于极端冰冻暴雪下缓解停电的政策及措施评估、极端暴雪下增强电网弹性措施等。

3.2.3.4　佛罗里达州立大学系统的电网安全研究

佛罗里达州是美国经常遭受飓风袭击、受飓风影响最严重的州之一。佛罗里达州立大学系统的研究主要集中于飓风对该州电力系统和电力安全的影响。其研究工作更加侧重于飓风下电网弹性增强，另外也涉及飓风引发停电的应对措施、飓风下电网弹性评估、飓风引发停电的社会影响分析、飓风引发停电的机理研究等（见图 3.10）。

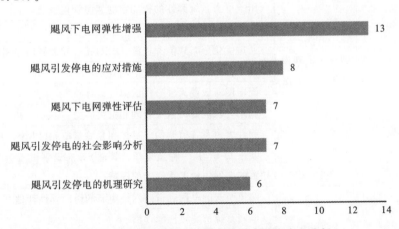

图 3.10　佛罗里达州立大学系统重点研究方向分析

如图 3.11 所示，从极端气候类型来看，佛罗里达州立大学系统主要关注飓风对电力系统的影响，其 80% 的论文涉及飓风对电力系统的影响，其次是极端低温和地震。

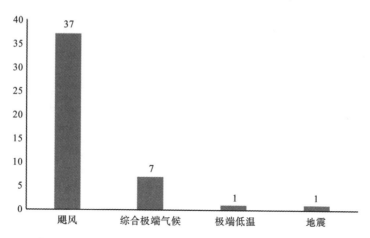

图 3.11 佛罗里达州立大学系统关注的极端气候类型分析

对佛罗里达州立大学系统在极端气候下开展的电网安全研究做具体分析,如表 3.8 所示,分析如下。

表 3.8 佛罗里达州立大学系统研究的主要关注点分析

极端气候类型	研究领域	研究内容
飓风	飓风下电网弹性增强的方法	利用人工智能增强电网弹性
		利用电力管理自动化系统
		用于电力系统弹性的智能家庭能源管理系统
		智能电能输送系统
		通过优化分布式能源资源(DER)托管和放置增强网络弹性
		基于鲁棒优化的抗灾配电网规划
		配电网对极端天气事件的弹性设计技术
		利用光伏能源的救灾管理和抗灾能力
		弹性电力系统监测的多目标相量测量单元(PMU)分配
		基于 Q-学习(一种强化学习算法)方法识别极端天气事件导致的电网中最严重影响的区域
	飓风下电网弹性评估	飓风引起的电网和道路网络中断的协同弹性评估
		电网系统抗飓风性能评估
		用拟蒙特卡罗方法进行电力系统全局灵敏度分析
		基础设施协同弹性的多网络漏洞因果模型
		从物理和社会人口角度评估电力弹性
		评估电网恢复力改善的社会人口影响的规定性模型

续表

极端气候类型	研究领域	研究内容
飓风	飓风引发停电的社会影响分析	从人口、社会经济和交通角度评估飓风引起的停电
		飓风引发的停电对养老院居民的影响
		停电引发的社会脆弱性分析
		飓风引发停电对个人、家庭和社区恢复的影响
		飓风引发停电导致的居民一氧化碳中毒分析
	飓风引发停电的机理研究	飓风引发的停电与道路封闭的相关性分析
		飓风引起的道路关闭和停电的统计和空间分析
		使用卫星图像自动识别道路上倒下的树木,评估飓风对电力系统的影响
		根据树木茂盛程度预测停电空间范围
		多跨输电线路系统风致响应的气动弹性模型
	飓风引发停电的应对措施	新型冷、热、电、水联合循环系统
		采用和实施应急电源和备用电源
		极端天气事件期间微电网能源调度的聚合学习代理
极端低温	极端低温下电网弹性评估和级联故障建模	极端低温下电力系统的弹性分析和级联故障建模
地震	地震下电网弹性增强的方法	地震下中尺度风电场优化布局增强电网弹性

（1）飓风方面。

① 飓风下电网弹性增强的方法主要包括利用人工智能技术增强电网弹性、利用电力管理自动化系统、用于电力系统弹性的智能家庭能源管理系统、智能电能输送系统、基于鲁棒优化的抗灾配电网规划等。

② 飓风下电网弹性评估研究主要包括飓风引起的电网和道路网络中断的协同弹性评估、电网系统抗飓风性能评估、从物理和社会人口角度评估电力弹性、用拟蒙特卡罗方法进行电力系统全局灵敏度分析等。

③ 飓风引发停电的社会影响分析主要包括从人口、社会经济和交通角度评估飓风引起的停电,停电引发的社会脆弱性分析,飓风引发停电对个人、家庭和社区恢复的影响,飓风引发停电导致的居民一氧化碳中毒分析等。

④ 飓风引发停电的机理研究主要包括飓风引发停电与道路封闭的相关性分析、根据树木茂盛程度预测停电空间范围等。

（2）极端低温方面，主要关注极端低温下电网弹性评估和级联故障建模。

（3）地震方面，主要关注地震下电网弹性增强的方法。

3.2.3.5 清华大学的电网安全研究

清华大学极端气候下电网安全研究工作侧重于极端气候下电网可靠性及风险评估以及极端气候下电网弹性增强，另外也开展了极端气候下电网安全应对措施、电网雷击机理、极端气候下电网故障预测等研究（见图3.12）。

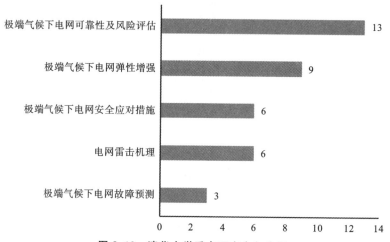

图 3.12　清华大学重点研究方向分析

如图3.13所示，从极端气候类型来看，清华大学主要关注强风和雷击对电网安全的影响，其次是冬季风暴和地震。

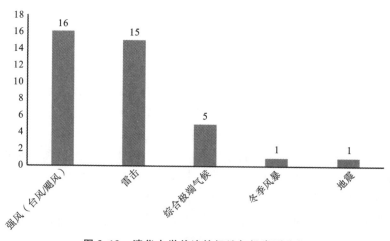

图 3.13　清华大学关注的极端气候类型分析

对清华大学在极端气候下开展的电网安全研究做具体分析,如表 3.9 所示,分析如下。

表 3.9　清华大学研究的主要关注点分析

极端气候类型	研究领域	研究内容
强风	极端强风下电网风险评估	用高分辨率模型评估极端风力条件下风电场的功率降低
		风电场风险评估的模型和方法
		考虑负调峰和极端天气条件的高风电渗透率电力系统风险评估
		强风下风电爬坡率评估
		空间相关风速下分布式基础设施系统的热带气旋损害评估
		飓风下输电网的可靠性和损伤评估
	极端强风下的电网应对措施	考虑弹性与经济平衡的配电网移动储能优化配置策略
		考虑配电网经济性和恢复能力的多个储能系统均衡配置策略
		配电网的重构
		配电系统弹性恢复中电动车的路由与调度
	极端强风下电网故障预测	预测飓风引起配电系统故障的贝叶斯网络模型
		可解释的人工智能使能导线舞动预测器设计
		输电线路的启发式故障预测模型
	极端强风下电网弹性增强	鲁棒性配电网的规划设计
		悬垂绝缘子串摆角计算模型的改进
		飓风发生前恢复所需资源的合理分配
雷击	电网耐雷击可靠性评估	以电网可靠性为目标的输电线路雷击评估方法
		考虑土壤电离的变电站接地网雷电冲击性能评估
		地下绝缘墙在雷击下的冲击性能
		雷电感应电压对输电线路雷电耐受水平的影响
		特高压换流站接地网暂态冲击特性及其影响因素研究
	电网雷击机理研究	雷电行为的时空统计分析
		特高压直流换流站雷电闪络瞬态研究
		输电线路屏蔽故障闪络仿真
		雷电电流对杆塔接地装置冲击特性影响规律的研究

续表

极端气候类型	研究领域	研究内容
雷击	电网弹性增强	220 V交流电力系统避雷器对雷电冲击水平影响的统计研究
		基于自适应控制律的电力系统暂态稳定
		基于需求响应的分布式预防控制提高短期电压稳定性
	微电网过电压	微电网传输雷电过电压
	电网雷击预警	雷电定位信息在电力系统预警与控制中的应用
地震	电力系统抗震性能评估	电力系统在空间相关地震激励下的抗震性能评估
冬季风暴	电网弹性增强	通过部署LNG管拖车增强应急供热和供电的弹性

（1）强风方面。

① 极端强风下电网风险评估主要包括风电场风险评估的模型和方法、飓风下输电网的可靠性和损伤评估等。

② 极端强风下的电网应对措施主要包括考虑弹性与经济平衡的配电网移动储能优化配置策略、配电网的重构、配电系统弹性恢复中电动车的路由与调度等。

③ 极端强风下电网故障预测主要涉及预测模型和方法，包括贝叶斯网络模型、人工智能模型、启发式故障预测模型等。

④ 极端强风下电网弹性增强主要涉及鲁棒性配电网的规划设计、悬垂绝缘子串摆角计算模型的改进、飓风发生前恢复所需资源的合理分配等。

（2）雷击方面。

① 电网耐雷击可靠性评估主要涉及以电网可靠性为目标的输电线路雷击评估方法、考虑土壤电离的变电站接地网雷电冲击性能评估、地下绝缘墙在雷击下的冲击性能、雷电感应电压对输电线路雷电耐受水平的影响、特高压换流站接地网暂态冲击特性及其影响因素研究等。

② 电网雷击机理研究主要涉及雷电行为的时空统计分析、特高压直流换流站雷电闪络瞬态研究、输电线路屏蔽故障闪络仿真、雷电电流对杆塔接地装置冲击特性影响规律的研究等。

③ 电网弹性增强主要涉及220 V交流电力系统避雷器对雷电冲击水平影响的统计研究、基于自适应控制律的电力系统暂态稳定、基于需求响应的分布式预防控制提高短期电压稳定性等。

（3）地震方面的研究主要为电力系统在空间相关地震激励下的抗震性能评

估等。

（4）冬季风暴方面的研究主要为通过部署 LNG 管拖车增强应急供热和供电的弹性。

3.3 极端气候下电网安全技术专利分析

3.3.1 专利检索与分析方法

在该领域相关文献调研的基础上，首先确定极端气候下电网安全技术覆盖的主要中英文关键词（见表 3.2）。根据已确定的关键词，按照相关方法和规则，构建多个相应的专利检索代码。在德温特创新索引（DII）全球专利数据库中进行专利检索。专利数据清洗后，共获得 3600 项专利数据。本次专利检索日期为 2023 年 2 月 24 日。利用科睿唯安 DDA 专利分析工具，对检索得到的 3600 项专利数据进行专利计量学分析和深度信息挖掘。

3.3.2 专利申请趋势分析

根据技术专利申请量随时间的变化情况分析该技术领域的专利发展态势，揭示出技术的发展时间和历程，反映目前技术所处的发展阶段。

如图 3.14 所示，该领域的首项专利出现于 1970 年，在五十多年的发展过程

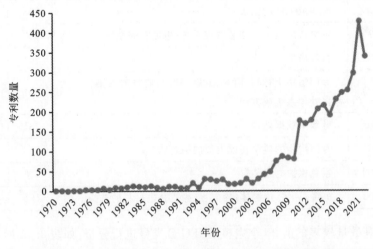

图 3.14 全球极端气候下电网安全技术专利申请态势分析

中,该领域的专利申请经历了较为明显的三个发展阶段,分别是:① 萌芽期,为
1970—1992 年,该阶段每年的专利申请量很少,只有 10 项左右;② 缓慢发展期,为
1993—2003 年,该阶段专利申请活动呈波浪式起伏,但总体上有所发展,年度专利
申请量为 30 项左右;③ 2004 年至今为快速发展期,专利申请活动明显向好,该阶
段的专利申请量快速增长,2021 年的专利申请量增至 428 项。

3.3.3 专利技术布局分析

基于全球公认的 IPC 分类法来看全球极端气候下电网安全领域专利的技术分
布。通过技术布局分析来揭示该领域全球技术竞争的重点方向和最近几年的新
兴创新技术。

从表 3.10 可以看出,供电或配电用的配电盘、变电站或开关装置,测量电变
量,电缆或电线的安装这三大技术所覆盖的关键核心技术专利数量最多,均在 350
项以上,说明这三类技术是全球极端气候下电网安全领域技术创新最为活跃,并且
竞争最为激烈的技术。

表 3.10 专利数量较多的前 10 个 IPC 小类分析

序号	IPC 小类	技术内容	专利数量/项	数量占比
1	H02B	供电或配电用的配电盘、变电站或开关装置	370	10.30%
2	G01R	测量电变量	364	10.10%
3	H02G	电缆或电线的安装	362	10.0%
4	H02J	供电或配电的电路装置或系统;电能存储系统	307	8.50%
5	G21C	核反应堆	304	8.40%
6	G06Q	专门适用于行政、商业、金融、管理、监督或预测目的的数据处理系统或方法	301	8.30%
7	G06F	电数字数据处理	281	7.80%
8	E04H	专门用途的建筑物或类似的构筑物	265	7.40%
9	H02H	紧急保护电路装置	196	5.40%
10	H01B	电缆;导体;绝缘体;导电、绝缘或介电材料的选择	192	5.30%

对专利数量较多的前 20 个完整的 IPC 分类号进行分析,如表 3.11 所示,全球
极端气候下电网安全技术专利涉及电力/天然气或水供应领域的系统或方法、避雷
导线的安装、防震装置或设备、资源/工作流/人员或项目管理、探测电缆/传输线或

网络中的故障等几大领域。根据近三年来专利申请的占比情况发现,利用计算机进行设计优化/验证或模拟(85%)、预测或优化(71%)、供电或配电用间隔型外壳/部件或其配件(68%)、资源/工作流/人员或项目管理(67%)、电力/天然气或水供应领域的系统或方法(63%)、具有防尘/防溅/防滴/防水或防火功能的电力装置的零部件(63%)和供电/配电/变电站用装置的冷却和通风(62%)等技术方向最近三年的专利申请活动非常活跃,专利申请量占该技术领域专利总量的 60% 以上,反映出这些技术代表了该领域出现的新兴创新技术。

表 3.11　专利数量较多的前 20 位 IPC 分类号分析

技术领域	IPC 分类号	技术内容	专利数量/项	时间跨度/年	近三年申请量占比
专门适用于特定经营部门的系统或方法	G06Q-050/06	电力/天然气或水供应领域的系统或方法	249	2005—2022	63%
电缆或电线的安装	H02G-013/00	避雷导线的安装	191	1982—2022	33%
供电或配电用的配电盘、变电站或开关装置	H02B-001/54	防震装置或设备	189	1995—2022	44%
	H02B-001/28	具有防尘/防溅/防滴/防水或防火功能的电力装置的零部件	93	2009—2022	63%
	H02B-001/56	供电/配电/变电站用装置的冷却和通风	71	2014—2022	62%
供电或配电用的配电盘、变电站或开关装置	H02B-001/30	供电或配电用间隔型外壳/部件或其配件	66	2008—2022	68%
	H02B-007/06	封闭式配电变电站	66	2014—2022	59%
专门适用于行政、管理的数据处理系统或方法	G06Q-010/06	资源/工作流/人员或项目管理	156	2013—2022	67%
	G06Q-010/04	预测或优化	90	2012—2022	71%
电性能的测试装置;电故障的探测装置	G01R-031/08	探测电缆/传输线或网络中的故障	145	1988—2022	34%
	G01R-031/00	电性能的测试装置;电故障的探测装置	74	1986—2022	34%
能经受或保护不受地震和异常气候影响的建筑物	E04H-009/02	抗地震或防地面下陷的专门用途的建筑物	118	1980—2022	22%

技术领域	IPC 分类号	技术内容	专利数量/项	时间跨度/年	近三年申请量占比
用于限制过电流或过电压而不切断电路的紧急保护电路装置	H02H-009/04	对过电压响应的紧急保护电路装置	86	1986—2022	31%
一般建筑物构造	E04B-001/98	防振动或震动的固定建筑物	85	1976—2022	22%
供电或配电的电路装置或系统;电能存储系统	H02J-013/00	对网络情况提供远距离指示的电路装置;对配电网络中的开关装置进行远距离控制的电路装置等	81	1985—2022	36%
	H02J-003/00	交流干线或交流配电网络的电路装置	78	1991—2022	53%
	H02J-003/38	由两个或两个以上发电机、变换器或变压器对一个网络并联馈电的装置	66	1995—2022	48%
利用计算机辅助设计处理电数字数据	G06F-030/20	利用计算机进行设计优化/验证或模拟	72	2017—2022	85%
按形状特点区分的绝缘子或绝缘物体	H01B-017/46	提供外部电弧放电路径的装置	70	1986—2022	27%
系统中振动的抑制	F16F-015/02	非旋转系统振动的抑制	64	1973—2022	23%

3.3.4 主要专利权人及其重点技术

基于专利数量分析全球极端气候下电网安全技术领域的主要专利权人,如图3.15所示,专利权人分别为国家电网有限公司、中国南方电网公司、日本东芝公司、日本日立公司、日本三菱公司、中国广核集团有限公司、日本中国电力公司、中国能源建设集团、韩国电力公司、华北电力大学和武汉大学。其中,我国机构6家、日本机构 4 家、韩国机构 1 家。

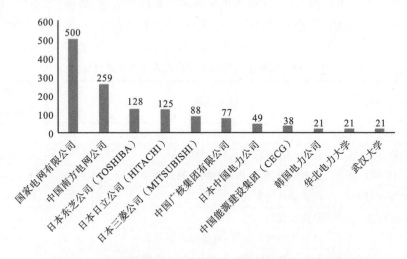

图 3.15 全球极端气候下电网安全技术领域的主要专利权人

3.3.4.1 国家电网有限公司重点专利技术

国家电网有限公司在极端气候下电网安全技术领域拥有专利数量为 500 项，如图 3.16 所示。可以看出，该机构专利申请时间始于 2005 年，2005—2011 年，每年专利申请量仅为个位数。2012 年后专利申请量明显增加，总体上呈波浪式增长，2021 年申请的专利数量最多，为 85 项。

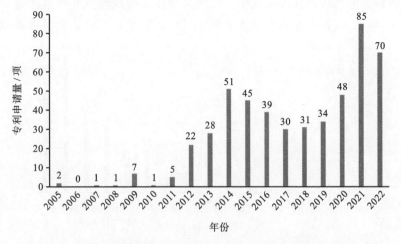

图 3.16 国家电网有限公司极端气候下电网安全技术专利申请年份分布

对国家电网有限公司的重点专利技术进行分析,如表 3.12 所示,该机构的重点专利技术主要为电力/天然气或水供应领域的系统或方法、资源/工作流/人员或项目管理、探测电缆/传输线或网络中的故障、避雷导线的安装、预测或优化等技术领域。

表 3.12　国家电网有限公司的重点专利技术分析

序号	IPC 分类号	技术领域	专利数量/项	在该机构专利总量占比
1	G06Q-050/06	电力/天然气或水供应领域的系统或方法	101	20.2%
2	G06Q-010/06	资源/工作流/人员或项目管理	60	12%
3	G01R-031/08	探测电缆/传输线或网络中的故障	53	10.6%
4	H02G-013/00	避雷导线的安装	38	7.6%
5	G06Q-010/04	预测或优化	35	7.0%
6	G01R-031/00	电性能的测试装置;电故障的探测装置	33	6.6%
7	G06F-030/20	利用计算机进行设计优化、验证或模拟	21	4.2%
8	H01R-004/66	接地板和接地棒	20	4.0%
9	H02J-003/00	交流干线或交流配电网络的电路装置	18	3.6%
10	H02J-003/38	由两个或两个以上发电机、变换器或变压器对一个网络并联馈电的装置	17	3.4%

3.3.4.2　中国南方电网公司重点专利技术

中国南方电网公司在极端气候下电网安全技术领域拥有专利数量为 259 项。如图 3.17 所示,该机构专利申请始于 2008 年,此后专利申请量慢慢增多,近几年专

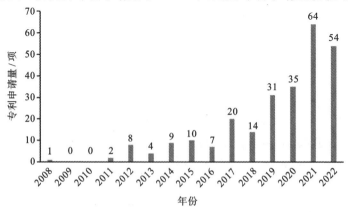

图 3.17　中国南方电网公司极端气候下电网安全技术专利申请年份分布

的专利申请量快速增加,2021 年申请的专利数量最多,为 64 项。

对中国南方电网公司的重点专利技术进行分析,如表 3.13 所示,该机构的重点专利技术主要为电力/天然气或水供应领域的系统或方法、预测或优化、资源/工作流/人员或项目管理、探测电缆/传输线或网络中的故障、利用计算机进行设计优化/验证或模拟等技术领域。

表 3.13 中国南方电网公司的重点专利技术分析

序号	IPC 分类号	技术领域	专利数量/项	在该机构专利总量占比
1	G06Q-050/06	电力/天然气或水供应领域的系统或方法	60	23.1%
2	G06Q-010/04	预测或优化	31	11.9%
3	G06Q-010/06	资源/工作流/人员或项目管理	26	10.0%
4	G01R-031/08	探测电缆/传输线或网络中的故障	24	9.3%
5	G06F-030/20	利用计算机进行设计优化/验证或模拟	23	8.9%
6	G01R-031/00	电性能的测试装置;电故障的探测装置	11	4.2%
7	G06F-113/04	配电网的数据处理	11	4.2%
8	H02G-013/00	避雷导线的安装	11	4.2%
9	G01R-031/12	测试介电强度或击穿电压	10	3.9%
10	H02J-003/00	交流干线或交流配电网络的电路装置	10	3.9%

3.3.4.3 日本东芝公司重点专利技术

日本东芝公司在极端气候下电网安全技术领域拥有专利数量为 128 项。如图 3.18 所示,该机构专利申请时间较早,始于 1981 年,但每年的专利申请数量较少,

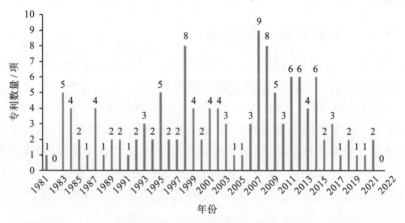

图 3.18 日本东芝公司极端气候下电网安全技术专利申请年份分布

不超过 10 项,2022 年没有申请相关技术专利。

　　对日本东芝公司的重点专利技术进行分析,如表 3.14 所示,该机构的重点专利技术主要集中于极端气候下核电厂的安全,涉及用于储存核反应堆燃料的储存架或储存池、核发电厂的安全装置、核反应堆的监视和测试、核反应堆用压力容器或密封容器、有金属外壳的电力行业开关装置等技术领域。

表 3.14　日本东芝公司的重点专利技术分析

序号	IPC 分类号	技术领域	专利数量/项	在该机构专利总量占比
1	G21C-019/07	用于储存核反应堆燃料的储存架或储存池	19	14.8%
2	G21D-003/04	核发电厂的安全装置	13	10.2%
3	G21C-017/00	核反应堆的监视和测试	10	7.8%
4	G21C-013/00	核反应堆用压力容器或密封容器	9	7.0%
5	H02B-013/02	有金属外壳的电力行业开关装置	8	6.3%
6	G21C-019/02	反应堆用装卸设备的零部件	7	5.5%
7	H02J-003/00	交流干线或交流配电网络的电路装置	6	4.9%
8	G21C-013/024	核反应堆用压力容器的支撑结构	5	3.9%
9	G21D-001/00	核发电厂的部件	5	3.9%
10	H02J-013/00	对网络情况提供远距离指示的电路装置	5	3.9%

3.3.5　技术最新发展动向

　　近三年来,全球极端气候下电网安全技术领域的专利申请涉及了 500 多个新的 IPC 技术分类。为揭示该领域的最新专利技术,对包含专利数量较多的新 IPC 技术领域进行分析。如表 3.15 所示,近三年全球极端气候下电网安全技术专利新涉及的技术专利主要集中于电数字数据处理技术领域,包括用于换算统计数据的电力数据处理方法、电力数据可靠性分析或可靠性优化、使用机器学习(例如人工智能、神经网络、支持向量机)方法进行电数字数据处理、使用流体动力学方法进行电数字数据处理、矩阵或向量计算的电力数据处理方法等技术领域。

表 3.15　近三年全球极端气候下电网安全技术领域新涉及的专利技术

序号	IPC 分类号	技术领域	专利数量/项
1	G06F-017/18	用于换算统计数据的电力数据处理方法	25
2	G06F-119/02	电力数据可靠性分析或可靠性优化	22
3	G06F-030/27	使用机器学习（例如人工智能、神经网络、支持向量机）方法进行电数字数据处理	15
4	G06F-113/08	流体电数字数据处理	9
5	G06F-030/28	使用流体动力学方法进行电数字数据处理	9
6	G06F-017/16	矩阵或向量计算的电力数据处理方法	7
7	G06F-016/2458	电数字数据的统计查询、模糊查询或分布式查询	7
8	H02J-003/14	用于把负载接入电网或从电网断开	7
9	G06F-111/04	基于约束的 CAD 技术进行电数字数据处理	6
10	F16N-011/04	保持机器或设备有效运行的弹簧加载装置	6

3.4　小　　结

随着气候变化的加剧,全球极端气候事件频发。相较于传统电力系统,以新能源为主体的新型电力系统的安全稳定运行更容易受到极端气候的威胁和影响。近年来,全球发生了多起由极端严寒、强风、强降水、雷暴等极端气候引发的影响力大、破坏性强的大规模电网安全事件。这些事件不仅造成了电力系统网络和基础设施的严重破坏,带来电网故障,甚至大范围、长时间的停电,而且造成了大量的人员伤亡和财产损失。美国、澳大利亚、加拿大、巴西和我国等都经历过因极端气候导致的电网安全事件,并从这些事件中吸取经验教训,积极出台应对措施,以增强电网抵御极端天气事件的能力。

案例调研表明,极端天气事件对电力系统运行的发电、输电、配电和用电等方面均存在显著的负面影响。无论是新能源占比较高的新型电力系统,还是新能源和传统能源共存的混合电力系统,都极容易遭受极端气候的破坏。不管是发达国家,还是发展中国家,都需要加强极端气候下电网的保护和提高电网弹性。事先制定充分的预案以及适宜的应对措施不仅能够有效增强电网的弹性和韧性,而且能够最大限度地加快恢复速度,从而最大限度地减少因停电带来的经济损失。

文献数据分析表明,全球极端气候下电网安全研究工作主要聚焦于台风、雷击、地震、洪水、冬季风暴等灾害类型,涉及灾害预警预测、致灾机理、风险评估、灾害预防、灾害应对和恢复等内容。台风灾害下电网安全研究主要围绕灾前风速感知、强风引发输电系统部件故障预测、配电系统中建筑物的停电预测和台风灾害后的电网抢修恢复等;电网雷电防护研究主要围绕电网雷电监测预警、电网防雷评估和雷电防护措施等;地震灾害下电网安全研究主要围绕输电杆塔和塔线、输电走廊和变电站设施设备。雷电预警系统、配电网故障定位系统、台风灾害预报技术、电网覆冰监测预警系统和线路融冰装置等已被广泛应用于电力系统,对电网安全起到了切实的保护作用,极大增强了电网抵御极端天气事件的能力。主要研究机构的关注点有所不同。国家电网有限公司更加关注雷击对电网安全的影响,其研究工作较为系统和全面,涉及电网监测预警、防灾致灾机理、风险评估、弹性增强、电网恢复等,基本覆盖了极端气候下电网安全的全链条重点问题。中国南方电网公司更加关注台风对电网安全的影响,且聚焦于极端气候下电网安全技术的研发与应用以及停电预测研究。得克萨斯农工大学的研究工作重点关注飓风下的停电预测以及飓风下电网可靠性评估。佛罗里达州立大学系统的研究主要集中于飓风对该州电力系统和电力安全的影响,其研究工作更加侧重于飓风下电网恢复力的增强,另外也涉及飓风引发停电的应对、飓风下电网恢复力评估、飓风引发停电的社会影响分析、飓风引发停电的机理研究等。清华大学极端气候下电网安全研究工作是强风和雷击并重,侧重于极端气候下电网可靠性和风险评估以及极端气候下电网恢复力增强,另外也开展了极端气候下电网安全应对措施、电网雷击机理、极端气候下电网故障预测等研究。

专利数据分析表明,近二十年来,该领域的技术创新日益活跃,年度专利数量屡创新高,目前仍处于快速发展阶段。专利技术创新的主体主要为电力相关企业,特别是一些头部和大型集团公司,其次为一些高校和科研院所。从专利的技术分布来看,电力供应的系统和方法、避雷线的安装、防震装置和设备、灾后电力抢修恢复资源的调配和管理、电网故障的探测等是该领域的重点专利技术,也是创新最为活跃、竞争最为激烈的技术。从技术竞争角度来看,我国技术优势明显,专利排名第一的国家电网有限公司和排名第二的中国南方电网公司在专利数量及专利技术的宽度和广度方面优势凸显,具有很强的竞争力。日本优势企业较多,集团军优势明显,是我国企业最大的竞争对手。中、日企业之间专利发展路径不同。以日本东芝公司为例,该公司专利申请活动起步很早,20世纪80

年代初开始申请专利,但近年来专利创新势头减弱,专利申请量很少。我国国家电网有限公司和中国南方电网公司虽然专利申请时间较晚,但近年来专利发展势头很好,专利数量处于快速增长时期。中、日企业间专利技术的侧重点也不同,例如,我国国家电网有限公司的专利侧重于电力供应的系统和方法、灾后电力抢修恢复资源的调配和管理、电网故障的探测等技术,而日本东芝公司的专利侧重于极端气候下核电厂的安全技术。

第4章　电网安全风险管理规范分析

安全风险管理是通过识别生产过程中存在的各种危险因素,并运用定性或定量的统计分析方法确定其风险严重程度,进而确定风险控制的优先顺序和风险控制措施,以达到改善安全生产环境、减少和杜绝安全生产事故的目标,使企业获得最佳经济效益的一种现代科学管理方法。电力系统实际运行过程中存在着大量的安全风险,这些风险会对电力系统的日常工作与发展产生阻碍。在新型电力系统的背景下,更需要对电力中的安全风险进行分析研究,建立有效的风险管理体系,减少电力安全事故的发生,这是保障电力系统安全生产的关键。

4.1　国内外电网安全风险管理策略

对于电力系统,安全风险管理的关键任务是保障电力系统的稳定运行,为了有效提升电力系统的安全风险管理水平,应不断采取各种优化措施。目前我国电力系统在实际运营过程中还是难以避免各类安全风险的出现。合理分析安全风险,采取有效的措施进行处理和解决,是电力系统需要重视的地方。现阶段,风险信息化管理在电力安全管理中的应用非常普遍,在如今电力系统信息化转型的背景下,新型电力系统的快速发展有力地促进了电力体制的改革,因此风险信息化管理是国内外电力系统重要的电网安全风险管理举措,结合其他现有的风险评估、风险处置等管理措施,共同构成了现有的电网安全风险管理体系。

本节基于对世界主要组织、国家和地区的电力安全风险管理的相关规范性文件进行调研分析,总结主要组织或国家的电力安全风险管理的主要策略与规划,主要统计了国际标准化组织(ISO)、国际电工委员会(IEC)及中国和美国的电力系统安全风险管理的规范性、指导性文件,其主要信息以及内容如表4.1所示。

表 4.1　主要国家/组织新型电力系统安全风险管理办法统计表

国家/组织	数量
ISO/IEC(欧盟、英国同等采用)	2
中国	1

国家/组织	数量
美国	1
合计	4

4.1.1　国际组织电网安全风险管理策略

国际组织的电网安全风险管理策略主要基于 ISO 与 IEC 发布的涉及电网安全风险管理的文件,如表 4.2 所示。随着能源技术的创新及应用发展,ISO 与 IEC 非常重视新能源的利用及其带来的电力系统安全风险问题。ISO 与 IEC 的文件主要对信息安全风险识别、分析、评价以及处理的流程提出要求。

表 4.2　ISO/IEC 电网安全管理办法信息表

组织	标准号及标准名称	发布机关	发布时间
ISO	ISO 31000:2018《Risk management Guidelines》(风险管理指南)	国际标准化组织	2018.02
IEC	IEC 31010:2019《Risk management-Risk assessment techniques》(风险管理-风险评估技术)	国际电工委员会	2019.06

1. ISO 31000:2018《Risk management-Guidelines》

2018 年 2 月,ISO 公布了一份文件——ISO 31000:2018《Risk management Guidelines》(风险管理指南)。这一文件由 ISO/TC 262 风险管理技术委员会发布,这一委员会是 ISO 的风险管理技术委员会,主要负责风险管理领域的标准化相关工作,该委员会有中国、美国、英国、德国、法国、比利时、加拿大、巴西和澳大利亚等 61 个成员国,以及丹麦、埃及、冰岛、以色列、韩国和波兰等 24 个观察国,该技术委员会的秘书处设置在英国。

国际标准 ISO 31000:2018《Risk management Guidelines》指出,管理风险是组织治理和领导工作的一部分,也是组织各级管理工作的基础,风险管理有助于完善组织的管理体系。风险管理是一个迭代的过程,有助于组织制定战略、实现目标和做出明智决策,是与组织所有工作相关的重要部分,风险管理工作需要考虑组织的外部和内部环境。该文件提供了组织管理面临风险的指导方针,这些指导方针可以针对任何组织及需求进行适当的变化。

该文件提供了管理任意类型风险的通用方法,不局限于行业或部门。可在组织管理的整个生命周期中使用,并可适用于任何管理活动,包括组织各级决策的制定等。因此,该文件适用于在组织中进行风险管理、做出决策、设定和实现管理目标以及提高管理水平。

该标准重点介绍了风险管理的原则、框架和流程(见图 4.1)。

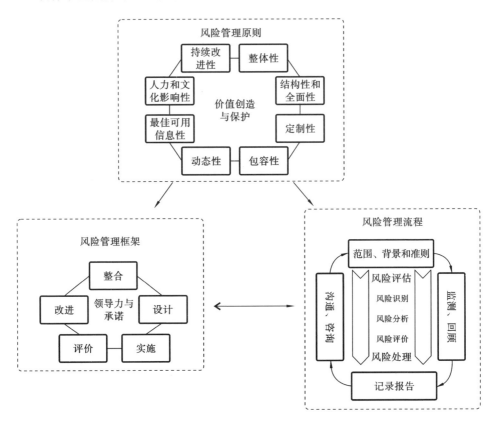

图 4.1　风险管理的原则、框架和流程

风险管理的目的是对组织存在价值的创造和保护,风险管理能够提高管理水平,鼓励组织创新,支持组织战略目标的实现。

1)风险管理原则

风险管理原则为有效和高效的风险管理提供了指导,传达了风险管理的价值,并解释了风险管理的意图和目的。这些原则是风险管理的基础,在建立组织的风险管理框架和流程时应予以参考。

在该标准的第 4 章《风险管理原则》中,进一步阐释了有效的风险管理需要包括如下的内容。

(1)整体性:风险管理是针对所有组织管理活动的整体开展的。

（2）结构性和全面性：结构性和全面性的风险管理方法有助于取得一致的和可比较的风险管理结果。

（3）定制性：风险管理的框架和流程是定制的，并与组织管理目标相关的外部和内部环境关联。

（4）包容性：应当适当和及时地使更多风险管理参与者参与到风险管理工作中，使他们的知识、观点和看法得到考虑，这样可以提高风险管理的水平。

（5）动态性：风险会随着组织外部和内部环境的变化而出现、变化或消失。风险管理应以适当和及时的方式预测、监测、确认和响应这些变化和风险事件。

（6）最佳可用信息性：风险管理的各项工作是基于出现过的、当前发生的以及未来预期出现的风险信息进行的，因此风险管理应明确考虑到与风险信息相关的任何局限性和不确定性，风险信息应及时、清晰并向风险管理的负责方提供。

（7）人力和文化影响性：人力资源的行为和人力资源文化在风险管理的所有方面，包括每个层次和阶段，都有重大的影响。

（8）持续改进性：通过学习和总结经验不断改进风险管理。

2）风险管理框架

在该标准第 5 章《风险管理框架》的内容中，构建风险管理框架的目的是协助组织将风险管理的工作整合到重要的日常组织工作和各项职能中，风险管理的有效性取决于其与组织治理（包括战略决策）的整合。风险管理框架的构建思路包括整合、设计、实施、评价和改进整个组织的风险管理。

该标准第 5.3 节《整合风险管理》提到了整合风险管理依赖于对组织结构和组织背景的理解。组织结构的不同取决于组织的建立目的、战略目标和复杂性，因此风险在组织结构的每个部分都应得到管理，组织中的每个人也都有责任管理风险。风险管理指导组织的工作进程、它的外部和内部关系处理，以及引导制定实现其目的所需的规则、过程和实践。将风险管理集成到组织的管理结构中是一个动态和迭代的过程，并且应该根据组织的需要进行定制。风险管理应该是组织目标、管理、领导、战略的一部分，应当是一种整合形式的管理。

该标准第 5.4 节《风险管理设计》指出在设计风险管理框架时，组织应该充分认知和理解其外部和内部环境。组织的外部环境可能包括但不限于这几个方面：国际的、国家的、区域的社会、文化、政治、法律、监管、金融、技术、经济和环境因素；实现组织战略目标的主要驱动力；组织与外部环境合作的关系、观点、价值、需求及期望；组织与外部环境的合同和承诺等关系；组织与外部环境的互联网络和依赖关系的复杂性。

审视组织的内部环境可能包括但不限于以下几个方面：组织成立的愿景、使命和价值观;组织管理、组织架构、组织的角色及责任;组织战略、目标和规划;组织文化;组织采用的标准、准则和管理模式;统筹规划资源和知识(如资本、时间、人员、知识产权、流程、系统和技术)的能力;管理数据、信息系统和信息流;内部管理者的看法和价值观:内部的合同和承诺关系;内部各部分之间的相互依存和联系。

该标准 5.5 节《风险管理的实施》提出组织应通过以下方式实施风险管理框架。

(1) 制定适当的计划,包括风险管理时间和风险管理可用的资源。

(2) 确定在什么地方、什么时间、由谁做出、如何在整个组织内做出不同类型的风险管理决定。

(3) 如有需要,适当修改风险管理决策流程。

(4) 确保组织对风险管理的措施能够被充分实施。

该标准 5.6 节《风险管理的评价》中,为了评价风险管理框架的有效性,组织应根据其风险管理宗旨、实施计划、风险管理评价指标和风险管理措施,来定期衡量风险管理框架的实施效果,并及时评价风险管理框架是否仍然适合支持风险管理目标的实施。

该标准 5.7 节《风险管理框架的改进》中写明组织应持续监测和改进风险管理框架,以应对组织风险管理外部和内部环境的变化。通过这样做,组织可以提高风险管理框架的水平,组织应持续改进风险管理框架的适宜性、充分性和有效性,以及风险管理流程的整合方式,当发现风险管理框架的改进需求时,组织应制定计划和任务,并将风险管理框架改进任务分配给负责实施的人员,这些改进应有助于加强风险管理。

3) 风险管理流程

该标准第 6 章《风险管理流程》中,风险管理流程涉及根据风险管理政策、规划和经验,通过系统地与各方沟通和咨询,确定风险背景,以及评估、处理、监测、审查、记录和报告风险等。风险管理流程是风险管理和决策的一个组成部分,需要整合到组织的管理结构、措施和流程中。尽管风险管理流程通常是连续的,但也是动态迭代的。

该标准 6.2 节指出沟通和协商的目的是协助相关风险管理者了解风险、做出风险管理决定的依据以及需要采取特定管理措施的原因。沟通旨在提高对风险的认识和理解,而协商涉及获取风险管理的反馈和信息以支持战略决策。两者之间的密切协调应实际、及时、准确地促进风险信息交流。外部和内部风险管理者的沟通和协商应在风险管理流程的所有步骤中进行。

该标准 6.3 节《关于风险管理流程的范围、背景和准则》的内容：建立范围、背景和准则的目的是定制风险管理流程，以便进行有效的风险评估和适当的风险处理。范围、背景和准则包括定义风险管理流程的范围，以及理解外部和内部环境。由于风险管理流程可能应用于不同的层面（如战略、业务、计划、项目或其他活动），因此必须考虑清楚风险管理流程的范围、风险管理目标及其与组织战略目标的一致性。

在规划确定风险管理流程范围的方法时，需要考虑的因素如下。

（1）需要制定的风险管理目标和决策。

（2）确定风险管理流程范围所采取措施的预期结果。

（3）风险管理流程的时间、地点、具体的事项和排除事项。

（4）合适的风险评估工具和技术。

（5）风险管理所需的资源、责任方和记录文件。

（6）与组织其他项目、工作和活动的关系。

该标准 6.4 节《风险评估》、6.5 节《风险处理以及后续的风险记录》等的相关内容在下文中有详细的解读。

2. IEC 31010：2019《Risk management-Risk assessment techniques》

2019 年 8 月，IEC 公布了另一份文件 IEC 31010：2019《Risk management-Risk assessment techniques》（风险管理-风险评估技术），该标准同样是 ISO/TC 262 风险管理技术委员会颁布的。这一标准介绍了一系列的风险评估技术，但并未涉及所有风险评估的技术，而是着重强调了风险评估技术的实施细节，提供了管理组织面临的风险指南，该标准可在风险管理的整个生命周期中使用。该标准提供了用于各种情况下的风险评估管理技术选择和应用的指导，具有通用性，可以为众多行业及各类组织提供指导。

该标准第 5 章《风险评估技术的使用》指出，风险管理过程包括在风险管理活动中系统地应用政策、规程和经验，建立风险管理活动的背景，对风险进行评估、处理、监测、审查、记录和报告。风险管理过程应该是管理和决策的一个组成部分，并完全融入组织结构、业务开展和管理流程中。风险管理过程的应用和定制应该以管理目标的实现为导向，并适应风险管理的外部和内部环境。

同时在整个风险管理过程中，应考虑人力资源因素带来的行为和意识的动态变化。尽管风险管理过程通常是稳定的，但实际上它是不断变化的。因此沟通和协商的作用十分重要。沟通旨在提高对风险的认识和理解，而协商涉及获取风险的反馈和其他信息以支持决策。同组织外部和内部利益相关方的沟通和协商应在风险管理流程的所有步骤中进行。

1）风险评估

该标准第 6 章《风险评估的生效》中规定：一般风险评估是包含风险识别、风险分析和风险评价的整体过程。风险评估应系统地、迭代地和协同地进行，利用风险管理的知识和经验以及现有的风险评估资料，进行进一步的规划。其中，该标准 6.3.2 节《风险识别》对风险识别进行了规定：风险识别的目的是发现、识别和描述可能阻碍组织实现其目标的风险。组织可以使用一系列技术来识别可能影响一个或多个目标的不确定性风险。应考虑以下因素以及这些因素之间的关系。

（1）有形和无形的风险来源。

（2）风险形成的原因和事件。

（3）风险管理过程中的漏洞。

（4）组织整体的弱点和优势。

（5）组织外部和内部环境的变化。

（6）新出现风险的相关特征。

（7）风险影响的资产资源的性质及价值。

（8）风险发生的后果及其对组织的影响。

（9）风险管理经验的限制和风险管理文件的可靠性。

（10）与时间有关的因素。

（11）有关人员的因素。

组织应该识别风险，无论其风险来源是否在可控制范围内，同时应考虑可能不止一种类型的风险，这可能导致各种有形或无形的风险后果。

2）风险分析

该标准 6.4 节《风险分析与总结》的内容对风险分析进行了规定：风险分析的目的是了解风险的性质及其特征，包括在一定情况下的风险影响程度。风险分析包括对风险不确定性、风险来源、风险发生后果、风险发生可能性、风险事件、风险背景、风险管理措施及其有效性等方面全面考虑。风险分析可以根据不同程度的风险复杂性进行，这取决于风险分析的目的、风险信息的可用性和可靠性以及可用的风险分析资源。风险分析技术可以是定性的、定量的，也可以是这两种的组合，这取决于风险分析的环境和风险分析的用途。

风险分析应考虑以下因素。

（1）风险事件发生的可能性及后果。

（2）风险发生后果的影响。

（3）风险事件之间的复杂性和连通性。

（4）与时间有关的因素。

（5）现行风险管理措施的有效性。

（6）风险管理部门的敏感性和风险应对准备的充分程度。

风险分析可能受到主观风险感知和判断分歧的影响，其他影响因素还包括风险分析信息来源的质量、风险预估、风险分析技术的限制及其执行方式等，这些因素都应该被考虑、记录并传达给决策者。风险分析为风险评估、风险处理、风险管理决策，以及选择最合适的风险处理策略和方法提供基础。风险分析的结果为风险管理决策提供了支持，风险分析的结果涉及不同类型和级别的风险。

该标准 6.5 节《风险评价》中规定：风险评价的目的同样是为风险决策提供支持。风险评估包括将风险分析的结果与已建立的风险管理措施进行比较，以确定需要在哪些方面采取额外措施。风险评价的结果可能导致以下结果。

（1）无法应对风险。

（2）制定相应的风险处理方案。

（3）进行进一步分析，以更好地了解风险。

（4）维持现有风险管理措施。

（5）重新考虑风险管理目标。

风险评估的结果应被记录、传达，然后进行验证。

3）风险处理

此外，该标准第 7 章《风险处理》内容部分规定：风险处理的目的是选择和实施应对风险的方案。风险处理包括以下迭代过程。

（1）制定和选择风险处理方案。

（2）策划和实施风险处理措施。

（3）评估该风险处理方案的有效性。

（4）决定风险处理的结果是否可以接受。

（5）如果不能接受风险处理的结果，则进行进一步风险处理。

选择最合适的风险处理方案能够在实现风险管理目标、风险处理方案实施的成本、风险处理的不利因素之间取得平衡。风险处理方案的选择可能要考虑以下几个因素。

（1）通过终止会引起风险的活动来避免风险。

（2）为追求更高层次发展而增加风险。

（3）消除风险来源。

（4）改变风险发生可能性。

（5）改变风险发生后果。

（6）分担风险（如通过购买保险）。

（7）通过明智的决策来搁置风险。

风险处理方案的选择应根据组织的风险管理目标、风险管理措施和可用风险管理资源进行。同时还规定，风险管理过程及其结果应通过适当的机制进行记录和报告。记录和报告的目的是在整个组织范围内沟通风险管理活动和结果，为风险管理决策提供参照，改善风险管理活动。风险管理报告编写需要考虑的因素包括但不限于以下因素。

（1）不同的风险管理部门及其具体的风险信息要求。

（2）报告的编写费用、上报频率和及时性。

（3）报告的编写方法。

（4）报告内容与风险管理目标和决策的相关性。

4.1.2　发达国家电网安全风险管理策略

对发达国家的电网安全风险策略研究主要基于美国、英国以及欧盟发布的标准化文件，这些国家均是位居世界能源前列的国家，在电力工业的建设和维护上已形成了成熟的体系和方法，同时对电网安全风险管理的相关方法也提出了新的要求。

4.1.2.1　美国电网安全风险管理策略

美国是世界能源大国，也是电力生产大国，在最近的数据统计中，美国的发电量占据全球的 15% 以上，发电量仅次于我国，位居全球第二位，同时在电力系统的配套产业（如发电设备制造业等）也处于世界领先地位。2022 年，美国电力发电的主要方式为天然气发电，搭配煤炭发电、核能发电以及水力发电等方式，其中可再生能源的发电方式也超过了煤炭发电，其水电和核电两者的发电量以及总装机容量居世界领先地位。如此大规模的电网互联系统也面对着大量的诸如恐怖袭击、网络攻击等电网安全风险，美国的电网安全风险管理标准即针对这些风险制定。

美国发布的涉及电网安全风险管理的文件如表 4.3 所示。

表 4.3　美国发布的涉及电网安全风险管理的文件

国家/组织	标准号及标准名称	发布机关	发布时间
美国	DOE/OE-0003《ELECTRICITY SUBSECTOR CYBERSECURITY RISK MANAGEMENT PROCESS》（电力部门网络安全风险管理流程指南）	能源部（DOE）、美国国家标准与技术研究院（NIST）、北美电力可靠性公司（NERC）	2012.05.23

美国能源部（DOE）与美国国家标准与技术研究院（NIST）联合北美电力可靠性公司（NERC）在 2012 年 5 月 23 日共同制定和颁布了一份标准性文件 DOE/

OE-0003《ELECTRICITY SUBSECTOR CYBERSECURITY RISK MANAGE-MENT PROCESS》(电力部门网络安全风险管理流程指南)。网络安全风险是电力系统业务风险环境的组成部分之一,并纳入了电力安全风险管理战略和计划。网络安全风险与所有风险一样,不能完全消除,而是必须通过风险决策过程进行管理。

　　该指南是为电力部门特别定制的风险管理流程标准性文件,其主要目的是满足针对电力部门的特定需求,进行电力部门网络安全风险管理,为管理整个电力部门的网络安全风险提供一致和有效的方法,包括负责发电、输电、配电和售电的部门,以及电力供应商等支持性单位。

　　该指南的目的是使电力部门(无论其是什么规模或治理结构)能够应用有效和高效的风险管理过程,并对其进行调整,以满足其需求。本指南可用于建立在现有的内部网络安全政策、标准指南和程序的基础上,实施新的网络安全计划。

　　该指南的第 2 章《网络安全风险管理概述》建立了一个风险管理模型,如图4.2所示。

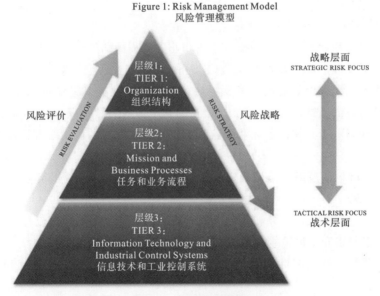

Figure 1: Risk Management Model
风险管理模型

图 4.2　风险管理模型

　　提出的风险管理模型采用了一个三层结构来进行电力部门风险管理的可视化,同时,这个三层结构可以应用于任何组织,无论其是什么规模或类型。这个风险管理模型的三层分别是第 1 层组织结构、第 2 层任务和业务流程、第 3 层信息技术和工业控制系统。该模型代表了一个电力部门的战略重点、任务和业务流程重点以及战术重点。

1. 风险管理组织结构

第 1 层组织结构是指通过建立和实施与电力部门战略目标一致的管理结构,从组织角度解决风险问题,良好的组织结构能够为组织进行的风险管理工作提供指导和监督。第 1 层组织结构中形成的风险管理决策是第 2 层任务和业务流程和第 3 层信息技术和工业控制系统工作开展的重要来源。其中,第 1 层组织结构进行的风险管理活动包括以下活动。

(1) 建立组织结构和实施风险管理。

(2) 针对电力组织的战略目标,确定任务和业务流程并确定流程的优先级。

(3) 为关键的任务和业务流程建立风险恢复能力。

(4) 建立组织的风险承受能力。

(5) 建立评估网络安全风险的技术和方法。

(6) 定义风险管理的控制条件和要求。

(7) 建立组织的网络安全风险管理战略。

2. 风险管理任务和业务流程

第 2 层任务和业务流程是指从任务和业务流程的角度处理风险。这一层按照信息技术系统(IT)和工业控制系统(ICS)体系结构对风险信息进行组织,第 2 层任务和业务流程产生的信息是第 3 层信息技术和工业控制系统的参考,并向第 1 层组织结构提供反馈。通常,第 2 层涉及的是电力的运营管理,这一层级的网络安全风险管理侧重于具体任务和业务流程的执行。第 2 层的风险管理活动可能包括以下活动。

(1) 支持第 1 层组织结构确定的战略目标和业务流程所需的各项有利条件并确定其优先级。

(2) 确定成功执行任务和业务流程所需的网络安全风险管理流程。

(3) 将网络安全风险管理要求与任务和业务流程对应。

(4) 开发一种强制性和结构化的方法来管理支持任务和业务流程的 IT 和 ICS 成果。

(5) 提供清晰、简明的路线图,从组织的最高级别战略目标和组织建立宗旨追溯,确保定义、实施、维护和监控任务和业务流程驱动的网络安全需求和保护措施,使之具有成本效益、高效性和弹性。

3. 风险管理信息技术和工业控制系统

第 3 层信息技术和工业控制系统是从 IT 和 ICS 的角度处理风险,它基于第 1 层和第 2 层的工作成果进行处理,第 3 层的工作能够在风险管理系统级别选择、系统部署和监控网络安全保障措施等方面形成成果。网络安全风险管理的 IT 和 ICS 的各个环节根据组织的网络安全组织架构进行确定,这一层级风险态势的相关信息向第 2 层和第 1 层提供反馈。第 3 层的风险管理活动可能包括以下活动。

（1）将 IT 和 ICS 按风险适用情况以及对任务和业务流程的价值划分等级。

（2）对风险管理系统及其运行环境加入网络安全风险管理措施。

（3）选择、实施、评估、监测和管理网络安全风险管理措施。

（4）根据新的风险信息、风险管理漏洞和风险管理系统变更等情况,定期重新评估风险管理系统的网络安全状况,并建立评估流程。

该指南的第 2.2 节《风险管理循环》中,针对风险管理的循环进行了定义,风险管理循环是一个迭代和连续的过程,根据不断变化的风险环境以及变化的风险等级不断地重新更新。风险管理循环提供了构成组织风险管理方法的四个要素,如图 4.3 所示。

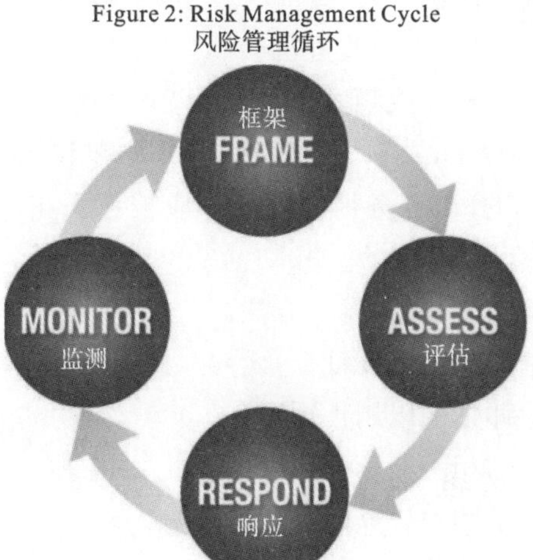

Figure 2: Risk Management Cycle
风险管理循环

图 4.3　风险管理循环

这四个要素为风险管理框架、风险管理评估、风险管理响应、风险管理监测。风险管理周期是一个全面的过程,要求组织根据风险管理框架评估风险,一旦风险确定,便持续进行风险监测,使用有效的沟通和迭代反馈循环来持续改进风险管理相关活动。风险管理是一项全面的、大范围的活动,需要处理的是从战略层面到战术层面的风险,确保基于风险的决策覆盖到组织的各个方面。

4. 风险管理框架

在该指南第 2.2.1 节《风险管理框架》中描述了一个现实、有效的风险管理框架。该框架要求电力部门确定以下内容。

（1）对风险相关的威胁、漏洞、影响和发生概率进行预估。

（2）法律、法规、资源（时间、经济和人员）以及组织确定的其他因素所带来的风险管理限制。

（3）确定风险承受能力，特别是可接受的风险处于何种水平。

（4）确定不同的任务和业务流程的优先级，以及确定不同类型风险。

（5）确定与第三方服务提供商、互惠协议签订方或设备供应商的信任关系。

5. 风险管理评估

该指南第 2.2.2 节《风险管理评估》的相关内容中，要求风险管理评估要素要包括识别、评级和评估电力部门组织的管理、资产、个人和其他相关方面的风险。风险管理评估的目的是让组织识别风险的以下组成部分，并根据任务和业务流程对这些组成部分进行评估。

（1）风险管理存在的漏洞。

（2）风险发生的影响（后果或改进机会）。

（3）风险事件发生的概率或频率。

在风险管理评估过程中，组织的管理结构、任务和业务流程、网络安全架构、设施设备、组织的供应链和外部服务提供商等都应被考虑在内。为了支持风险管理评估，组织需要确定以下内容。

（1）用于评估风险的工具、技术和方法。

（2）有关风险评估的规划与设计。

（3）可能影响风险评估的限制性因素。

（4）确定与风险评估相关的责任方。

（5）收集、处理、记录和报告风险评估的信息。

（6）进一步获取的风险信息。

6. 风险处理

该指南第 2.2.3 节《对风险管理处理的阐释》涉及电力部门组织如何应对和处理风险，风险管理处理的内容提供在组织范围内的一致性风险响应与处理的措施。在这一部分，组织应当进行以下工作。

（1）制定风险处理方案的具体开展计划。

（2）评估可选择的风险处理方案。

（3）确定与组织的风险承受水平一致的、合适的风险处理方案。

（4）落实风险处理方案。

风险管理处理工作为风险管理战略提供风险相关信息，并对可能实施的风险处理方法类型(即承受、消除、减轻、分散或转移风险)进行阐释,评估风险处理方法的过程,确定外部环境(如外部服务提供商、供应链合作伙伴)为处理这些风险所使用的沟通方法,以及制定用于风险处理的工具、技术和方法。

7. 风险监测

该指南第 2.2.4 节《风险管理监测》的内容涉及如何在电力部门组织中对风险进行长期监测和记录报告。在风险监测环节,组织应进行以下工作。

(1)确保风险处理措施已得到实施,并满足风险管理战略中的网络安全相关要求。

(2)评估风险处理措施的持续性、有效性。

(3)确定可能影响风险组织管理措施实施和风险管理环境的变化因素。

(4)定义风险监测流程,以评估风险变化如何影响风险处理措施的有效性。

4.1.2.2　欧盟电网安全风险管理策略

根据 2022 年最新报告显示,风能和太阳能为欧盟国家提供了五分之一的电力,首次超过其他任何能源的份额,成为欧盟最大的电力来源,欧盟其他发电来源包括核能发电、天然气发电以及水能发电等,火力发电的发电量持续下降,化石能源发电正在逐渐被淘汰。新能源发电规模在逐渐扩大的同时,也面临更多的安全风险。因此,在欧盟的电网安全风险规范性文件中,电网风险管理工作的动态性和灵活性是较为关键的方面。

欧盟发布的涉及电网安全风险管理的文件主要是对 ISO 和 IEC 的同等采用,因此可以详见本书的 4.1.1 节。

4.1.2.3　英国电网安全风险管理策略

英国电力行业超过一半的发电量来自低碳能源,包括核能、风能、水力、太阳能、生物质能等,在逐渐淘汰燃煤发电以及天然气发电。这改善了能源效率,也提高了发电量,然而多种类型的发电系统也带来了电网系统的多样化和复杂化,存在着相应的安全风险,英国也提出在电力系统管理上,对数据和通信安全、加密通信进行标准化要求。

英国发布的电网安全风险管理相关的文件也是对 ISO 和 IEC 的同等采用,可以详见本书的 4.1.1 节。

4.1.3　我国电网安全风险管理策略

近年来,我国的电力生产和消耗量不断增长,我国火力发电仍然是主要发电方式,其次是水力发电、核能发电和风力发电等,同时正在大力促进电力系统转型,向数字化、绿色化发展,尤其是智能电网和新能源技术的发展。这使得我国的电网系统向着多元化发展,同时也对我国电网系统承载能力提出要求,尤其是风险承受能力方面,电网安全风险管理是接下来的工作重点。

我国的电力系统安全风险管理规范性文件主要由国家市场监督管理总局以及中国国家标准化管理委员会等机构进行发布,主要发布的电网安全风险管理相关的文件如表4.4所示。

表 4.4 我国主要电网安全管理办法

国家/组织	标准号及标准名称	发布机关	发布时间
中国	GB/T 40585—2021《电网运行风险监测、评估及可视化技术规范》(Technical specifications for monitoring, assessment and visualization of power grid operational risk	国家市场监督管理总局、中国国家标准化管理委员会	2019.07

1. GB/T 40585—2021《电网运行风险监测、评估及可视化技术规范》

2021年10月11日,国家市场监督管理总局、国家标准化管理委员会发布GB/T 40585—2021《电网运行风险监测、评估及可视化技术规范》,该标准由中国电力企业联合会主管并提出,全国电网运行与控制标准化技术委员会归口。该标准规定了电网运行风险监测、评估及可视化的技术要求,适用于省级及以上电力调度机构及运维单位,其他电力调度机构和运维单位以及电网规划、设计等单位可参照执行。

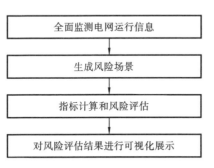

图 4.4 风险监测、评估及可视化流程

1)总体技术要求

该标准第4章规定,电网运行风险应分析实时或超短期内可能影响电网安全稳定运行的事件或因素对电网运行的危害,应全面监测电网的运行信息,基于监测信息生成风险场景,并进行指标计算和风险评估,最后对风险进行可视化展示。电网运行风险监测、评估及可视化流程如图4.4所示。

2)电网运行风险监测相关要求

该标准第5章《电网运行风险监测》规定,要对电网资源的实时数据和历史数据进行全面监视,应包括但不限于以下内容。

(1)量测数据:指电网、电厂、变电站,以及交流线路、直流线路、机组、母线、变压器、断路器、并联电容器、并联电抗器等一次设备相关的电力数据。量测数据来源于电网调度控制系统。

（2）电量数据：指电网、发电厂、直流输电系统、断面，以及发电机、变压器绕组、交流线路、电容器、电抗器等一次设备相关联的电表测量值、功率积分值或人工填写的报表值。电量数据来源于电网调度控制系统。

（3）故障与运行事件数据：包括设备故障、设备缺陷、设备停电和负荷控制数据。故障与运行事件数据主要来源于电网调度控制系统。

（4）告警数据：主要指告警日志，包括告警信号、开关或刀闸位置变化，母线电压、线路电流或变压器功率量测越限等。告警数据来源于电网调度控制系统。

（5）计划预测数据：指电网、电厂，以及交流线路、直流线路、机组、母线等一次设备相关的负荷预测和电能计划数据。计划预测数据来源于电网调度控制系统。

（6）外部环境数据：包括大风、气温、冰灾、雷电、暴雨、山火、沙尘、鸟害、洪水、地震、疫情、网络攻击、人为破坏等。外部环境数据主要来源于气象信息系统、台风预测系统等。

3）电网运行风险评估

该标准第 6 章《电网运行风险评估》规定，电网运行风险指标体系是电网运行状态的评估依据，包含安全稳定、平衡调节、外部环境等三大类指标。各级电网可结合实际情况进行调整。

安全稳定类指标包括静态安全水平、功角稳定水平、电压稳定水平、频率稳定水平、短路电流水平等指标。平衡调节类指标包括平衡能力、调节能力等指标。外部环境类指标包括气象灾害等指标。

风险评估的流程应基于风险监测数据生成风险场景，根据风险场景逐一计算风险指标，最后结合概率因素汇总得到电网运行风险值，并进行风险预警。

该标准第 6.3 节还指出，风险场景包括由外部环境直接造成的风险场景和由预想故障导致的风险场景，各级电网可根据历史统计信息或实际情况考虑概率因素。外部环境类风险场景通过电网风险监测直接获取。预想故障类风险场景在电网运行状态基础上，叠加预想故障生成。预想故障可从下列集合中选取。

（1）$N-1$ 预想故障。

（2）本地区历史事故统计中常见事故集合。

（3）GB 38755—2019 中 4.2 部分前两类大扰动。

（4）可能性较大的 $N-2$ 及以上非常规故障，可包括但不限于下列故障：自然灾害和恶劣气候下可能发生的两个及以上元件同时或相继跳闸；故障时开关拒动；控制保护、安全稳定控制、通信自动化等二次系统异常导致的故障。

4）风险危害评估方法

该标准 6.4 节内容规定，风险危害评估可采用包括但不限于下列计算分析方法。

(1) 电网拓扑结构分析。

(2) 电力系统潮流及无功电压分析。

(3) 电力电量平衡分析。

(4) 电力系统静态安全分析。

(5) 电力系统静态稳定计算分析。

(6) 电力系统暂态稳定计算分析。

(7) 电力系统小扰动稳定计算分析。

(8) 电力系统电压稳定计算分析。

(9) 电力系统频率稳定计算分析。

(10) 电力系统短路电流计算分析。

(11) 次同步/超同步振荡计算分析。

5) 电网运行风险可视化

该标准第 7 章内容规定,电网运行风险可视化应包括运行状态风险、电网结构风险、初始设备故障风险、运行方式改变调整风险、灾害天气风险等数据的可视化。对于各类数据,应根据数据特点,结合可视化展示图元和可视化展示手段,对风险危害和风险级别进行展示。可视化展示图元应包括饼图、柱形图、气泡图、趋势曲线、雷达图、刻度盘和信息表格等。可视化展示手段应包括等高线、定位、挂牌等,可结合地理信息、电网架构图、电气潮流图使用。

风险指标展示应当包括以下内容。

(1) 应支持指标信息分级、分类、分区展示。

(2) 应支持历史趋势显示、历史断面显示、按主题排序、最值排序、阈值筛选、动态告警。

(3) 应支持查看风险关联信息,支持指标数据的画面联动。

(4) 风险指标信息应与电网架构图关联展示,电网架构图上应显示各区域位置风险指标信息。

(5) 数值型数据可使用表格、仪表盘、雷达图、棒图、饼图、趋势图等可视化展示图元展示。

(6) 风险级别应根据严重程度,定义不同颜色标识不同级别的风险等级。风险级别颜色定义如表 4.5 所示。

风险场景展示应当包括以下内容。

(1) 气象与环境风险展示应基于地理信息系统,结合图标、等高线云图、罗盘、标志牌等方式。

表 4.5　风险级别颜色定义

风险级别	颜色
紧急	红色
告警	黄色
正常	绿色

（2）设备故障风险展示应结合潮流图使用定位和挂标志牌的方式。

（3）运行状态类风险展示可使用饼图、趋势曲线和信息表格等方式。

（4）三跨、密集通道、同杆并架等信息展示应结合地理信息使用定位和信息表格等方式。

（5）计划、检修和操作风险展示可使用定位和挂标志牌的方式。

该标准还规定了可视化接口的要求如下。

（1）可视化展示应遵循电网通用模型描述规范（CIM/G）和电力系统图形描述规范（CIM/E），CIM/G 用于描述画面布局、画面中可视化图元的类型和属性，CIM/E 用于描述可视化图元关联的数据。

（2）可视化展示的数据交互应支持多种查询方式，包括按关键字查询、按指定属性查询、按指定属性集查询和模糊查询等；可视化展示的交互数据存储应支持数据库和文件方式，支持的数据库包括关系数据库和非关系数据库、磁盘和内存数据库等，支持的文件包括可扩展标记语言（XML）、CIM/E 等文件。

（3）可视化展示客户端应通过服务调用实现与服务端的图形、数据和消息等系统资源的交互；服务调用应符合 GB/T33602、DL/T1230 的规定。

（4）可视化展示应支持访问本地和远程、同构和异构系统中图形和数据资源。

4.2　电网安全风险管理标准特征分析

本节通过对现有的电网安全风险管理相关标准进行分层次、分类别地对比研究，从标准适用条件、对象、内容、主题等出发，对每个类别的标准进行特点分析，总结现有的电网安全风险管理策略，为我国的电网安全风险管理工作提出学习借鉴之处。

1. 国际风险管理通用性标准

ISO 31000：2018《Risk management Guidelines》和 IEC 31010：2019《Risk management-Risk assessment techniques》是由 ISO 和 IEC 发布的通用性风险管理标准，是能够指导各领域和各类型组织风险管理工作的全面性文件，目前各国主

要基于这两个文件进行风险管理策略的制定。

国际风险管理通用性标准适用条件、适用对象以及共性内容分析如表4.6所示。

表4.6 国际风险管理通用性标准适用条件、适用对象以及共性内容分析

标准名称	适用条件	适用对象	共性内容
ISO 31000：2018《Risk management Guidelines》	适用于提供实用的、规范的风险管理原则、框架和程序，用以指导不同的领域，如安全、环境、质量和财务等各种风险的管理	可以应用于任何企业、组织、协会、团队或个体等，并不特别限定于某些行业或部门，具有广泛的应用范围	（1）风险管理框架：ISO 31000 和 IEC 31010 都强调了建立一个风险管理框架的重要性。这个框架包括风险管理的原则、目标和过程，以及相关的组织结构、责任和资源分配。 （2）风险识别和评估：两个标准都提供了关于风险识别和评估的指导。它们介绍了不同的风险识别方法和技术，如风险清单、风险矩阵、风险工作坊等，以帮助组织识别和评估潜在的风险。 （3）风险分析和决策：ISO 31000 和 IEC 31010 都强调了风险分析和决策的重要性。它们提供了一些风险分析方法和技术，如定性分析、定量分析、多标准决策分析等，以帮助组织理解风险的本质并做出相应的决策。
IEC 31010：2019《Risk management-Risk assessment techniques》			（4）风险监测和控制：两个标准都强调了风险监测和控制的重要性。它们提供了一些方法和技术，如风险指标、风险报告、风险审计等，以帮助组织监测和控制已识别的风险。 （5）组织文化和沟通：ISO 31000 和 IEC 31010 都强调了组织文化和沟通在风险管理中的重要性。它们鼓励组织建立一个积极的风险管理文化，并提供一些指导原则和方法，以促进有效的风险沟通和共享

总的来说，ISO 31000 和 IEC 31010 在风险管理的原则、方法和过程方面有一些共同的内容。它们都旨在帮助组织建立一个系统和结构化的风险管理框架，并提供一些方法和技术，以帮助组织识别、评估和控制风险。

国际风险管理通用性标准目的、侧重方向和针对性内容分析如表4.7所示。

表 4.7　国际风险管理通用性标准目的、侧重方向和针对性内容分析

标准名称	标准目的	侧重方向	针对性内容
ISO 31000：2018 《 Risk management Guidelines》	通过此标准性文件实现风险管理的目的：采取预防性而非被动性的管理，认识到在整个组织中辨识和处置风险的必要性，提高辨识各种风险隐患的水平，提高经济效益、改善管理，为风险管理的决策和计划建立基础，改进事故管理和预防措施，减少风险带来的损失等	从管理学的角度为组织提供风险管理指导，通过一套结构化的风险管理方法帮助各种组织有效地管理其业务运营、内外环境和财务资产等关键领域的风险	（1）建立原则、框架和程序三个风险管理关键层次。（2）建立沟通与协商、监测与评估手段贯穿下的背景分析、风险识别、风险分析、风险评估、风险处理的风险管理举措体系。（3）风险管理的各部分工作均需要细节性的设计和方法确认等
IEC 31010：2019 《 Risk management-Risk assessment techniques》	这一标准旨在立足风险评估工作促进组织的其他风险管理活动，风险评估能够帮助确认风险对组织目标和业绩标准的重要性，同时为决策提供必要条件，帮助确定是否需要处理风险、决定处理行动的优先级以及处理风险需要采取的行动	这一标准是为了支持风险管理指南的支持性标准，从技术角度提供风险评估技术选择和应用的指导，并介绍一系列风险评估技术，帮助组织理解不确定性以及其对决策和行动的影响	（1）风险评估技术的选择工作是策划风险评估，包括确定风险评估的目标和范围、理解背景、确定相关参与方、确定目标、考虑人力因素以及审核决策等。（2）管理信息与开发模型，包括收集信息、分析数据、使用软件开发模型进行分析等具体措施

由表 4.7 所示，尽管 ISO 31000 和 IEC 31010 是两个相关的标准文件，但它们在内容上有各自的特征与属性。

（1）范围和目的方面，ISO 31000 是一个风险管理的综合指南，旨在提供风险管理的原则、框架和过程，它适用于各种类型的组织和风险；而 IEC 31010 是一个风险评估技术的指南，重点介绍各种风险评估技术和方法的应用。

（2）内容范围方面，ISO 31000 提供了较为广泛的风险管理指导，包括风险管理的原则、框架、过程和实施，它强调风险管理的综合性和整体性；而 IEC 31010 更加专注于风险评估技术和方法，提供了更详细的风险评估工具和技术的指导。

（3）风险识别和评估方面，ISO 31000 提供了一般性的风险识别和评估方法的指导，如风险清单、风险矩阵等；而 IEC 31010 提供了更具体的风险评估技术和方法的指导，如定性分析、定量分析、事件树分析等。

（4）标准结构和术语方面，两个文件的标准结构和术语有一些差异。ISO 31000

采用了风险管理的通用术语和结构,以便适用于各种类型的组织和风险;IEC 31010
采用了与风险评估相关的术语和结构,更加专注于风险评估的特定领域。

总的来说,ISO 31000 提供了一个综合的风险管理框架和指南,而 IEC 31010
更加专注于风险评估技术和方法的指导。这两个标准可以相互补充,帮助组织建
立一个全面和有效的风险管理体系。

2. 国内外电力行业安全风险管理标准

GB/T 40585—2021《电网运行风险监测、评估及可视化技术规范》主管部门为
中国电力企业联合会,由国家市场监督管理总局、国家标准化管理委员会发布,主
要规范电网运行过程中的风险管理。DOE/OE-0003《ELECTRICITY SUBSEC-
TOR CYBERSECURITY RISK MANAGEMENT PROCESS》是由美国能源部
(DOE)电力办公室(OE)发布的文件。该文件为电力分部门提供指导,建立一个网
络安全风险管理过程,以应对网络安全威胁。

这两个文件均是针对电力行业的安全进行风险管理的标准文件,参照国际通
用风险管理标准的特征分析方式,对国内外电力行业安全风险管理标准的特征分
析如表 4.8 所示。

表 4.8　国内外电力行业安全风险管理标准适用条件、适用对象以及共性内容分析

标准名称	适用条件	适用对象	共性内容
GB/T 40585—2021《电网运行风险监测、评估及可视化技术规范》 DOE/OE-0003《ELECTRICITY SUBSECTOR CYBERSECURITY RISK MANAGEMENT PROCESS》	均适用于电力系统的运行安全与安全风险管理,且都旨在提高电力系统的安全性和稳定性,聚焦于电力系统运行中可能遇到的风险,包括技术故障、自然灾害、人为攻击等,并提出了风险管理的策略和流程	均面向整个电力行业,包括但不限于发电、传输、分配和电力销售等环节的企业和组织。电网的运营商、负责电力行业监管和安全的政府或行业监管机构是主要适用对象,因为它们直接负责电力系统的稳定运行和安全	(1) 风险识别与评估:两者都强调对潜在风险的识别、评估和分类的重要性,以确定风险的大小、影响以及应对策略的优先级。 (2) 风险管理流程:介绍了完整的风险管理流程,包括风险的识别、评估、监测、应对和复审,旨在建立系统性的风险管理框架。 (3) 技术与策略要求:两个标准都提出了技术和策略层面的要求,旨在通过科学合理的措施降低风险,提高电力系统的稳定性和安全性。 (4) 可视化与信息共享:强调将风险监测、评估结果进行可视化处理,以及在相关利益相关者之间共享信息的重要性,这有助于提高风险管理的效率和效果

　　总的来说,这两个文件都强调了电力信息系统安全和风险管理的重要性,并提供了一些指导原则、方法和控制措施,以帮助电力行业有效地管理安全风险。它们可以相互参考和补充,帮助组织建立一个安全、可靠的电网系统。

　　国内外电力行业安全风险管理标准目的、侧重方向以及主要内容分析如表4.9所示。

表 4.9　国内外电力行业安全风险管理标准目的、侧重方向以及主要内容分析

标 准 名 称	标 准 目 的	侧 重 方 向	主 要 内 容
GB/T 40585—2021《电网运行风险监测、评估及可视化技术规范》	旨在规范电网运行风险监测、评估及可视化的技术要求,提升电网运行的安全性和可靠性。通过建立完善的风险管理体系,确保电力供应的连续性和稳定性,防止和减少电网事故的发生	专注于电网运行中的风险管理,包括技术风险、自然灾害风险以及其他可能影响电网稳定运行的风险因素。强调风险的监测、评估方法以及风险信息的可视化技术,以便于运营商和管理人员做出及时的风险应对和决策	(1) 定义了电网运行风险的分类和评价标准。 (2) 规定了风险监测的技术要求、评估模型和方法。 (3) 提出了风险信息可视化的展示方式和技术要求,包括风险地图、风险指标的动态监测等
DOE/OE-0003《ELECTRICITY SUBSECTOR CYBERSECURITY RISK MANAGEMENT PROCESS》	这一标准旨在通过业务驱动因素,使网络安全风险管理成为电力系统安全风险管理的一部分,维护电力系统安全,促进电力系统安全、稳定和机密,帮助电力部门整合和保护隐私,并成为美国国家全面网络安全计划的一部分。这一标准也可以适用于美国以外的国家	美国的国家安全和经济安全很大程度取决于电力系统的稳定。然而网络安全威胁攻击日益复杂,严重影响着电力系统安全,也影响着美国国家经济、公众安全等方面,为了更好地解决网络安全风险,特制定这一标准,从网络安全框架的角度,指导网络安全风险管理活动	(1) 这一标准要求电力部门依照三层框架,即风险管理的核心组织、风险管理的业务流程和信息技术以及工业系统。 (2) 从三个方面进行网络安全风险管理,包括风险识别、风险评估、风险应对等措施,对网络安全风险进行减轻、转移、消除或者接受等操作。 (3) 以动态性的方式对网络安全风险进行管理

综上所述,这四个文件的主要特征主要体现在以下几个方面。

(1) 标准的目标方面,GB/T 40585—2021《电网运行风险监测、评估及可视化技术规范》旨在提升电网运行的安全性和可靠性,通过技术规范来监测、评估及可视化电网运行中的风险,减少事故发生的概率。DOE/OE-0003《ELECTRICITY SUBSECTOR CYBERSECURITY RISK MANAGEMENT PROCESS》专注于提高电力子部门的网络安全性,通过建立全面的风险管理过程来识别、评估、管理和缓解网络安全威胁和漏洞。

(2) 标准的重点内容方面:GB/T 40585—2021《电网运行风险监测、评估及可视化技术规范》重点提供电网运行风险的分类和评估标准,规定风险监测的技术要求和评估方法。同时强调风险信息的可视化展示,以辅助决策和响应。DOE/OE-0003《ELECTRICITY SUBSECTOR CYBERSECURITY RISK MANAGEMENT PROCESS》描述网络安全风险管理的基本框架和步骤,详细介绍网络安全控制措施和实施策略,强调跨部门合作和信息共享的重要性,以共同应对网络安全挑战。

总的来说,GB/T 40585—2021 和 DOE/OE-0003 虽然都是在电力行业中实施风险管理的重要标准,但它们分别从电网物理运行和网络安全两个不同的角度出发,体现了在确保电力系统安全稳定运行方面的不同侧重点和应用领域。这两个标准的共存说明了在现代电力系统中综合管理物理安全和信息安全风险是保障电网稳定运行和安全的关键。

4.3　小　　结

对于电网系统中存在的风险,国内外标准化机构以及电力部门和企业均具有明确的风险防范意识,通过规范化文件使风险管理更加具体化、深入化,这样也能够进一步提高风险管理工作的水平与效率,促进相关工作人员素质的提高,实现电网安全风险管理的管理目标,使电力部门的电网安全风险管理的水平能够大幅提升,电力企业也能够得到更加长远的发展。

基于国内外的电力安全风险管理方法的研究,电网网络安全风险的相关管理工作一直是电力安全风险管理工作的重中之重,在现阶段的电网系统风险评估系统中,信息技术安全风险管理的环节规定得更为具体和详尽,并且随着信息技术的发展,其相关风险管理办法也在不断地动态更新。

各类电力安全风险规范化文件都表明,在电网系统的工作中应该构建完善的风险评估系统,进而对电网系统的运行实施全面监管,及时发现电网系统中存在的潜在风险,并及时制定解决方案。此外,企业应该积极落实风险评估的管理制度,针对不同的风险,制定不同的解决方案。同时,也可以根据风险评估的预测,制定来年的工作计划以及风险预测报表,进而为电网系统的构建提供有效的凭证。

除了风险评估体系外,风险管理工作的其他流程(如风险前、风险中、风险后的各部分应对计划)如下。

(1)电网安全风险识别:通过收集、整理、分析电网运行数据,识别电网运行中可能存在的风险源和风险因素,确定风险类型和范围。

(2)电网安全风险分级:根据风险发生的可能性和影响程度,对风险进行分级,确定风险等级和风险等级标准。

(3)电网安全风险监视:通过建立风险监视指标体系,对风险进行实时监测、预警和报告,及时发现风险变化和异常情况。

(4)电网安全风险控制:根据风险等级,制定风险控制措施,包括风险规避、风险转移、风险减轻和风险承担,落实风险控制责任,执行风险控制计划。

(5)风险管控与其他工作的衔接:将风险管控工作与电网规划、建设、运行、维护、应急等工作衔接,形成风险管控闭环,实现风险管控的持续改进等均是电网安全风险管理的重要环节。

第5章 保障新型电力系统电网安全建议

新型电力系统是我国新型能源体系的重要组成和实现"双碳"目标的关键载体。与传统电网相比,新型电力系统应用更多的新能源技术,这些新能源技术有的供应不稳定、有的电力供应规模还不大、有的安全问题还需要进一步明确,这些都对传统电网的传输方式、承载能力、承载容量、调度方式、风险防控、监测与响应速度等带来了极大挑战和更高要求,因此重视新型电力系统下电网安全对保障国家电力安全供给具有重要意义。

结合我国新型电力系统发展现状,电力系统安全问题已经从以系统稳定为主演变为供应安全、系统稳定、非常规安全并重的"三位一体"安全问题,必须深刻把握安全问题本质的变化,扩展安全防御内涵,在加强系统稳定管控的同时,强化对供应安全、非常规安全问题的防控,结合国内外电网安全风险管理的经验,深刻把握安全问题本质的变化,扩展安全防御内涵,构建覆盖全时间尺度、全空间维度、协调统一的综合安全防御体系。

5.1 电网供应安全保障方面

保障电力供应安全是电力系统安全的核心内涵。面对新型电力系统下电网供应侧的多种电力设备接入导致的安全风险,包括多方面组成部分数据的碎片化、数据通信的异质化和不安全化等安全风险,要创新电网输电技术,并做到接纳和平衡新能源发电技术,以及建立多元数据安全风险监测机制,这些均是电网安全风险管理的重点。

(1)加强电网前瞻性规划部署。风能、太阳能等可变资源的增加和传统发电的退役将从根本上改变电网的规划和运营方式,而电力供应需求不足的风险也会越来越大。为支持能源低碳转型,电网规划需要大幅改进,在资源规划、运营模式以及电力设计中准确识别电力资源对负荷端的贡献,预见性使用先进的数字化技术以加强电网的灵活性、适应性和可承载性。加强电力系统与交通、工业等不同行业部门之间的规划协调。将电网建设纳入高质量长期发展的规划,反映气候目标,并让所有利益相关方参与进来。

（2）加强全网大范围资源优化配置。立足我国国情和技术成熟度,适度发展常规电源,同时加强新能源友好并网技术研究,实现全网大范围资源优化配置,支持分布式电源和各类负荷灵活接入,加大电网薄弱环节技术改造,制定并落实相应的风险管控措施。增加具有可靠性的新电力资源,随着大电网资源的增长,需求和资源组合也在不断增长,需要解决基于逆变器的资源（IBR）问题,以及发电机和燃料在极端低温下的脆弱性,确保可靠供电。严格按照电网技术标准,严格接入规范和原则,控制可能造成一般事故的负荷或电源接入,避免大负荷集中接入引发事故,加强技术创新和市场设计,构建合理"源网荷储"结构,创新装备技术和运行模式,保障电力供应安全。

（3）加强先进技术的推广利用。电网的扩建需要保持稳定的发展速度和规模,新电网建设需要利用好现有基础设施和新的储能技术、数字化技术、远程监控技术等。保障数字化技术在电网应用中的安全,输配电网的数字化技术应用将改进电网效率和保障安全,尤其要确保安全、透明的数据采集,以及人工智能、机器学习等工具的同步开发,加强网络安全风险评估,以确保电力系统的安全。在采用新技术时,可以在确保监管风险下允许加大新技术应用和投资、简化行政程序、促进社会支持、有效利用现有基础设施、制定激励措施。

（4）保障材料、设备及组件供应链安全。保障铝、铜和钢材等关键原材料的安全供应对电网建设至关重要。铝和铜是制造电缆和电线的主要材料,据 IEA 预计,2041—2050 年用于输电线路、配电网和变压器的铜和铝的总需求从 2012—2021 年的平均 500 万吨/年、1200 万吨/年增加到 2041—2050 年的 900 万吨/年、2100 万吨/年,变压器生产所用的电工钢和建筑钢材的需求也将从 500 万吨/年增长至 900 万吨/年。电网扩容和新技术部署将对供应链造成越来越大的压力,只有建立稳固的项目渠道及标准的采购流程,才能扩大并保障供应链的灵活性。为了保障原材料供应,除了增加矿山开发外,还可以对废旧材料进行回收和循环再利用,例如约四分之三的变压器材料（钢、铜和油）、架空线路所使用的材料及导体、电缆导体中使用的铜或铝以及作为绝缘材料的聚乙烯可以被回收利用。

（5）加强风险管理,保障设备安全。实施安全隔离技术研究,将电网供应的关键系统和设备进行物理隔离,防止攻击者通过网络入侵一次性控制整个电网供应系统。加强身份认证和访问控制技术,采用多因素身份认证、访问控制列表和权限管理等技术手段,确保只有授权人员能够访问和操作电网供应系统。加密通信和数据传输技术的发展,采用加密协议和技术,对电网供应的通信和数据传输进行加密,防止数据被窃取或篡改。充分利用现有标准、政策与指导方针,在电网各部分设备的认证和授权措施、数据交换时基于 IP 的安全通信与安全程序、电网安全监视和事件的日志与记录等方面做出详细的规定,将基于各个渠道的最新技术进行整合和统一规定,同时考虑安全措施的全面性和实现成本,对电力系统的碎片化资源、动态性数据等进行实时监测与记录,进行风险管理工作,保证新型电力系统的监测、管理和调控安全稳定进行。

5.2 系统安全稳定控制方面

系统安全稳定是新型电力系统安全的基础,新型电力系统下的电网要主动适应新型电力电子设备、高比例新能源接入带来的电力系统物理特性变化。提升对系统稳定的支撑能力应当做到意识层面和行动层面共同发展进步,构建特性认知、运行控制和故障防御体系,实现电网的系统安全稳定控制。

(1) 加强电网安全意识,提升电力系统分析认知水平。树立明确的电网系统风险防范意识,使风险管理更加具体化、明朗化,对电网风险的危险性进行大力宣传。要提升新型电力系统分析认知水平,深化新型电力系统电网稳定机理认知与分析基础理论,建设以全电磁暂态、平台化、智能化为特征的大电网多时间尺度仿真分析手段,全面、精确、高效认知"双高"系统特性。定期开展电网风险分析专项工作,相关部门共同参与,集思广益、群策群力,制定电网风险防控策略和风险消除措施。

(2) 完善电力系统运行控制体系,强化安全防线。提升主动防控运行风险的能力,基于电网全景全频段状态感知,实现在线评估电网安全态势,并通过风险预测、预警和预控,实现安全风险的主动防御。在这个过程中,先进的信息通信技术与电力技术的深度融合至关重要。通过促进"大云物移智链"等技术的应用,可以充分挖掘"源网荷储"各方资源的控制调节潜力,实现全信息感知、全时空平衡优化、"网源荷储"协同控制、智能在线决策,从而全面支撑新型电力系统运行控制需求。电力系统的运行控制需要借助电力电子设备等调节快速、可塑性强的特点,充分利用海量异构控制资源,通过大范围多资源协同快速紧急控制,以增强电网故障防御能力。此外,加强各项故障防御关键技术的贯通融合也至关重要,实现多维度稳定监测、预警、控制和恢复一体化防控。通过这些措施的综合应用,电力系统可以更好地适应复杂多变的运行环境,提高系统的鲁棒性和抗干扰能力,确保电力系统的安全稳定运行。

(3) 落实电网安全行动,重点关注风险处理工作。国内外的电网安全风险管理工作标准中,进行风险处理的规范性工作能够确保风险管理计划的准确实施,并帮助电力部门以及实际操作人员了解风险管理计划,并跟踪计划的执行情况,同时也应该考虑电力系统的所有相关单位的实际状态以及改进意见。风险处理方案的选择应根据新型电力系统的电网运行目标、风险管理标准和可用的新型电网管理资源进行。风险处理计划应当包括选择处理方案的理由,风险处理方案可带来的预期效益,方案所需(包括费用等在内)的成本,方案的具体措施、约束条件、规定的报告和监察措施、期望采取和完成风险处理的时间等。较完备的和有效的风险处理计划能够在电力安全风险发生时和发生后及时处置与采取措施,能够最大限度减少电力安全风险的危害,实现对电力安全风险的管理与控制。

5.3　非常规安全防御方面

在全球气候变暖的背景下,极端天气和严重自然灾害对电力系统造成的风险增大,同时恐怖袭击、网络攻击也对电网安全带来严重威胁。非常规安全防御是新型电力系统安全的重要组成,目标是构建具有高韧性的电力系统,针对严重自然灾害、极端天气、恐怖袭击、网络攻击等极端事件,从事前、事中、事后制定安全防护措施。

(1)加强极端气候下电网弹性研究。极端气温和长期恶劣气候条件对电力的影响越来越大。极端高温和零度以下的气温会增加电力需求,威胁电力供应,迫使脆弱的发电设备停机,同时扰乱天然气供应。即使一些地区有足够的发电资源和能力,但也可能在极端和长时间的气候事件以及异常大气条件下,出现电力可用性和能量不足。美国、澳大利亚、加拿大、巴西和我国等国家都经历过因极端气候导致的电网安全事件,可以从这些事件中汲取经验教训,出台应对措施。开展极端气候下电网安全事前预案、故障预测、应对措施、灾后电力抢修恢复等研究,发展储备技术。

(2)重视网络信息安全,加强相关部署。完善网络信息安全风险管理体系,电网在智能化建设的过程中,其覆盖面和技术手段也不断丰富,随着互联网、信息技术等的发展,这一系列电网侧的变化在网络与信息系统等层面的风险也在不断增加,有效的信息安全风险管理体系对电网的安全运行有着重要的作用。重视数据安全,积极应用 5G 通信、区块链、人工智能、大数据新技术、新框架,完善电网设备和接入装置的审计。加强电力软件系统开发,提高软/硬件的安全。跨行业成立网络安全应急小组,加强与国内外相关机构的交流和合作。

(3)完善网络安全风险管理体系建设。国内外电力系统信息安全风险管理重视电力安全风险管理的动态性、复杂性和全面性。一个较为全面的电网网络安全风险管理体系应当包括:与电力系统网络安全有关威胁、漏洞等的测评,分析其可能性和影响;基于法律、法规、政策以及人员等的各因素可能产生的局限性评估;电网安全风险承受能力,确定可接受的风险水平;不同类型的风险之间的优先级选择;电网连接单位、第三方服务提供商、设备供应商的风险管理等。建立完善网络安全风险管理体系需要涉及电网网络安全风险管理工作的大部分因素,总体思路还是从框架层面上保障电力系统的网络信息安全。结合我国的电力实际工作,建议进一步规定在电力方面网络风险管理工作的流程,涉及更加具体的风险评估、分析、处理等层面,构建更加全面的电力网络风险安全管理系统。

参 考 文 献

[1] 中国核电网.国际能源署发布《2022年世界能源展望》报告[EB/OL].2023-02-
15[2023-10-16]. https://baijiahao.baidu.com/s? id＝1751061804617456588
&wfr＝spider&for＝pc.

[2] Sørensen B. Energy and Resources：A plan is outlined according to which so-
lar and wind energy would supply Denmark's needs by the year 2050[J].Sci-
ence,1975,189(4199):255-260.

[3] Lazarus M,Greber L,Hall J,et al. Towards a fossil free energy future. The
next energy transition[J]. ETDEWEB,1993.

[4] 北极星太阳能光伏网.丹麦：小国家的能源"大志向"[EB/OL]. 2016-05-20
[2023-10-16]. https://guangfu.bjx.com.cn/news/20160520/735167-1.sht-
ml.

[5] Meneguzzo F,Ciriminna R,Albanese L,et al. Italy 100％ renewable：a suit-
able energy transition roadmap[J].arXiv preprint arXiv,2016,1609.08380.

[6] Zakeri B,Syri S,Rinne S. Higher renewable energy integration into the exist-
ing energy system of Finland-Is there any maximum limit?〔J〕. Energy,
2015,92:244-259.

[7] Hansen K,Mathiesen B V,Skov I R. Full energy system transition towards
100％ renewable energy in Germany in 2050[J]. Renewable and Sustainable
Energy Reviews,2019,102:1-13.

[8] Faulstich M,Foth H,Calliess C,et al. Pathways towards a 100％ renewable
electricity system[J]. Berlin,Germany：German Advisory Council on the En-
vironment,2011.

[9] Esteban M,Portugal-Pereira J,Mclellan B C,et al. 100％ renewable energy
system in Japan：Smoothening and ancillary services[J]. Applied energy,
2018,224:698-707.

[10] 文云峰,杨伟峰,汪荣华,等.构建100％可再生能源电力系统述评与展望[J].
中国电机工程学报,2020,40(6):1843-1856.

［11］北极星太阳能光伏网.瑞典计划 2040 年实现 100％可再生能源发电［EB/OL］. 2023-02-15［2023-10-16］. https：//guangfu. bjx. com. cn/news/20160617/743271. shtml.

［12］北极星太阳能光伏网.法国 2050 年将实现 100％可再生能源利用［EB/OL］. 2015-11-16［2023-10-16］. https：//guangfu. bjx. com. cn/news/20151116/681731. shtml.

［13］新浪财经.“2035 年实现 100％可再生能源供电”,德国激进步伐背后的隐忧［EB/OL］. 2022-03-02［2023-10-16］. https：//baijiahao. baidu. com/s? id＝1726154550362394895＆wfr＝spider＆for＝pc.

［14］中国能源报.苏格兰大力发展可再生能源［EB/OL］. 2012-12-06［2023-10-16］. http：//www. nea. gov. cn/2012-12/06/c_132022221. htm.

［15］Teske S,Dominish E,Ison N,et al. 100％ Renewable Energy for Australia——Decarbonising Australia's Energy Sector within one Generation. Report prepared by ISF for GetUp! and Solar Citizens［J］. 2016.

［16］BP. History of the Statistical Review of World Energy［EB/OL］. 2023-02-20［2023-10-20］. https：//www. bp. com/en/global/corporate/energy-economics/statistical-review-of-world-energy. html.

［17］第一财经. 国家发改委：目前我国可再生能源装机规模已突破 11 亿千瓦［EB/OL］. 2022-09-22［2023-10-20］. https：//baijiahao. baidu. com/s? id＝17446436726 94228155＆wfr＝spider＆for＝pc.

［18］国网能源研究院有限公司.中国能源电力发展展望(2020)［M］. 北京:中国电力出版社,2020.

［19］张宁,邢璐,鲁刚.我国中长期能源电力转型发展展望与挑战［J］.中国电力企业管理,2018,(13):58-63.

［20］福建省电机工程学会.【院士专栏】程时杰院士:我国未来电力系统发展思考［EB/OL］. 2022-07-26［2023-10-20］. https：//mp. weixin. qq. com/s? __ biz＝MzU4NTA2MDYzMw＝＝＆mid＝2247537537＆idx＝1＆sn＝4f581c2d9519f59 d2774aa0e570cf2db＆chksm＝fd924bf7cae5c2e118e893d55fae02 98b0675c4126083 adfa637cd04560b6ee311f5f8a04e31＆scene＝27.

［21］舒印彪,张丽英,张运洲,等.我国电力碳达峰、碳中和路径研究［J］.中国工程科学,2021,23(06):1-14.

［22］中国绿发会.中科院院士周孝信:双碳目标下能源电力系统发展前景和关键技术［EB/OL］. 2021-09-16［2023-10-21］. https：//baijiahao. baidu. com/s?

id＝1711029574031639453&wfr＝spider&for＝pc.

[23] 国际电力网.双碳目标下我国能源电力系统发展情景分析[EB/OL].2021-06-10[2023-10-21].https://power.in-en.com/html/power-2388994.shtml.

[24] 舒印彪,陈国平,贺静波,等.构建以新能源为主体的新型电力系统框架研究[J].中国工程科学,2021,23(06):61-69.

[25] 张智刚,康重庆.碳中和目标下构建新型电力系统的挑战与展望[J].中国电机工程学报,2022,42(08):2806-2819.

[26] 北极星智能电网在线.从五个维度认识新型电力系统[EB/OL].2021-05-14[2023-10-22].http://www.chinasmartgrid.com.cn/news/20210514/638594.shtml.

[27] 中国电力报.杨昆:把握经济发展规律 构建新型电力系统[EB/OL].2022-10-17[2023-10-22].http://www.chinapower.com.cn/zk/zjgd/20221017/170856.html.

[28] 文云峰,杨伟峰,汪荣华,等.构建100%可再生能源电力系统述评与展望[J].中国电机工程学报,2020,40(6):1843-1856.

[29] 苏树辉,袁国林,李玉嵩.国际清洁能源发展报告(2014)[M].社会科学文献出版社,2014.

[30] Boot P A,Van Bree B. A zero-carbon European power system in 2050:proposals for a policy package[M]. Petten:ECN,2010.

[31] Davis S J,Lewis N S,Shaner M,et al. Net-zero emissions energy systems[J]. Science,2018,360(6396):eaas9793.

[32] Lund H. Renewable energy strategies for sustainable development[J]. energy,2007,32(6):912-919.

[33] Sørensen B. Energy and Resources:A plan is outlined according to which solar and wind energy would supply Denmark's needs by the year 2050[J]. Science,1975,189(4199):255-260.

[34] 新能源电力系统全国重点实验室(华北电力大学).新能源电力系统全国重点实验室简介[EB/OL].2023-02-22[2023-10-25].https://laps.ncepu.edu.cn/jgdw/sysjj/index.htm.

[35] 郭创新,刘祝平,冯斌,等.新型电力系统风险评估研究现状及展望[J].高电压技术,2022,48(09):3394-3404.

[36] 马钊,周孝信,尚宇炜,等.未来配电系统形态及发展趋势[J].中国电机工程学报,2015,35(06):1289-1298.

[37] 孔力,裴玮,饶建业,等.建设新型电力系统促进实现碳中和[J].中国科学院院刊,2022,37(4):522-528.

[38] 张智刚,康重庆.碳中和目标下构建新型电力系统的挑战与展望[J].中国电机工程学报,2022,42(08):2806-2819.

[39] 李明节,陈国平,董存,等.新能源电力系统电力电量平衡问题研究[J].电网技术,2019,43(11):3979-3986.

[40] 周孝信,鲁宗相,刘应梅,等.中国未来电网的发展模式和关键技术[J].中国电机工程学报,2014,34(29):4999-5008.

[41] 谢小荣,贺静波,毛航银,等."双高"电力系统稳定性的新问题及分类探讨[J].中国电机工程学报,2021,41(02):461-475.

[42] 马钊,周孝信,尚宇炜,等.未来配电系统形态及发展趋势[J].中国电机工程学报,2015,35(06):1289-1298.

[43] 董新洲,汤涌,卜广全,等.大型交直流混联电网安全运行面临的问题与挑战[J].中国电机工程学报,2019,39(11):3107-3119.

[44] 吕鹏飞.交直流混联电网下直流输电系统运行面临的挑战及对策[J].电网技术,2022,46(02):503-510.

[45] 李亚楼,张星,李勇杰,等.交直流混联大电网仿真技术现状及面临挑战[J].电力建设,2015,36(12):1-8.

[46] 覃琴,郭强,周勤勇,等.国网"十三五"规划电网面临的安全稳定问题及对策[J].中国电力,2015,48(01):25-32.

[47] 辛建波,王玉麟,舒展,等.特高压交直流接入对江西电网暂态稳定的影响分析[J].电力系统保护与控制,2019,47(08):71-79.

[48] 新华网.新型能源体系动力要更强劲[EB/OL].2023-02-15[2023-8-20].http://www.xinhuanet.com/energy/20230215/c77384be1bf240979bfd4f2c7d7adcbb/c.html.

[49] 光明网.特高压建设迎来新一轮提速期[EB/OL].2022-01-12[2023-10-17].https://m.gmw.cn/baijia/2022-01/12/35443510.html.

[50] 李勇.强直弱交区域互联大电网运行控制技术与分析[J].电网技术,2016,40(12):3756-3760.

[51] 郑超,马世英,申旭辉,等.强直弱交的定义、内涵与形式及其应对措施[J].电网技术,2017,41(08):2491-2498.

[52] Azad S P,Iravani R,Tate J E. Dynamic stability enhancement of a DC-segmented AC power system via HVDC operating-point adjustment[J]. IEEE

Transactions on Power Delivery,2014,30(2):657-665.

[53] Azad S P, Taylor J A, Iravani R. Decentralized supplementary control of multiple LCC-HVDC links[J]. IEEE Transactions on Power Systems,2015, 31(1):572-580.

[54] Fuchs A, Imhof M, Demiray T, et al. Stabilization of large power systems using VSC-HVDC and model predictive control[J]. IEEE Transactions on Power Delivery,2013,29(1):480-488.

[55] 徐式蕴,吴萍,赵兵,等.哈郑直流受端华中电网基于响应的交直流协调控制措施[J].电网技术,2015,39(07):1773-1778.

[56] 邵德军,徐友平,赵兵,等.交直流柔性协调控制技术在华中电网的应用[J].电网技术,2017,41(04):1146-1151.

[57] 李鹏,贺静波,石景海,等.交直流并联大电网广域阻尼控制技术理论与实践[J].南方电网技术,2008,2008(04):13-17.

[58] Ajaei F B, Iravani R. Dynamic interactions of the MMC-HVDC grid and its host AC system due to AC-side disturbances[J]. IEEE Transactions on Power Delivery,2015,31(3):1289-1298.

[59] Le Blond S, Bertho Jr R, Coury D V, et al. Design of protection schemes for multi-terminal HVDC systems[J]. Renewable and Sustainable Energy Reviews,2016,56:965-974.

[60] Leterme W, Beerten J, Van Hertem D. Nonunit protection of HVDC grids with inductive DC cable termination[J]. IEEE Transactions on Power Delivery,2015,31(2):820-828.

[61] 宋国兵,靳幸福,冉孟兵,等.基于并联电容参数识别的 VSC-HVDC 输电线路纵联保护[J].电力系统自动化,2013,37(15):76-82+102.

[62] Gao Shuping, Liu Qi, Song Guobing. Current differential protection principle of HVDC transmission system[J]. IET Generation, Transmission & Distribution,2017,11(5):1286-1292.

[63] 裴愉涛,陈水耀,杨恢宏,等.交直流混联系统突变量方向元件适用性研究[J].电力系统保护与控制,2012,40(13):115-120.

[64] 马静,李金龙,王增平,等.基于故障关联因子的新型广域后备保护[J].中国电机工程学报,2010,30(31):100-107.

[65] 王艳,金晶,焦彦军.广域后备保护故障识别方案[J].电力自动化设备,2014,34(12):70-75,99.

［66］许建中,赵成勇,AniruddhaM Gole.模块化多电平换流器戴维南等效整体建模方法［J］.中国电机工程学报,2015,35(08):1919-1929.

［67］徐政,杨靖萍,段慧.一种适用于电磁暂态仿真的等值简约方法［J］.南方电网技术,2007,(01):37-40.

［68］田芳,周孝信.交直流电力系统分割并行电磁暂态数字仿真方法［J］.中国电机工程学报,2011,31(22):1-7.

［69］吕鹏飞.交直流混联电网下直流输电系统运行面临的挑战及对策［J］.电网技术,2022,46(02):503-510.

［70］国家能源局.国家能源局关于印发《2023年能源工作指导意见》的通知［EB/OL］.2023-01-06［2023-8-20］.http://www. nea. gov. cn/2023-01/06/c_1310688702. htm.

［71］叶昊鸣.全面部署构建现代化基础设施体系,有何深意——解读中央财经委员会第十一次会议新部署［EB/OL］.2022-04-28［2023-8-21］.http://www. gov. cn/xinwen/2022-04/28/content_5687591. htm.

［72］南网技术情报中心.专题研究丨分布式智能电网基本内涵与主要物理形态［EB/OL］.2022-08-12［2023-8-21］.https://mp. weixin. qq. com/s/gIbAvjDrBWyNVVZW0LaqBA.

［73］胡杰,张朋.国内首个分布式智能电网示范区建设启动［EB/OL］.2023-02-16［2023-8-21］.http://www. chinasmartgrid. com. cn/news/20230216/646865. shtml.

［74］Bonnefoi R,Moy C,Palicot J. Framework for hierarchical and distributed smart grid management［C］//2017 XXXIInd General Assembly and Scientific Symposium of the International Union of Radio Science：URSI GASS. Montreal,QC,Canada：IEEE,2017. 1-4.

［75］Ikram M,Ahmed S,Khan S N. Cascade Failure Management in Distributed Smart Grid Using Multi-Agent Control［C］//2022 17th International Conference on Emerging Technologies：ICET. Swabi,Pakistan：IEEE,2022. 31-36.

［76］Kulkarni S,Gu Qinchen,Myers E,et al. Enabling a decentralized smart grid using autonomous edge control devices［J］. IEEE Internet of Things Journal,2019,6(5):7406-7419.

［77］Ali S S,Choi B J. State-of-the-art artificial intelligence techniques for distributed smart grids：A review［J］. Electronics,2020,9(6):1030.

［78］Stübs M,Ipach H,Becker C. Topology-aware distributed smart grid control using a clustering-based utility maximization approach［C］//Proceedings of the 35th Annual ACM Symposium on Applied Computing:SAC'20. New York,NY,USA:Association for Computing Machinery,2020. 1806-1815.

［79］Yang Chen Wei,Dubinin V,Vyatkin V. Automatic generation of control flow from requirements for distributed smart grid automation control［J］. IEEE Transactions on Industrial Informatics,2019,16(1):403-413.

［80］Alcaraz C,Lopez J,Wolthusen S. Policy enforcement system for secure interoperable control in distributed Smart Grid systems［J］. Journal of Network & Computer Applications,2016,59:301-314.

［81］Sinha A,Mohandas M,Pandey P,et al. Cyber Physical Defense Framework for Distributed Smart Grid Applications［J］. Frontiers in Energy Research,2021,8:621650.

［82］Hargreaves N,Hargreaves T,Chilvers J. Socially smart grids? A multi-criteria mapping of diverse stakeholder perspectives on smart energy futures in the United Kingdom［J］. Energy Research & Social Science,2022,90:102610.

［83］Lazaroiu C,Roscia M. New approach for Smart Community Grid through Blockchain and smart charging infrastructure of EVs［C］//2019 8th International Conference on Renewable Energy Research and Applications:ICRERA. Brasov,Romania:IEEE,2019. 337-341.

［84］Kim M,Lee J,Oh J,et al. Blockchain based energy trading scheme for vehicle-to-vehicle using decentralized identifiers［J］. Applied Energy,2022,322:119445.

［85］Khan M H D,Mujahid U,Najam-ul-Islam M,et al. A Security Analysis of Blockchain Based Decentralized Energy Exchange System［C］//2020 9th International Conference on Industrial Technology and Management:ICITM. Oxford,UK:IEEE,2020. 251-255.

［86］赵紫原.分布式智能电网护航能源安全——专访中国工程院院士、天津大学教授余贻鑫［J］.中国电力企业管理,2022,(25):10-13.

［87］Ton D T,Smith M A. The US department of energy's microgrid initiative［J］. The Electricity Journal,2012,25(8):84-94.

［88］温世凡.智能电网环境下的微电网能源管理策略研究［D］.成都:西南财经大

学,2021.

[89] 张艳红,杜欣慧,张建伟.微电网控制技术的研究现状及发展方向[J].山西电力,2011,(06):28-31.

[90] 索比光伏网.世界银行:到2030年,全球需投资1270亿为5亿人提供光伏电力[EB/OL].2022-10-09[2023-8-25].https://news.solarbe.com/202210/09/359959.html.

[91] 北极星太阳能光伏网.世界银行:光伏储能助推微电网到2030年全球项目将达21万个[EB/OL].北极星太阳能光伏网,2019-06-28[2023-8-21].https://guangfu.bjx.com.cn/news/20190628/989275.shtml.

[92] 规划司."十四五"规划《纲要》名词解释之64|智能微电网[EB/OL].2021-12-24[2023-8-21].https://www.ndrc.gov.cn/fggz/fzzlgh/gjfzgh/202112/t20211224_1309317_ext.html.

[93] 陈建强,张扬.我国首个智能微电网项目落户天津[EB/OL].2014-06-22[2023-8-21].https://news.bjx.com.cn/html/20140622/520653.shtml.

[94] 北极星智能电网在线.国内首个高海拔水光储智能微电网建成投运[EB/OL].2022-06-13[2023-8-21].http://www.chinasmartgrid.com.cn/news/20220613/642930.shtml.

[95] 北极星智能电网在线.江西省首个"水光储"一体化智能微电网工程投运[EB/OL].2023-01-05[2023-8-21].http://www.chinasmartgrid.com.cn/news/20230105/646264.shtml.

[96] 张运,姜望,张超,等.基于储能荷电状态的主从控制微电网离网协调控制策略[J].电力系统保护与控制,2022,50(04):180-187.

[97] 周凌志,任永峰,陈麒同,等.新型主从控制微电网运行控制策略研究[J].可再生能源,2021,39(08):1100-1106.

[98] 朱鹏鹏,张钦臻.基于VSC控制的微电网对等控制策略[J].科技创新与应用,2021,(10):29-32,37.

[99] 王成山,王守相.智能微网在分布式能源接入中的作用与挑战[J].中国科学院院刊,2016,31(02):232-240.

[100] 徐海亮,张禹风,聂飞,等.微电网运行控制技术要点及展望[J].电气工程学报,2020,15(01):1-15.

[101] 张有兵,林一航,黄冠弘,等.深度强化学习在微电网系统调控中的应用综述[J/OL].电网技术,2023,47(07):1-15[2023-10-17].http://kns.cnki.net/kcms/detail/11.2410.TM.20220826.1402.012.html.

[102] 张林,邰能灵,刘剑,等.直流微电网方向纵联保护方法研究[J].电测与仪表,2018,55(20):1-7.

[103] 年珩,孔亮.直流微电网故障保护技术研究综述[J].高电压技术,2020,46(07):2241-2254.

[104] 高博,毛荀,王峰,等.基于相关性分析的微网分布式电源能量管理建模与仿真[J].电源学报,2022,20(03):187-195.

[105] 郭权利,吕丽,戴菁,等.微电网接口的建模与仿真[J].沈阳工程学院学报(自然科学版),2013,9(02):124-128.

[106] 张笛,曾怡达.浅谈太阳能微电网并网逆变环节的建模与仿真[J].中国科技信息,2014(11):31-32.

[107] 王振刚,陈渊睿,曾君,等.面向完全分布式控制的微电网信息物理系统建模与可靠性评估[J].电网技术,2019,43(07):2413-2421.

[108] 王赟.智能配电网故障自愈技术的应用[J].光源与照明,2022,(09):193-195.

[109] 赵腾.智能配电网大数据环境下的电力负荷及光伏电源时空分布预测方法研究[D].上海:上海交通大学,2018.

[110] Borges C L T. An overview of reliability models and methods for distribution systems with renewable energy distributed generation[J]. Renewable and sustainable energy reviews,2012,16(6):4008-4015.

[111] Morstyn T,Farrell N,Darby S J,et al. Using peer-to-peer energy-trading platforms to incentivize prosumers to form federated power plants[J]. Nature energy,2018,3(2):94-101.

[112] Rossi J,Srivastava A,Hoang T T,et al. Pathways for the development of future intelligent distribution grids[J]. Energy Policy,2022,169:113140.

[113] 北极星智能电网在线.深圳建成"分钟级"自愈智能配电网[EB/OL].2023-02-22[2023-9-5]. http://www. chinasmartgrid. com. cn/news/20230222/646933. shtml.

[114] 王成山,李鹏,于浩.智能配电网的新形态及其灵活性特征分析与应用[J].电力系统自动化,2018,42(10):13-21.

[115] 王成山,王瑞,于浩,等.配电网形态演变下的协调规划问题与挑战[J].中国电机工程学报,2020,40(08):2385-2396.

[116] 李鹏,王瑞,冀浩然,等.低碳化智能配电网规划研究与展望[J].电力系统自动化,2021,45(24):10-21.

[117] 南方电网技术情报中心.专题研究|分布式智能电网基本内涵与主要物理形态［EB/OL］.2022-08-12［2023-9-5］.https://mp.weixin.qq.com/s/gIbAvjDrBWyNVVZW0LaqBA.

[118] Jin Xiaolong,Wu Qiuwei,Jia Hongjie. Local flexibility markets：Literature review on concepts，models and clearing methods［J］. Applied Energy，2020，261：114387.

[119] 王成山,李鹏,于浩.智能配电网的新形态及其灵活性特征分析与应用[J].电力系统自动化,2018,42(10)：13-21.

[120] Kundur P,Paserba J,Ajjarapu V,et al. Definition and classification of power system stability IEEE/CIGRE joint task force on stability terms and definitions［J］. IEEE transactions on Power Systems，2004，19（3）：1387-1401.

[121] ENTSO-E. Glossary of terms，statistical glossary［EB/OL］. 2013-04-21［2023-9-7］. https://docstore.entsoe.eu/data/data-portal/glossary/Pages/default.aspx.

[122] ASP. A Background on NERC［EB/OL］. 2014-1-30［2023-9-7］. https://www.americansecurityproject.org/nerc/.

[123] 国家能源局.GB 38755—2019 电力系统安全稳定导则[S].国家市场监督管理总局,中国国家标准化管理委员会,2019.

[124] IEA. Power Systems in Transition：Challenges and opportunities ahead for electricity security［EB/OL］. 2022-12-20［2023-9-7］. https://www.iea.org/reports/power-systems-in-transition.

[125] Bompard E,Huang Tao,Wu Yingjun,et al. Classification and trend analysis of threats origins to the security of power systems［J］. International Journal of Electrical Power & Energy Systems,2013,50：50-64.

[126] 胡源,薛松,张寒,等.近 30 年全球大停电事故发生的深层次原因分析及启示[J].中国电力,2021,54(10)：204-210.

[127] South China Bureau of State Electricity Regulatory Commission. Power system operation condition report during 2008 snow disaster［J］. Guangzhou China,Tech. Rep,2008.

[128] U.S. Department of Energy. Concentrating Solar Power Commercial Application Study：Reducing Water Consumption of Concentrating Solar Power Electricity Generation［R］. Washington,DC：U.S. Department of Ener-

gy,2010.

[129] U. S. Department of Energy. Concentrating Solar Power Commercial Application Study:Reducing Water Consumption of Concentrating Solar Power Electricity Generation[R]. Washington,DC:U. S. Department of Energy,2010.

[130] Rademaekers K,van der Laan J,Boeve S,et al. Investment needs for future adaptation measures in EU nuclear power plants and other electricity generation technologies due to effects of climate change[J]. Brussels:Directorate-General for Energy-European Commission,2011.

[131] Jacobson M Z,Delucchi M A. A path to sustainable energy by 2030[J]. Scientific American,2009,301(5):58-65.

[132] 郭剑波. 中国工程院院士 郭剑波:中国高比例新能源带来的平衡挑战[EB/OL]. 2022-01-06[2023-9-15]. https://mp. weixin. qq. com/s/ir7neYV5Tq-M8frIFXZj2dw.

[133] 王子骏,刘杨,鲍远义,等. 电力系统安全仿真技术:工程安全、网络安全与信息物理综合安全[J]. 中国科学:信息科学,2022,52(03):399-429.

[134] Lu Zhuo,Lu Xiang,Wang Wenye,et al. Review and evaluation of security threats on the communication networks in the smart grid[C]//2010 - MILCOM 2010 MILITARY COMMUNICATIONS CONFERENCE:MILCOM. San Jose,CA,USA:IEEE,2010. 1830-1835.

[135] 蔡晶菁. 锂离子电池储能电站火灾防控技术研究综述[J]. 消防科学与技术,2022,41(04):472-477.

[136] Feng Xuning,Ouyang Minggao,Liu Xiang,et al. Thermal runaway mechanism of lithium ion battery for electric vehicles:A review[J]. Energy Storage Materials,2018,10:246-267.

[137] 李明节. 大规模特高压交直流混联电网特性分析与运行控制[J]. 电网技术,2016,40(04):985-991.

[138] Hosseini S A,Sadeghi S H H,Nasiri A. Decentralized adaptive protection coordination based on agents social activities for microgrids with topological and operational uncertainties[J]. IEEE Transactions on Industry Applications,2020,57(1):702-713.

[139] Moshoeshoe M,Chowdhury S. Adaptive Overcurrent Protection Scheme with Zonal Approach for a Stand-Alone Renewable-based Microgrid[C]//

2021 IEEE PES/IAS PowerAfrica：PowerAfrica. Nairobi, Kenya：IEEE, 2021. 1-5.

[140] 陈碧云,陆智,李滨.计及多类型信息扰动的配电网可靠性评估[J].电力系统自动化,2019,43(19)：103-110.

[141] Wäfler J, Heegaard P E. Interdependency in smart grid recovery[C] //2015 7th International Workshop on Reliable Networks Design and Modeling：RNDM. Munich：IEEE,2015. 201-207.

[142] 王先培,田猛,董政呈,等.通信光缆故障对电力网连锁故障的影响[J].电力系统自动化,2015,39(13)：58-62,93.

[143] 田超,沈沉,孙英云.电力应急管理中的综合预测预警技术[J].清华大学学报(自然科学版),2009,49(04)：481-484.

[144] 严屹然,于振,冯杰,等.面向新型电力系统的电力应急技术标准化研究[J].标准科学,2022,(10)：42-48.

[145] 陈龙,郝悍勇,巢玉坚,等.基于大数据的电力信息网络智能风险预警策略研究及应用[J].电力信息与通信技术,2019,17(01)：18-24.

[146] Javanbakht P, Mohagheghi S. Mitigation of snowstorm risks on power transmission systems based on optimal generation re-dispatch [C] //2016 North American Power Symposium：NAPS. Denver, CO, USA：IEEE, 2016. 1-5.

[147] Vahedipour-Dahraie M, Rashidizadeh-Kermani H, Najafi H R, et al. Stochastic security and risk-constrained scheduling for an autonomous microgrid with demand response and renewable energy resources[J]. IET Renewable Power Generation,2017,11(14)：1812-1821.

[148] Veritone. WHY GRID RESILIENCE IS NOW A MATTER OF NATIONAL SECURITY [EB/OL]. 2021-06-21 [2023-9-20]. https：//www. veritone. com/blog/grid-resilience/#：～：text＝The％20US％20Federal％20Energy％20Regulatory,recover％20from％20such％20an％20event.

[149] 高翔.电网动态监控系统应用技术[M].北京：中国电力出版社,2011.

[150] UT Knoxville. FNET/GridEye Web Display[EB/OL]. 2010-9-10[2023-9-20]. https：//fnetpublic. utk. edu/.

[151] 刘晟源.基于广域测量数据的电力系统运行状态感知方法[D].杭州：浙江大学,2022.

[152] Chen Shanzhi,Xu Hui,Liu Dake,et al. A vision of IoT：Applications,chal-

lenges,and opportunities with china perspective[J]. IEEE Internet of Things journal,2014,1(4):349-359.

[153] Cao Li,Wang Zhengzong,Yue Yinggao. Analysis and prospect of the application of wireless sensor networks in ubiquitous power internet of things [J]. Computational Intelligence and Neuroscience,2022.

[154] 刘力.数据融合技术在风电企业信息系统中的应用研究[D].北京:华北电力大学,2017.

[155] 熊帮茹.基于组合神经网络的风力发电功率预测研究[D].重庆:重庆交通大学,2022.

[156] 阮前途,梅生伟,黄兴德,等.低碳城市电网韧性提升挑战与展望[J].中国电机工程学报,2022,42(08):2819-2830.

[157] 张恒旭,靳宗帅,刘玉田.轻型广域测量系统及其在中国的应用[J].电力系统自动化,2014,38(22):85-90.

[158] 江青云.考虑通信性能的智能电网故障分类与稳定性研究[D].广州:广东工业大学,2019.

[159] Andreadou N,Papaioannou I,Marinopoulos A,et al. Smart Grid Laboratories Inventory 2022[R]. Luxembourg:Publications Office of the European Union,2022.

[160] Andreadou N,Papaioannou I,Marinopoulos A,et al. Smart Grid Laboratories Inventory 2022[R]. Luxembourg:Publications Office of the European Union,2022.

[161] 汤奕,王琦.特约主编寄语[J].电力工程技术,2022,41(03):1.

[162] Liu Yinhua,Gu Haoliang. Research on risk control system in regional power grid[C] //2012 China International Conference on Electricity Distribution. Shanghai,China:IEEE,2012. 1-6.

[163] Xu Luo,Guo Qinglai,Sheng Yujie,et al. On the resilience of modern power systems:A comprehensive review from the cyber-physical perspective[J]. Renewable and Sustainable Energy Reviews,2021,152:111642.

[164] 中国南方电网有限责任公司.数字电网白皮书[R].中国南方电网有限责任公司,2020.

[165] 傅靖,毛艳芳,刘飞,等.基于大数据的配电网运行状态评估和预警方法:中国,CN201610837927.×[P].2017-03-08.

[166] Alcaraz C,Fernandez-Gago C,Lopez J. An early warning system based on

reputation for energy control systems[J]. IEEE Transactions on Smart Grid,2011,2(4):827-834.

[167] Nasr T,Torabi S,Bou-Harb E,et al. Power jacking your station:In-depth security analysis of electric vehicle charging station management systems [J]. Computers & Security,2022,112:102511.

[168] IEA. Power Systems in Transitionn:Challenges and opportunities ahead for electricity[R]. Paris:IEA,2020.

[169] IEA. Power Systems in Transitionn:Challenges and opportunities ahead for electricity[R]. Paris:IEA,2020.

[170] California Public Utilities Commission. Rule 21 Interconnection[EB/OL]. 2017-7-13[2023-9-25]. https://www. cpuc. ca. gov/rule21/.

[171] Jahan I S,Snasel V,Misak S. Intelligent systems for power load forecasting:A study review[J]. Energies,2020,13(22):6105.

[172] 徐岩,向益锋,马天祥. 基于粒子群算法优化参数的 VMD-GRU 短期电力负荷预测模型[J]. 华北电力大学学报(自然科学版),2023,50(01):38-47.

[173] Kuster C,Rezgui Y,Mourshed M. Electrical load forecasting models:A critical systematic review[J]. Sustainable cities and society,2017,35:257-270.

[174] 段雪滢,李小腾,陈文洁. 基于改进粒子群优化算法的 VMD-GRU 短期电力负荷预测[J]. 电工电能新技术,2022,41(5):8-17.

[175] 李珊. 电力负荷预测方法研究[D]. 保定:华北电力大学,2017.

[176] Zheng Yao,Yu Xin,Yan Jianchun,et al. Transmission line insulator fault detection based on ultrasonic technology[C] //Journal of Physics:Conference Series. [S. l.]:IOP Publishing,2019. 1187(2):022056.

[177] Su Lei,Yang Yixuan,Xing Haobao,et al. On Machine Learning Apporaches towards Dissolved Gases Analyses of Power Transformer Oil Chromatography[C] //2019 IEEE Symposium Series on Computational Intelligence:SSCI. Xiamen,China:IEEE,2019. 1743-1750.

[178] HU Yifei,TAN Jing,Deng Lianbo,et al. Big Data and Advanced Analysis for Network Components Fault Diagnosing[C] //2018 China International Conference on Electricity Distribution:CICED. Tianjin,China:IEEE,2018. 174-178.

[179] Li Yongxiang,Jin Tao,Yang Gang. Study on fault fusion diagnosis of pow-

er transformer test data analysis and symptoms[J]. Journal of Electrical Systems,2021,17(3):338-349.

[180] Zhou Guiping,Luo Huanhuan,Ge Weichun,et al. Design and application of condition monitoring for power transmission and transformation equipment based on smart grid dispatching control system[J]. The Journal of Engineering,2019,2019(16):2817-2821.

[181] Wang Lei,Chen Qing,Gao Zhanjun,et al. Knowledge representation and general Petri net models for power grid fault diagnosis[J]. IET generation, transmission & distribution,2015,9(9):866-873.

[182] Song Huizhong,Dong Ming,Han Rongjie,et al. Stochastic programming-based fault diagnosis in power systems under imperfect and incomplete information[J]. Energies,2018,11(10):2565.

[183] Ahmed A,Khan D,Khan A M,et al. Modeling of Efficient Control Strategies for LCC-HVDC Systems:A Case Study of Matiari-Lahore HVDC Power Transmission Line[J]. Sensors,2022,22(7):2793.

[184] Dai Zhihui,Liu Ningning,Zhang Cheng,et al. State-space analysis based pole-to-ground line fault isolation strategy for LCC-HVDC systems[J]. IET Generation,Transmission & Distribution,2019,13(10):1933-1941.

[185] Jia Ke,Wang Congbo,Bi Tianshu,et al. Transient current correlation based protection for DC distribution system[J]. IEEE Transactions on Industrial Electronics,2019,67(11):9927-9936.

[186] Wang Congbo,Jia Ke,Bi Tianshu,et al. Transient current curvature based protection for multi-terminal flexible DC distribution systems[J]. IET Generation,Transmission & Distribution,2019,13(15):3484-3492.

[187] Jia Ke,Chen Congcong,Zhao Qijuan,et al. Protection schemes and settings of DC distribution systems[J]. IET Generation,Transmission & Distribution,2020,14(26):6754-6762.

[188] Yang Changshan,Bi Tianshu,Huang Shaofeng,et al. A novel approach for fault diagnosis in power networks based on Petri net models[C] //2005/ 2006 IEEE/PES Transmission and Distribution Conference and Exhibition. Dallas,TX,USA:IEEE,2006. 888-892.

[189] Zhang Xu,Yue Shuai,Zha Xiaobing. Method of power grid fault diagnosis using intuitionistic fuzzy Petri nets[J]. IET Generation,Transmission &

Distribution,2018,12(2):295-302.

[190] Qu Xiaolong, Li Ran. Fault Diagnosis of Transmission Network using Fuzzy Petri nets[C] //2007 IEEE Lausanne Power Tech. Switzerland: IEEE,2007. 1802-1806.

[191] Zhao Weiqing, Wang Qing, Yang Yaqin. Fault diagnosis for reactor based on Bayesian network[C] //Proceedings of 2011 International Conference on Computer Science and Network Technology. Harbin, China: IEEE, 2011. 352-355.

[192] Chen Lei, Wan Shuting. Mechanical fault diagnosis of high-voltage circuit breakers using multi-segment permutation entropy and a density-weighted one-class extreme learning machine[J]. Measurement Science and Technology,2020,31(8):085107.

[193] Qi Bo, Zhang Peng, Rong Zhihai, et al. Differentiated warning rule of power transformer health status based on big data mining[J]. International Journal of Electrical Power & Energy Systems,2020,121:106150.

[194] Wang Guoshi, Liu Ying, Chen Xiaowei, et al. Power transformer fault diagnosis system based on Internet of Things[J]. Eurasip Journal on Wireless Communications and Networking,2021,2021:1-24.

[195] Shen Xin, Cao Min, Lu Yong, et al. Life cycle management system of power transmission and transformation equipment based on Internet of Things [C] //2016 China International Conference on Electricity Distribution:CI-CED. Xi'an,China:IEEE,2016. 1-5.

[196] Qin Zhixian, Xu Zhaodan, Sun Quancai, et al. Investigation of Intelligent Substation Inspection Robot by Using Mobile Data[J]. International Journal of Humanoid Robotics,2023,20(02n03):2240003.

[197] Wei Ruifeng, Yuan Jun, Zhao Rongpu, et al. Design of a practical substation equipment condition monitoring integrated system[C] //2015 3rd International Conference on Advances in Energy and Environmental Science. [S. l.]:Atlantis Press,2015. 306-310.

[198] Sun Yanbin, Chen Yiping, Bai Zhan, et al. Fault diagnosis for power system using time sequence fuzzy Petri net[C] //2015 3rd International Conference on Mechanical Engineering and Intelligent Systems:ICMEIS. [S. l.] : Atlantis Press,2015. 729-735.

[199] Xie Xinlin,Lu Jue,Xian Pengfeng,et al. Research on Fault Early Warning method of Medium Voltage Distribution Network[C] //2019 11th International Conference on Intelligent Human-Machine Systems and Cybernetics:IHMSC. Hangzhou,China:IEEE,2019. 102-105.

[200] Li Weifeng, Zhou Chao, Ye Ronghui. Research on the fault location of transmission line compensated by FACTS[C] //Advanced Materials and Energy Sustainability: Proceedings of the 2016 International Conference on Advanced Materials and Energy Sustainability:AMES2016. [S. I.] : 2017. 643-650.

[201] Koley E,Shukla S K,Ghosh S,et al. Protection scheme for power transmission lines based on SVM and ANN considering the presence of non-linear loads[J]. IET Generation,Transmission & Distribution,2017,11(9):2333-2341.

[202] Adhikari S,Sinha N,Dorendrajit T. Fuzzy logic based on-line fault detection and classification in transmission line[J]. SpringerPlus,2016,5(1): 1-14.

[203] Godse R,Bhat S. Mathematical morphology-based feature-extraction technique for detection and classification of faults on power transmission line [J]. IEEE Access,2020,8:38459-38471.

[204] Koley E,Shukla S K,Ghosh S,et al. Protection scheme for power transmission lines based on SVM and ANN considering the presence of non-linear loads[J]. IET Generation,Transmission & Distribution,2017,11(9):2333-2341.

[205] Komatsu M. Approach and basic evaluation for the DC circuit breaker with fault current limiting feature[C] //2016 IEEE International Telecommunications Energy Conference:INTELEC. Austin,TX,USA:IEEE,2016. 1-5.

[206] Ananthan S N,Padmanabhan R,Meyur R,et al. Real-time fault analysis of transmission lines using wavelet multi-resolution analysis based frequency-domain approach[J]. IET Science,Measurement & Technology,2016,10 (7):693-703.

[207] Mallikarjuna B,Varma P V V,Samir S D,et al. An adaptive supervised wide-area backup protection scheme for transmission lines protection[J]. Protection and Control of Modern Power Systems,2017,2:1-16.

[208] Saha Roy B K, Sharma R, Pradhan A K, et al. Faulty line identification algorithm for secured backup protection using PMUs[J]. Electric Power Components and Systems, 2017, 45(5):491-504.

[209] Chaitanya B K, Yadav A, Pazoki M. Wide area monitoring and protection of microgrid with DGs using modular artificial neural networks[J]. Neural Computing and Applications, 2020, 32:2125-2139.

[210] Garg A, Sinha A, Reddy M J B, et al. Detection of islanding in microgrid using wavelet-MRA[C] //2015 Conference on Power, Control, Communication and Computational Technologies for Sustainable Growth: PC-CCTSG. Kurnool, India: IEEE, 2015. 42-47.

[211] Reddy O Y, Chatterjee S, Chakraborty A K. Bilayered fault detection and classification scheme for low-voltage DC microgrid with weighted KNN and decision tree[J]. International Journal of Green Energy, 2022, 19(11): 1149-1159.

[212] Prasad C D, Biswal M. Swarm evaluated threshold elimination approach for symmetrical fault detection during power swing[J]. IETE Journal of Research, 2021, 2021:1-15.

[213] Chinta D P, Biswal M. A novel swarm intelligence assisted Euclidean distance based single detection index approach in transmission line relaying for fast decision making[J]. International Journal of Emerging Electric Power Systems, 2021, 22(4):411-422.

[214] Kezunovic M, Perunicic B. Automated transmission line fault analysis using synchronized sampling at two ends[J]. IEEE Transactions on Power Systems, 1996, 11(1):441-447.

[215] Zhang Nan, Kezunovic M. A real time fault analysis tool for monitoring operation of transmission line protective relay[J]. Electric Power Systems Research, 2007, 77(3-4):361-370.

[216] Dutta P, Esmaeilian A, Kezunovic M. Transmission-line fault analysis using synchronized sampling[J]. IEEE transactions on power delivery, 2014, 29(2):942-950.

[217] McRoberts D B, Quiring S M, Guikema S D. Improving hurricane power outage prediction models through the inclusion of local environmental factors[J]. Risk analysis, 2018, 38(12):2722-2737.

[218] Kim J,Kamari M,Lee S,et al. Large-scale visual data-driven probabilistic risk assessment of utility poles regarding the vulnerability of power distribution infrastructure systems[J]. Journal of construction engineering and management,2021,147(10):04021121.

[219] Wischkaemper J,Russell B D,Benner C L,et al. Identification,Location, and Remediation of Incipient Fault and Failure Conditions Using Waveform Monitoring and Automated Analysis[C] //2022 20th International Conference on Harmonics & Quality of Power:ICHQP. Naples,Italy: IEEE,2022. 1-6.

[220] Kezunovic M,Abur A. Merging the temporal and spatial aspects of data and information for improved power system monitoring applications[J]. Proceedings of the IEEE,2005,93(11):1909-1919.

[221] Kezunovic M,Zheng Ce,Pang Chengzong. Merging PMU,operational,and non-operational data for interpreting alarms,locating faults and preventing cascades[C] //2010 43rd Hawaii International Conference on System Sciences. Honolulu,HI,USA:IEEE,2010. 1-9.

[222] Zhang Nan,Kezunovic. Improving real-time fault analysis and validating relay operations to prevent or mitigate cascading blackouts[C] //2005/2006 IEEE/PES Transmission and Distribution Conference and Exhibition. Dallas,TX:IEEE,2006. 847-852.

[223] Benner C L,Peterson R A,Russell B D. Application of DFA technology for improved reliability and operations[C] //2017 IEEE Rural Electric Power Conference:REPC. Columbus,OH,USA:IEEE,2017. 44-51.

[224] FERC. Final Report on February 2021 Freeze Underscores Winterization Recommendations[EB/OL]. 2021-11-16[2023-10-17]. https://www. ferc. gov/news-events/news/final-report-february-2021-freeze-underscores-winterization-recommendations.

[225] 中国石化新闻网. 美国计划投资 105 亿美元提高电网恢复力和可靠性[EB/OL]. 2022-09-05[2023-10-16]. http://www. sinopecnews. com. cn/xnews/content/2022-09/05/content_7047955. html.

[226] Hou Hui,Zhang Zhiwei,Wei Ruizeng,et al. Review of failure risk and outage prediction in power system under wind hazards[J]. Electric Power Systems Research,2022,210:108098.

[227] Russell L R. Probability distributions for hurricane effects[J]. Journal of the Waterways, Harbors and Coastal Engineering Division, 1971, 97(1): 139-154.

[228] Batts M E, Russell L R, Simiu E. Hurricane wind speeds in the United States[J]. National Bureau of Standards Special Publication, 1984, (665): 67-88.

[229] Liu Haibin, Davidson R A, Rosowsky D V, et al. Negative binomial regression of electric power outages in hurricanes[J]. Journal of infrastructure systems, 2005, 11(4): 258-267.

[230] Guikema S D, Davidson R A, Liu Haibin. Statistical models of the effects of tree trimming on power system outages[J]. IEEE Transactions on Power Delivery, 2006, 21(3): 1549-1557.

[231] Guikema S D, Quiring S M, Han S R. Prestorm estimation of hurricane damage to electric power distribution systems[J]. Risk Analysis: An International Journal, 2010, 30(12): 1744-1752.

[232] Li Min, Hou Hui, Yu Jufang, et al. Prediction of power outage quantity of distribution network users under typhoon disaster based on random forest and important variables[J]. Mathematical Problems in Engineering, 2021, 2021: 1-14.

[233] Nateghi R, Guikema S, Quiring S M. Power outage estimation for tropical cyclones: Improved accuracy with simpler models[J]. Risk analysis, 2014, 34(6): 1069-1078.

[234] Yuan Shanhui, Quiring S M, Zhu Ling, et al. Development of a typhoon power outage model in Guangdong, China[J]. International Journal of Electrical Power & Energy Systems, 2020, 117: 105711.

[235] Wu Hao, Xie Yunyun, Xu Yan, et al. Resilient scheduling of MESSs and RCs for distribution system restoration considering the forced cut-off of wind power[J]. Energy, 2022, 244: 123081.

[236] Yu Chen, Li Shangxuan, Xie Yunyun, et al. Optimization of post-typhoon rush repair strategy for distribution network considering information integration of traffic network and distribution network[J]. Automation of Electric Power Systems, 2022, 46: 15-24.

[237] Wang Xinyue, Li Xue, Li Xiaojing, et al. Soft open points based load resto-

ration for the urban integrated energy system under extreme weather events[J]. IET Energy Systems Integration,2022,4(3):335-350.

[238] Yao Mingjong,Min K J. Repair-unit location models for power failures[J]. IEEE Transactions on Engineering Management,1998,45(1):57-65.

[239] Zhang M Q,Xu M,Qin W T. Research on the optimal repair path of power communication network based on improved particle swarm optimization algorithm[J]. Science Technology and Engineering,2008,(22):5990-5995.

[240] Shi Xiaofeng,Wang Minzhen,Wu Zhiwei,et al. Optimization Research on Vehicle Scheduling Path for Emergency Repairs of Power Transmission Lines[C] //2019 International Conference on Intelligent Transportation, Big Data & Smart City:ICITBS. Changsha,China:IEEE,2019. 118-121.

[241] Lu Zhigang,Sun Bo,Liu Zhaozheng,et al. A rush repair strategy for distribution networks based on improved discrete multi-objective BCC algorithm after discretization[J]. Dianli Xitong Zidonghua(Automation of Electric Power Systems),2011,35(11):55-59.

[242] Zhang Jingwei, Zhang Lizi, Huang Xiaochao. A multi-fault rush repair strategy for distribution network based on genetic-topology algorithm[J]. Automation of Electric Power Systems,2008,32(22):32-35.

[243] Arab A,Khodaei A,Zhu Han,et al. Proactive recovery of electric power assets for resiliency enhancement[J]. Ieee Access,2015,3:99-109.

[244] Pang Lacheng,Zhou Jing,Chen Xinhe,et al. Study of fault repair control mode for distribution network based on automation and information under big-maintenance system[C] //22nd International Conference and Exhibition on Electricity Distribution:CIRED 2013. Stockholm:IET,2013. 1-4.

[245] Wang P,Su H Y. Application of power fault panoramic emergency repair based on multi view of geospatial information[J]. Power System Protection and Control,2014,42(04):128-132.

[246] Movahednia M,Kargarian A. Flood-aware Optimal Power Flow for Proactive Day-ahead Transmission Substation Hardening[C] //2022 IEEE Texas Power and Energy Conference:TPEC. College Station,TX,USA:IEEE, 2022. 1-5.

[247] Kabir E,Guikema S D,Quiring S M. Predicting thunderstorm-induced power outages to support utility restoration[J]. IEEE Transactions on Power

Systems,2019,34(6):4370-4381.

[248] Leandro J,Cunneff S,Viernstein L. Resilience modeling of flood induced electrical distribution network failures:Munich, germany[J]. Frontiers in Earth Science,2021,9:572925.

[249] Liu Liangguang,Du Rujun,Liu Wenlin. Flood distance algorithms and fault hidden danger recognition for transmission line towers based on SAR images[J]. Remote Sensing,2019,11(14):1642.

[250] Anuar N,Khan M,Pasupuleti J,et al. Flood risk prediction for a hydro-power system using artificial neural network[J]. Int. J. Recent Technol. Eng,2019,8:6177-6181.

[251] Oh S,Kong J,Choi M,et al. Data-driven prediction method for power grid state subjected to heavy-rain hazards [J]. Applied Sciences,2020, 10 (14):4693.

[252] Oliveira Filho O,Mello D R,Cardoso J A,et al. Performance evaluation of 800 kV porcelain multicone type insulators under heavy rain based on laboratory tests[C]//2008 International Conference on High Voltage Engineering and Application. Chongqing,China:IEEE,2008. 100-103.

[253] 陈笑,何晓凤,肖擎曜,等.电网致灾性强降水短时临近预报评估方法研究 [J].气象,2023,49(05):588-599.

[254] Yang Lin,Shang Gaofeng,Liao Yifan,et al. Full-time domain deformation characteristics of water drop on sheds edge causing insulation failure of large-diameter composite post insulators under heavy rainfall[J]. IET Science,Measurement & Technology,2022,16(3):181-192.

[255] Liao Yifan,Yao Yao,Yang Lin,et al. The Study of Extremely Heavy Rainfall Effect on Power System Insulation Equipment Based on Electric Field Simulation[C]//2018 International Conference on Power System Technology:POWERCON. Guangzhou,China:IEEE,2018. 461-467.

[256] Zhou Yongqing,Sheng Qian,Chen Jian,et al. The failure mode of transmission tower foundation on the landslide under heavy rainfall: a case study on a 500-kV transmission tower foundation on the Yanzi landslide in Badong, China[J]. Bulletin of Engineering Geology and the Environment, 2022,81(3):125.

[257] Miraee-Ashtiani S,Vahedifard F,Karimi-Ghartemani M,et al. Performance

degradation of levee-protected electric power network due to flooding in a changing climate[J]. IEEE Transactions on Power Systems,2022,37(6): 4651-4660.

[258] Li Qinghua,Ross C,Yang Jing,et al. The effects of flooding attacks on time-critical communications in the smart grid[C] //2015 IEEE Power & Energy Society Innovative Smart Grid Technologies Conference:ISGT. Washington,DC,USA:IEEE,2015. 1-5.

[259] 张磊,田文文.电力工程中溃堤洪水冲刷影响的简化判断方法[J].水电能源科学,2013,31(02):67-69,242.

[260] 常康,薛峰,吴勇军,等.暴雨影响电网安全的机理及其在线防御技术[J].陕西电力,2014,42(12):6-10,25.

[261] 吴颖晖,徐硕,丁宇海,等.基于 FloodArea 的台州 10 kV 配网设施暴雨灾害临界雨量研究[J].电力系统保护与控制,2017,45(20):129-136.

[262] Sánchez-Muñoz D,Domínguez-García J L,Martínez-Gomariz E,et al. Electrical grid risk assessment against flooding in Barcelona and Bristol cities [J]. Sustainability,2020,12(4):1527.

[263] Muñoz D S,García J L D. GIS-based tool development for flooding impact assessment on electrical sector[J]. Journal of Cleaner Production,2021, 320:128793.

[264] 王峰渊,王杰,丁宇海,等.基于 GIS 的暴雨灾害电网脆弱性评估研究[J].科技通报,2018,34(01):79-83.

[265] Chen Mingwei,Chan Ting On,Wang Xianwei,et al. A risk analysis framework for transmission towers under potential pluvial flood-LiDAR survey and geometric modelling[J]. International Journal of Disaster Risk Reduction,2020,50:101862.

[266] Espada Jr R,Apan A,Mcdougall K. Using spatial modelling to develop flood risk and climate adaptation capacity metrics for assessing urban community and critical electricity infrastructure vulnerability[C] //Piantadosi J,Anderssen R. S,Boland J. Proceedings of the 20th International Congress on Modelling and Simulation:MODSIM 2013. Canberra,Australia:Modelling and Simulation Society of Australia and New Zealand,2013. 7.

[267] Espada Jr R,Apan A,Mcdougall K. Using spatial modelling to develop flood risk and climate adaptation capacity metrics for assessing urban com-

munity and critical electricity infrastructure vulnerability[C]//Piantadosi J,Anderssen R. S,Boland J. Proceedings of the 20th International Congress on Modelling and Simulation:MODSIM 2013.[S. l.]:Modelling and Simulation Society of Australia and New Zealand,2013. 2304-2310.

[268] 常康,薛峰,吴勇军,等. 暴雨影响电网安全的机理及其在线防御技术[J]. 陕西电力,2014,42(12):6-10,25.

[269] 方丽华,熊小伏,方嵩,等. 基于电网故障与气象因果关联分析的系统风险控制决策[J]. 电力系统保护与控制,2014,42(17):113-119.

[270] 梁振峰,闫俊杰,李江锋,等. 极端暴雨灾害下城市配电网风险评估方法[J]. 电网技术,2023.

[271] Espinoza,Sebastian;Panteli,Mathaios,et al. Multi-phase assessment and adaptation of power systems resilience to natural hazards[J]. Electric Power Systems Research,2016,136:352-361.

[272] Afzal S,Mokhlis H,Illias H A,et al. Modelling spatiotemporal impact of flash floods on power distribution system and dynamic service restoration with renewable generators considering interdependent critical loads[J]. IET Generation,Transmission & Distribution,2023.

[273] Yang Yuying,Guo Haixiang,Wang Deyun,et al. Flood vulnerability and resilience assessment in China based on super-efficiency DEA and SBM-DEA methods[J]. Journal of Hydrology,2021,600:126470.

[274] Bragatto T,Cresta M,Cortesi F,et al. Assessment and possible solution to increase resilience:Flooding threats in Terni distribution grid[J]. Energies,2019,12(4):744.

[275] Souto L,Yip J,Wu Wenying,et al. Power system resilience to floods:Modeling,impact assessment,and mid-term mitigation strategies[J]. International Journal of Electrical Power & Energy Systems,2022,135:107545.

[276] 田甜,张骏,叶樊,等. 洪涝灾害下配电网三维韧性指标评估体系[J]. 电工电能新技术,2022,41(07):80-88.

[277] Mahzarnia M,Moghaddam M P,Baboli P T,et al. A review of the measures to enhance power systems resilience[J]. IEEE Systems Journal,2020,14(3):4059-4070.

[278] Amirioun M H,Aminifar F,Lesani H. Towards proactive scheduling of microgrids against extreme floods[J]. IEEE Transactions on Smart Grid,

2017,9(4):3900-3902.

[279] McMaster R,Baber C. Multi-agency operations: cooperation during flooding[J]. Applied ergonomics,2012,43(1):38-47.

[280] Khederzadeh M,Zandi S. Enhancement of distribution system restoration capability in single/multiple faults by using microgrids as a resiliency resource[J]. IEEE Systems Journal,2019,13(2):1796-1803.

[281] Movahednia M,Kargarian A,Ozdemir C E,et al. Power grid resilience enhancement via protecting electrical substations against flood hazards: A stochastic framework[J]. IEEE Transactions on Industrial Informatics, 2021,18(3):2132-2143.

[282] Violante M,Davani H,Manshadi S D. A Decision Support System to Enhance Electricity Grid Resilience against Flooding Disasters[J]. Water, 2022,14(16):2483.

[283] Souto L,Yip J,Wu Wen Ying,et al. Power system resilience to floods: Modeling,impact assessment,and mid-term mitigation strategies[J]. International Journal of Electrical Power & Energy Systems,2022,135:107545.

[284] Hamidpour H,Pirouzi S,Safaee S,et al. Multi-objective resilient-constrained generation and transmission expansion planning against natural disasters[J]. International Journal of Electrical Power & Energy Systems, 2021,132:107193.

[285] Sun Zhuling,Qie Xiushu,Jiang Rubin,et al. Development of short-baseline time-difference of arrival location system and observations on lightning discharge[C] //2014 International Conference on Lightning Protection: ICLP. Shanghai,China:IEEE,2014. 1234-1236.

[286] Stock M,Krehbiel P. Multiple baseline lightning interferometry-improving the detection of low amplitude VHF sources[C] //2014 International Conference on Lightning Protection: ICLP. Shanghai, China: IEEE, 2014. 293-300.

[287] Chen Mingli,Takagi N,Watanabe Teiji,et al. Spatial and temporal properties of optical radiation produced by stepped leaders[J]. Journal of Geophysical Research:Atmospheres,1999,104(D22):27573-27584.

[288] Wang D,Rakov V A,Uman M A,et al. Attachment process in rocket-triggered lightning strokes[J]. Journal of Geophysical Research:Atmospheres,

1999,104(D2):2143-2150.

[289] Zhou M,Wang J,Wang D,et al. Correlation between the channel-bottom light intensity and channel-base current of an artificially triggered lightning flash[C] //2014 International Conference on Lightning Protection:ICLP. Shanghai,China:IEEE,2014.972-981.

[290] 强祥.电网雷害风险评估及防雷措施研究[J].华北电力技术,2015,(12):18-22.

[291] 曹永兴,邓鹤鸣,蔡炜,等.电力设施应对地震及其次生灾害的研究进展[J].高电压技术,2019,45(6):1962-1974.

[292] 田利,李宏男,黄连壮.多点激励下输电塔-线体系的侧向地震反应分析[J].中国电机工程学报,2008,28(16):108-114.

[293] 李鹏飞.地震作用下输变电塔结构模型振动的自抗扰控制研究[D].西安:西安建筑科技大学,2015.

[294] 徐震,王文明,林清海,等.输电塔-线体系简化模型地震作用下的连续性倒塌分析[J].地震工程学报,2015,37(2):304-309.

[295] 李钢,谢强,文嘉意.地震作用下输电塔线耦联体系导线减震作用研究[J].地震工程与工程振动,2015,1(5):47-53.

[296] 白杰,谢强,薛松涛.1000 kV 特高压同塔双回输电线路塔线耦联体系地震模拟振动台试验研究[J].中国电机工程学报,2013,33(7):116-123.

[297] 沈国辉,孙炳楠,何运祥,等.大跨越输电塔线体系的地震响应研究[J].工程力学,2008,25(11):212-217.

[298] 张行,李黎,尹鹏.地震作用下大跨越输电塔弹性动力稳定性能探讨[J].电力建设,2008,29(11):6-11.

[299] 熊铁华,梁枢果,邹良浩,等.大跨越钢管混凝土输电塔地震作用弹塑性分析[J].工程力学,2012,29(11):158-164.

[300] 曹永兴,常鸣,唐川,等.丹巴康定输电走廊滑坡泥石流遥感调查及预警对策[J].地质灾害与环境保护,2013,24(2):8-15.

[301] 李伟.滑坡灾害下架空输电线路易损性评估研究[D].重庆:重庆大学,2014.

[302] 程永锋,丁士君,赵斌滨,等.输变电工程滑坡灾害危险和风险性评估方法研究[J].中国农村水利水电,2015,(6):148-152.

[303] Cui Jiawei,Che Ailan,Li Sheng,et al. A maximum-entropy-based multiva-riate seismic vulnerability analysis method for power facilities:A case study on a±1100-kV dry type smoothing reactor[J]. Engineering Failure

Analysis, 2022, 142:106740106759.

[304] Cui Jiawei, Che Ailan, Li Sheng, et al. Evaluation method on seismic risk of substation in strong earthquake area[J]. PloS one, 2021, 16(12):e0258792.

[305] Liu Zhenlin, Dai Zebing, Lu Zhicheng. Weibull distribution based seismic vulnerability analysis of porcelain power equipment[J]. Power System Technology, 2014, 38(4):1076-1081.

[306] He Hailei, Guo Jianbo, Xie Qiang. Vulnerability analysis of power equipment caused by earthquake disaster[J]. Power System Technology, 2011, 35(4):25-28.

[307] He Hailei, Guo Jianbo. Components damage probability analysis of power system based on seismic zonation[J]. Power System Technology, 2011, 35(12):38-42.

[308] Chen Youhan, Meng Xiangkun, Yang Jiye, et al. Study on Seismic Stability of Steel Structure Main Control Building[C] //2018 2nd IEEE Conference on Energy Internet and Energy System Integration: EI2. Beijing, China: IEEE, 2018. 1-4.

[309] Liu Wei, Li Sheng, Zhao Mingguan, et al. Parametric Modelling and Seismic Analysis of 220 kV Power Distribution Equipment in Electrical Substation [C] //Journal of Physics: Conference Series. [S. l.] : IOP Publishing, 2020. 1639(1):012011.

[310] 程永锋,朱光楠,刘振林,等. 基于非线性准零刚度理论设计的变电站机柜用隔震装置试验研究[J]. 中国电机工程学报, 2021, 41(13):4516-4525.

[311] Lee S, Park M, Lee H S, et al. Impact of demand-side response on community resilience: Focusing on a power grid after seismic hazards[J]. Journal of Management in Engineering, 2020, 36(6):04020071.

[312] Wang Hongliang, Wang Dada, Cao Min, et al. Research on the Monitoring Technology for Mountain Substation Geological Safety based on the Optical Fiber Sensing Net[J]. Applied Mechanics and Materials, 2014, 513:2897-2901.

[313] Xu Ningxiong, Guikema S D, Davidson R A, et al. Optimizing scheduling of post-earthquake electric power restoration tasks[J]. Earthquake engineering & structural dynamics, 2007, 36(2):265-284.

[314] Cağnan Z, Davidson R A, Guikema S D. Post-earthquake restoration plan-

ning for Los Angeles electric power[J]. Earthquake Spectra,2006,22(3): 589-608.

[315] 易丹,顾青,尹传烨.供电企业安全风险管理理论与方法[J].通信电源技术, 2013,30(6):120-122,125.

[316] 崔楷舜,朱兰,魏琳琳,等.美国电力市场中需求响应的发展及启示[J].电气 传动,2022,52(16):3-11,48.

[317] 澎湃新闻.风能和太阳能 2022 年首次成为欧盟国家最大的电力来源[EB/ OL]. 2023-02-02 [2023-10-25]. https://baijiahao. baidu. com/s? id = 1756699139922919053&wfr=spider&for=pc.

[318] 辛保安,李明节,贺静波,等.新型电力系统安全防御体系探究[J].中国电机 工程学报,2023,43(15):5723-5732.

[319] IEA. Electricity Security Policy[EB/OL]. 2022-06 [2023-12-4]. https:// www. iea. org/reports/electricity-security-policy.

[320] 中国电力发展促进会.郭剑波院士:新型电力系统面临的挑战以及有关机制 思考[EB/OL]. 2021-11-09[2023-12-4]. http://www. ceppc. org. cn/fzdt/ hyqy/2021-11-09/1406. html.

[321] FERC. Grid Reliability and Resilience Pricing[Z]. 2018-01-08[2023-12-4]. https://cms. ferc. gov/sites/default/files/2020-05/20180108161614- RM18-1-000_3. pdf.

[322] Department ofEnergy. Department of Energy's Electricity Advisory Com- mittee Establishes the Grid Resilience for National Security Subcommittee [EB/OL]. 2020-11-3[2023-12-4]. https://www. energy. gov/oe/articles/ department-energys-electricity-advisory-committee-establishes-grid-resili- ence-national.

[323] Kundur P,Paserba J,Ajjarapu V,et al. Definition and classification of pow- er system stability IEEE/CIGRE joint task force on stability terms and definitions[J]. IEEE Transactions on Power Systems, 2004, 19 (3): 1387-1401.

[324] Lew D,Bartkett D,Groom A,et al. Secrets of successful integration: Oper- ating experience with high levels of variable, inverter-based generation [J]. IEEE Power and Energy Magazine,2019,17(6):24-34.

[325] Yang Peng, Liu Feng, Jiang Qirong, et al. Large-disturbance stability of power systems with high penetration of renewables and inverters: phe-

nomena, challenges, and perspectives[J]. Journal of Tsinghua University (Science and Technology),2021,61(5):403-414.

[326] Tsourakis G,Nomikos B M,Vournas C D. Effect of wind parks with doubly fed asynchronous generators on small-signal stability[J]. Electric Power Systems Research, 2009,79(1):190-200.

[327] Miller N W. Keeping it together：Transient stability in a world of wind and solar generation[J]. IEEE Power and Energy Magazine, 2015, 13 (6)：31-39.

[328] 姜齐荣,王亮,谢小荣.电力电子化电力系统的振荡问题及其抑制措施研究[J].高电压技术,2017,43(4):1057-1066.

[329] 杨鹏,刘锋,姜齐荣,等."双高"电力系统大扰动稳定性:问题、挑战与展望[J].清华大学学报(自然科学版),2021,61(5)：403-414.

[330] Matevosyan J,badrzadeh B,prevost T,et al. Grid-forming inverters：Are they the key for high renewable penetration? [J]. IEEE Power and Energy Magazine,2019,17(6):89-98.

[331] 张子扬,张宁,杜尔顺,等.双高电力系统频率安全问题评述及其应对措施[J].中国电机工程学报,2022,42(01):1-25.

[332] 余希瑞,周林,郭珂,等.含新能源发电接入的电力系统低频振荡阻尼控制研究综述[J].中国电机工程学报,2017,37(21):6278-6290.

[333] 张剑云.哈密并网风电场次同步振荡的机理研究[J].中国电机工程学报,2018,38(18):5447-5460.

[334] 李明节,于钊,许涛,等.新能源并网系统引发的复杂振荡问题及其对策研究[J].电网技术,2017,41(04)：1035-1042.

[335] 刘佳宁.高比例风光并网系统稳定机理与功率振荡分析[D].浙江:浙江大学,2023.

[336] 刘芳,刘威,汪浩东,等.高比例新能源电力系统振荡机理及其分析方法研究综述[J].高电压技术,2022,48(01):95-114.

[337] 刘力.数据融合技术在风电企业信息系统中的应用研究[D].河北:华北电力大学,2017.

[338] 熊帮茹.基于组合神经网络的风力发电功率预测研究[D].重庆:重庆交通大学,2022.

[339] Wang H,Li G,Wang G,et al. Deep learning based ensemble approach for probabilistic wind power forecasting[J]. Applied energy,2017,188:56-70.

[340] Persson C, Bacher P, Shiga T, et al. Multi-site solar power forecasting using gradient boosted regression trees[J]. Solar Energy, 2017, 150: 423-436.

[341] Liu J, Fang W, Zhang X, et al. An improved photovoltaic power forecasting model with the assistance of aerosol index data[J]. IEEE Transactions on Sustainable Energy, 2015, 6(2): 434-442.

[342] Wang K, Qi X, Liu H. A comparison of day-ahead photovoltaic power forecasting models based on deep learning neural network[J]. Applied Energy, 2019, 251: 113315.

[343] Wang J, Fang K, Pang W, et al. Wind power interval prediction based on improved PSO and BP neural network[J]. Journal of electrical engineering & technology, 2017, 12(3): 989-995.

[344] Amjady N, Keynia F, Zareipour H. Wind power prediction by a new forecast engine composed of modified hybrid neural network and enhanced particle swarm optimization[J]. IEEE transactions on sustainable energy, 2011, 2(3): 265-276.

[345] 能源局. 能源局关于印发《新型储能项目管理规范（暂行）》的通知[EB/OL]. 2021-9-24 [2023-12-19]. https://www.gov.cn/gongbao/content/2021/content_5662016.htm.

[346] 杨水丽, 来小康, 丁涛, 等. 新型储能技术在弹性电网中的应用与展望[J]. 储能科学与技术, 2023, 12(02): 515-528.

[347] Wang W, Yuan B, Sun Q, et al. Application of energy storage in integrated energy systems—A solution to fluctuation and uncertainty of renewable energy[J]. Journal of Energy Storage, 2022, 52: 104812.

[348] Barelli L, Ciupageanu D A, Ottaviano A, et al. Stochastic power management strategy for hybrid energy storage systems to enhance large scale wind energy integration[J]. Journal of energy storage, 2020, 31: 101650.

[349] Wang W, Yuan B, Sun Q, et al. Application of energy storage in integrated energy systems—A solution to fluctuation and uncertainty of renewable energy[J]. Journal of Energy Storage, 2022, 52: 104812.

[350] Liu Z, Su T, Quan Z, et al. Review on the Optimal Configuration of Distributed Energy Storage[J]. Energies, 2023, 16(14): 5426.

[351] 储能领跑者联盟, 普华永道, TUV 南德意志集团. 2023 中国新型储能行业发展白皮书机遇与挑战[R]. 北京: 储能领跑者联盟, 2023.

［352］韦媚媚,项定先.储能技术应用与发展趋势［J］.工业安全与环保,2023,49
（S1）:4-12.

［353］Xu L,Guo Q,Sheng Y,et al.On the resilience of modern power systems:
A comprehensive review from the cyber-physical perspective［J］.Renew-
able and Sustainable Energy Reviews,2021,152:111642.

［354］阮前途,梅生伟,黄兴德,等.低碳城市电网韧性提升挑战与展望［J］.中国电
机工程学报,2022,42（08）:2819-2830.

［355］江青云.考虑通信性能的智能电网故障分类与稳定性研究［D］.广东:广东工
业大学,2019.

［356］JRC.Smart Grid Laboratories Inventory 2022［R］.USA:JCR,2022.

［357］汤奕,王琦.特约主编寄语［J］.电力工程技术,2022,41（03）:1.

［358］Krause T,Ernst R,Klaer B,et al.Cybersecurity in power grids:Challenges
and opportunities［J］.Sensors,2021,21（18）:6225.